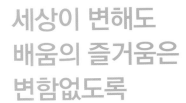

세상이 변해도
배움의 즐거움은
변함없도록

시대는 빠르게 변해도
배움의 즐거움은
변함없어야 하기에

어제의 비상은
남다른 교재부터
결이 다른 콘텐츠
전에 없던 교육 플랫폼까지

변함없는 혁신으로
교육 문화 환경의 새로운 전형을
실현해왔습니다.

비상은 오늘, 다시 한번
새로운 교육 문화 환경을 실현하기 위한
또 하나의 혁신을 시작합니다.

오늘의 내가 어제의 나를 초월하고
오늘의 교육이 어제의 교육을 초월하여
배움의 즐거움을 지속하는 혁신,

바로, 메타인지 기반 완전 학습을.

상상을 실현하는 교육 문화 기업 비상

메타인지 기반 완전 학습
초월을 뜻하는 meta와 생각을 뜻하는 인지가 결합한 메타인지는
자신이 알고 모르는 것을 스스로 구분하고 학습계획을 세우도록 하는
궁극의 학습 능력입니다. 비상의 메타인지 기반 완전 학습 시스템은
잠들어 있는 메타인지를 깨워 공부를 100% 내 것으로 만들도록 합니다.

내신 성적을 쑥쑥~ 올리는!!

내공의 힘

중등 수학
3·2

STRUCTURE 구성과 특징

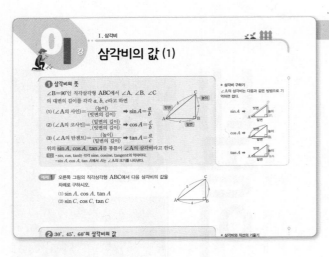

내공 ① 단계 | 개념 정리 + 예제

핵심 개념과 대표 문제를 함께 구성하여 시험 전에 중요 내용만을 한눈에 정리할 수 있다.

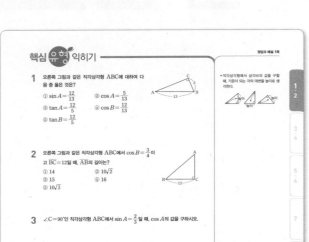

내공 ② 단계 | 핵심 유형 익히기

각 유형마다 자주 출제되는 핵심 유형만을 모아 구성하였다.

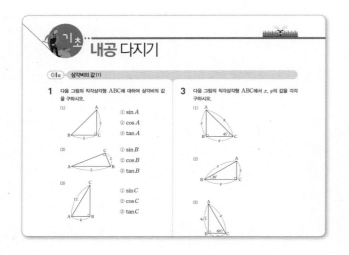

내공 ③ 단계 | 기초 내공 다지기

계산 또는 기초 개념에 대한 유사 문제를 반복 연습할 수 있다.

다시 보는 핵심 문제 | 내공 ⑤ 단계

중단원의 핵심 문제들로 최종 실전 점검을 할 수 있다.

다시 보는 핵심 문제 1~2강

1. 삼각비

1 오른쪽 그림과 같이 ∠C=90°인 직각삼각형 ABC에서 다음 중 옳지 않은 것은?

① $\sin A = \frac{8}{17}$ ② $\tan A = \frac{8}{15}$

③ $\sin B = \frac{15}{17}$ ④ $\cos B = \frac{8}{15}$

⑤ $\tan B = \frac{15}{8}$

2 오른쪽 그림과 같이 ∠B=90°인 직각삼각형 ABC에서 $\overline{AC}$=12이고 $\cos A = \frac{\sqrt{3}}{3}$일 때, $\sin A$의 값은?

① $\frac{\sqrt{2}}{3}$ ② $\frac{2}{3}$

③ $\frac{\sqrt{3}}{3}$ ④ $\frac{\sqrt{3}}{3}$

⑤ $\frac{\sqrt{6}}{3}$

5 오른쪽 그림과 같은 직각삼각형 ABC에서 ∠ADE=∠ACB일 때, $\sin B + \sin C$의 값을 구하시오.

6 오른쪽 그림과 같은 직육면체에서 ∠BHF=x일 때, $\sin x + \cos x$의 값을 구하시오.

7 오른쪽 그림과 같이 직선

내공 쌓는 족집게 문제 1~2강

Step 1 반드시 나오는 문제

1 오른쪽 그림과 같이 ∠B=90°인 직각삼각형 ABC에서 $\overline{AB}$=2, $\overline{BC}=\sqrt{5}$일 때, $\cos A$의 값은?

① $\frac{\sqrt{5}}{5}$ ② $\frac{2}{3}$

③ $\frac{\sqrt{5}}{3}$ ④ $\frac{\sqrt{5}}{2}$

⑤ $\frac{3}{2}$

4 오른쪽 그림과 같이 ∠A=90°인 직각삼각형 ABC에서 $\overline{AH}⊥\overline{BC}$이고 $\overline{AB}$=15, $\overline{AC}$=8일 때, $\sin x + \cos y$의 값은?

① $\frac{8}{17}$ ② $\frac{8}{15}$ ③ $\frac{23}{17}$

④ $\frac{30}{17}$ ⑤ $\frac{17}{8}$

5 오른쪽 그림과 같이 한 모서리의 길이가 6인 정육면체에서

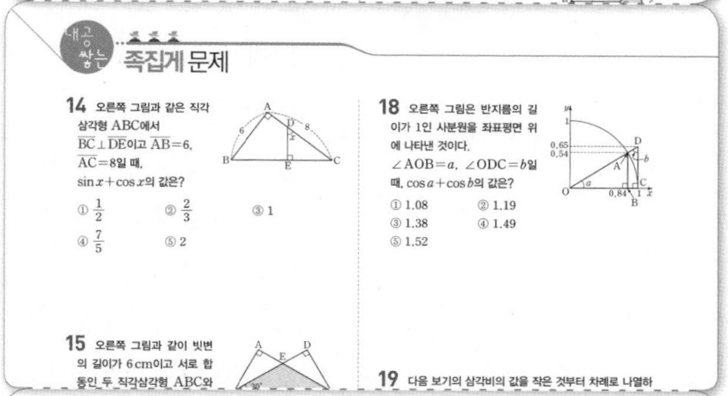

내공 쌓는 족집게 문제 | 내공 ④ 단계

최근 기출 문제를 난이도와 출제율로 구분하여 시험에 완벽하게 대비할 수 있다.

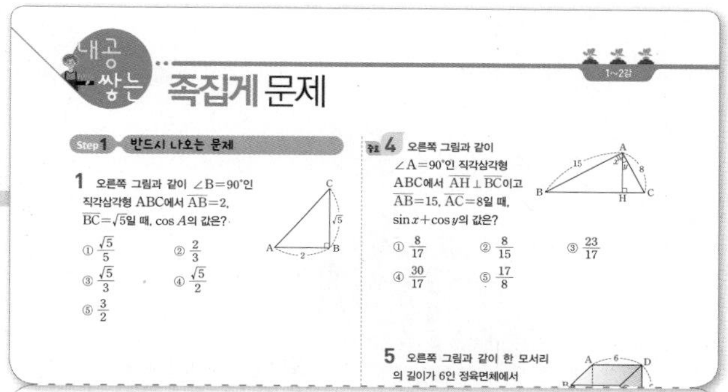

내공 쌓는 족집게 문제

14 오른쪽 그림과 같은 직각삼각형 ABC에서 $\overline{BC}//\overline{DE}$이고 $\overline{AB}$=6, $\overline{AC}$=8일 때, $\sin x + \cos x$의 값은?

① $\frac{1}{2}$ ② $\frac{2}{3}$ ③ 1

④ $\frac{7}{5}$ ⑤ 2

15 오른쪽 그림과 같이 빗변의 길이가 6 cm이고 서로 합동인 두 직각삼각형 ABC와

18 오른쪽 그림은 반지름의 길이가 1인 사분원을 좌표평면 위에 나타낸 것이다. ∠AOB=a, ∠ODC=b일 때, $\cos a + \cos b$의 값은?

① 1.08 ② 1.19

③ 1.38 ④ 1.49

⑤ 1.52

19 다음 보기의 삼각비의 값을 작은 것부터 차례로 나열하

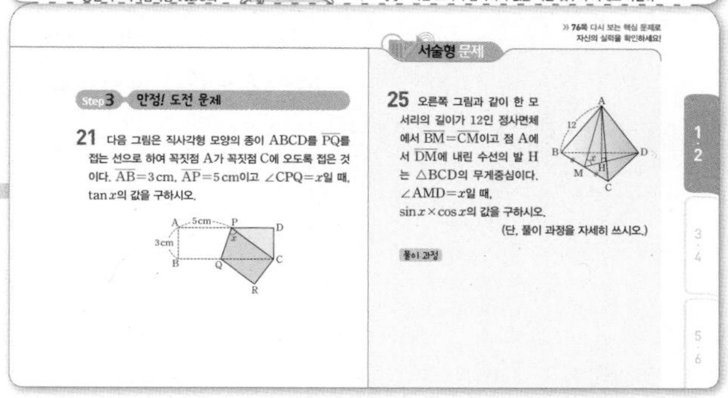

Step 3 안정! 도전 문제

21 다음 그림은 직사각형 모양의 종이 ABCD를 $\overline{PQ}$를 접는 선으로 하여 꼭짓점 A가 꼭짓점 C에 오도록 접은 것이다. $\overline{AB}$=3 cm, $\overline{AP}$=5 cm이고 ∠CPQ=x일 때, $\tan x$의 값을 구하시오.

서술형 문제

▶ 76쪽 다시 보는 핵심 문제로 자신의 실력을 확인하세요

25 오른쪽 그림과 같이 한 모서리의 길이가 12인 정사면체에서 $\overline{BM}=\overline{CM}$이고 점 A에서 $\overline{DM}$에 내린 수선의 발 H는 △BCD의 무게중심이다. ∠AMD=x일 때, $\sin x × \cos x$의 값을 구하시오.
(단, 풀이 과정을 자세히 쓰시오.)

풀이 과정

CONTENTS 차례

III 통계

다시 보는 핵심 문제

CONTENTS

01강 삼각비의 값 (1)

① 삼각비의 뜻

$\angle B=90°$인 직각삼각형 ABC에서 $\angle A$, $\angle B$, $\angle C$의 대변의 길이를 각각 a, b, c라고 하면

(1) $(\angle A$의 사인$)=\dfrac{(높이)}{(빗변의 길이)}$ ➡ $\sin A=\dfrac{a}{b}$

(2) $(\angle A$의 코사인$)=\dfrac{(밑변의 길이)}{(빗변의 길이)}$ ➡ $\cos A=\dfrac{c}{b}$

(3) $(\angle A$의 탄젠트$)=\dfrac{(높이)}{(밑변의 길이)}$ ➡ $\tan A=\dfrac{a}{c}$

위의 $\sin A$, $\cos A$, $\tan A$를 통틀어 $\angle A$의 삼각비라고 한다.

참고 · sin, cos, tan은 각각 sine, cosine, tangent의 약자이다.
· $\sin A$, $\cos A$, $\tan A$에서 A는 $\angle A$의 크기를 나타낸다.

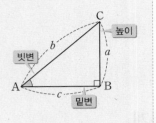

* 삼각비 구하기
$\angle A$의 삼각비는 다음과 같은 방법으로 기억하면 쉽다.

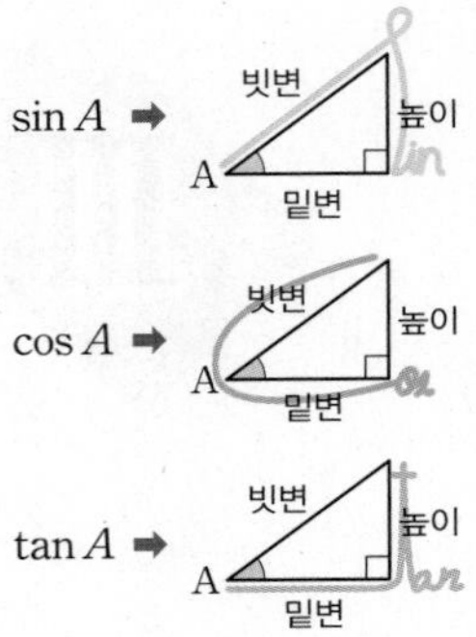

$\sin A$ ➡
$\cos A$ ➡
$\tan A$ ➡

예제 **1** 오른쪽 그림의 직각삼각형 ABC에서 다음 삼각비의 값을 차례로 구하시오.

(1) $\sin A$, $\cos A$, $\tan A$
(2) $\sin C$, $\cos C$, $\tan C$

② 30°, 45°, 60°의 삼각비의 값

삼각비 \ A	30°	45°	60°
$\sin A$	$\dfrac{1}{2}$	$\dfrac{\sqrt{2}}{2}$	$\dfrac{\sqrt{3}}{2}$
$\cos A$	$\dfrac{\sqrt{3}}{2}$	$\dfrac{\sqrt{2}}{2}$	$\dfrac{1}{2}$
$\tan A$	$\dfrac{\sqrt{3}}{3}$	1	$\sqrt{3}$

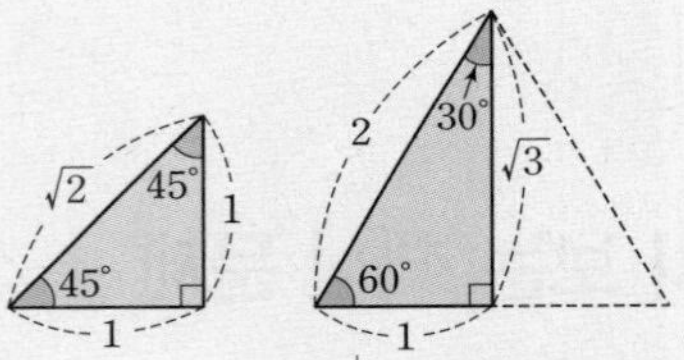

참고 · $\sin 30°=\cos 60°$, $\sin 45°=\cos 45°$, $\sin 60°=\cos 30°$
· 각의 크기가 커질수록 sin, tan 값은 증가하고 cos 값은 감소한다.

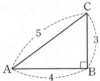

↳ 한 변의 길이가 2인 정삼각형을 반으로 접어 생각한다.

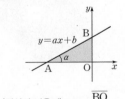

* 삼각비와 직선의 기울기
직선 $y=ax+b(a>0)$이 x축과 이루는 예각의 크기를 α라고 하면

➡ (직선의 기울기)$=a=\dfrac{\overline{BO}}{\overline{AO}}$
$=\tan \alpha$

예제 **2** 다음을 계산하시오.

(1) $\sin 60°+\cos 30°$
(2) $\sin 45°-\cos 45°$
(3) $\tan 30° \times \tan 60°$
(4) $\sin 30° \times \tan 45° \div \cos 60°$

예제 **3** 삼각비의 값을 이용하여 다음 그림에서 x, y의 값을 각각 구하시오.

(1)
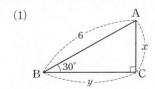

(2)
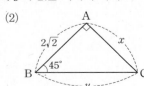

1 오른쪽 그림과 같은 직각삼각형 ABC에 대하여 다음 중 옳은 것은?

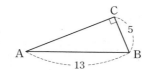

① $\sin A = \dfrac{12}{13}$　　② $\cos A = \dfrac{5}{13}$

③ $\tan A = \dfrac{12}{5}$　　④ $\cos B = \dfrac{12}{13}$

⑤ $\tan B = \dfrac{12}{5}$

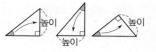

• 직각삼각형에서 삼각비의 값을 구할 때, 기준이 되는 각의 대변을 높이로 생각한다.

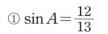

2 오른쪽 그림과 같은 직각삼각형 ABC에서 $\cos B = \dfrac{3}{4}$이고 $\overline{BC} = 12$일 때, $\overline{AB}$의 길이는?

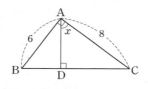

① 14　　　　　② $10\sqrt{2}$

③ 15　　　　　④ 16

⑤ $10\sqrt{3}$

3 $\angle C = 90°$인 직각삼각형 ABC에서 $\sin A = \dfrac{2}{3}$일 때, $\cos A$의 값을 구하시오.

4 오른쪽 그림의 직각삼각형 ABC에서 $\overline{AD} \perp \overline{BC}$이고 $\overline{AB} = 6$, $\overline{AC} = 8$일 때, $\sin x$, $\cos x$, $\tan x$의 값을 차례로 구하시오.

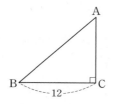

• 삼각비의 값을 직접 구하기 어려울 때는 닮은 직각삼각형에서 대응각을 찾아 삼각비의 값을 구한다.

$\triangle ABC \backsim \triangle DBA \backsim \triangle DAC$
(AA 닮음)

➡ $\angle ABC = \angle DAC$,
$\angle BCA = \angle BAD$

5 오른쪽 그림과 같은 $\triangle ABC$에서 $\overline{AD} \perp \overline{BC}$이고 $\angle B = 45°$, $\angle C = 60°$, $\overline{AB} = 4\sqrt{2}$일 때, $\overline{AC}$의 길이를 구하시오.

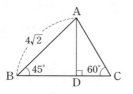

6 오른쪽 그림과 같이 y절편이 2이고, x축과 이루는 예각의 크기가 60°인 직선의 방정식을 구하시오.

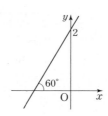

기초를 좀 더 다지려면~! **10**쪽 》》

02강 삼각비의 값 (2)

① 예각에 대한 삼각비의 값

반지름의 길이가 1인 사분원에서 임의의 예각 a에 대하여

(1) $\sin a = \dfrac{\overline{AB}}{\overline{OA}} = \dfrac{\overline{AB}}{1} = \overline{AB}$ — △AOB에서 삼각비의 값을 구한다.

(2) $\cos a = \dfrac{\overline{OB}}{\overline{OA}} = \dfrac{\overline{OB}}{1} = \overline{OB}$

(3) $\tan a = \dfrac{\overline{CD}}{\overline{OC}} = \dfrac{\overline{CD}}{1} = \overline{CD}$ — △DOC에서 삼각비의 값을 구한다.

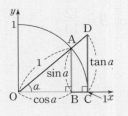

* 사분원에서 삼각비의 값 구하기

반지름의 길이가 1인 사분원에서 $\overline{AB} /\!/ \overline{CD}$이므로
∠y = ∠z (동위각)

∴ $\sin z = \sin y = \dfrac{\overline{OB}}{1} = \overline{OB}$,

  $\cos z = \cos y = \dfrac{\overline{AB}}{1} = \overline{AB}$

예제 1 오른쪽 그림과 같이 반지름의 길이가 1인 사분원에서 다음 삼각비의 값을 나타내는 선분을 구하시오.

(1) $\sin A$ (2) $\cos A$ (3) $\tan A$

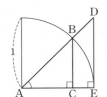

② 0°, 90°의 삼각비의 값

(1) $\sin 0° = 0$, $\cos 0° = 1$, $\tan 0° = 0$

(2) $\sin 90° = 1$, $\cos 90° = 0$,
    $\tan 90°$의 값은 정할 수 없다.

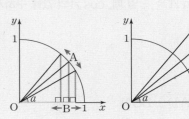

* 각의 크기에 따른 삼각비의 값의 변화

(1) a의 크기가 0°에 가까워지면
$\overline{AB} \to 0$, $\overline{OB} \to 1$, $\overline{CD} \to 0$
➡ $\sin 0° = 0$, $\cos 0° = 1$, $\tan 0° = 0$

(2) a의 크기가 90°에 가까워지면
$\overline{AB} \to 1$, $\overline{OB} \to 0$,
$\overline{CD} \to$ 한없이 길어진다.
➡ $\sin 90° = 1$, $\cos 90° = 0$,
$\tan 90°$의 값은 정할 수 없다.

예제 2 다음을 계산하시오.

(1) $\sin 0° - \cos 90° + \tan 0°$ (2) $(\sin 90° + \tan 45°) \div \cos 0°$

발전 삼각비의 값의 대소 관계

(1) $0° \le x < 45°$일 때, $\sin x < \cos x$
(2) $x = 45°$일 때, $\sin x = \cos x$
(3) $45° < x < 90°$일 때,
    $\cos x < \sin x < \tan x$

③ 삼각비의 표를 이용한 삼각비의 값 → p.96의 삼각비의 표 참고

(1) 삼각비의 표: 0°에서 90°까지의 각에 대한 삼각비의 값을 반올림하여 소수점 아래 넷째 자리까지 나타낸 표

(2) 삼각비의 표에서 각도의 가로줄과 삼각비의 세로줄이 만나는 칸에 있는 수가 그 삼각비의 값이다.

참고 삼각비의 표에 있는 값은 대부분 반올림하여 얻은 값이지만 등호 =를 사용하여 $\sin 23° = 0.3907$과 같이 나타내기도 한다.

* 삼각비의 표에서 삼각비 구하기

각도	사인(sin)	코사인(cos)	탄젠트(tan)
55°	0.8192	0.5736	1.4281
56°→	0.8290	0.5592	1.4826

➡ $\sin 56° = 0.8290$, $\cos 56° = 0.5592$,
   $\tan 56° = 1.4826$

예제 3 오른쪽 삼각비의 표를 이용하여 다음을 구하시오.

(1) $\sin 33°$의 값

(2) $\cos 32°$의 값

(3) $\tan x = 0.6745$를 만족시키는 x의 크기

각도	사인(sin)	코사인(cos)	탄젠트(tan)
32°	0.5299	0.8480	0.6249
33°	0.5446	0.8387	0.6494
34°	0.5592	0.8290	0.6745

핵심유형 익히기

1 오른쪽 그림과 같이 반지름의 길이가 1인 사분원에서 다음 중 옳지 <u>않은</u> 것은?

① $\sin x = \overline{AB}$ ② $\sin z = \overline{OD}$
③ $\cos x = \overline{OB}$ ④ $\cos y = \overline{AB}$
⑤ $\tan x = \overline{CD}$

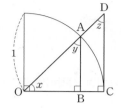

• 반지름의 길이가 1인 사분원에서

① sin, cos 값은 빗변의 길이가 1인 직각삼각형 AOB에서 구한다.
② tan 값은 밑변의 길이가 1인 직각삼각형 DOC에서 구한다.

2 오른쪽 그림은 반지름의 길이가 1인 사분원을 좌표평면 위에 나타낸 것이다. 다음 삼각비의 값을 구하시오.

(1) $\sin 40°$ (2) $\cos 40°$
(3) $\cos 50°$ (4) $\tan 40°$

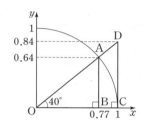

3 다음 중 삼각비의 값의 대소 관계로 옳은 것을 모두 고르면? (정답 2개)

① $\sin 30° > \cos 30°$ ② $\sin 0° = \cos 0°$
③ $\sin 90° < \cos 90°$ ④ $\tan 0° < \tan 45°$
⑤ $\sin 45° = \cos 45°$

4 다음 삼각비의 표에 대하여 물음에 답하시오.

각도	사인(sin)	코사인(cos)	탄젠트(tan)
52°	0.7880	0.6157	1.2799
53°	0.7986	0.6018	1.3270
54°	0.8090	0.5878	1.3764
55°	0.8192	0.5736	1.4281

(1) $\sin x = 0.7986$, $\cos y = 0.5736$을 만족시키는 x, y에 대하여 $\cos x + \tan y$의 값을 구하시오.

(2) 오른쪽 그림과 같은 직각삼각형 ABC에서 $\angle B = 54°$, $\overline{BC} = 5$일 때, 주어진 삼각비의 표를 이용하여 $\overline{AB}$의 길이를 구하시오.

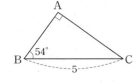

• 직각삼각형에서 한 예각의 크기와 한 변의 길이가 주어지면 삼각비의 표를 이용하여 나머지 두 변의 길이를 구할 수 있다.

기초를 좀 더 다지려면~! 11쪽 ≫

내공 다지기

1 다음 그림의 직각삼각형 ABC에 대하여 삼각비의 값을 구하시오.

(1)

① $\sin A$

② $\cos A$

③ $\tan A$

(2)
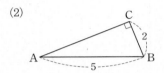

① $\sin B$

② $\cos B$

③ $\tan B$

(3)
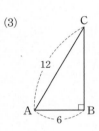

① $\sin C$

② $\cos C$

③ $\tan C$

2 다음 그림과 같이 삼각비의 값과 한 변의 길이가 주어진 직각삼각형 ABC에서 x, y의 값을 각각 구하시오.

(1) $\cos A = \dfrac{1}{2}$

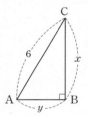

(2) $\sin B = \dfrac{2}{3}$

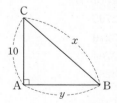

(3) $\tan C = 1$

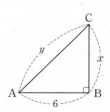

3 다음 그림의 직각삼각형 ABC에서 x, y의 값을 각각 구하시오.

(1)
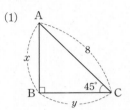

(2)
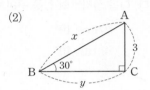

(3)
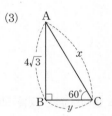

4 다음 그림의 직각삼각형 ABC에서 $\overline{AD} \perp \overline{BC}$일 때, x의 값을 구하시오.

(1)
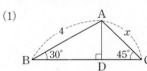

(2)
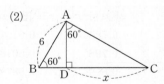

(3)
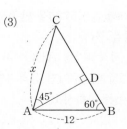

5 다음 표를 완성하시오.

삼각비 \ A	0°	30°	45°	60°	90°
$\sin A$					
$\cos A$					
$\tan A$					

6 다음을 계산하시오.

(1) $\sin 90° - \cos 90° - \tan 45°$

(2) $\sin 60° \times \tan 0° + \cos 0°$

(3) $\cos 0° \div \sin 90° - \cos 45° \times \tan 0°$

(4) $\sqrt{2} \sin 45° - \sqrt{3} \tan 60° + \cos 90°$

7 다음 □ 안에 $>$, $<$ 중 알맞은 것을 쓰시오.

(1) $\sin 30°$ □ $\cos 30°$

(2) $\sin 60°$ □ $\tan 45°$

(3) $\cos 40°$ □ $\cos 55°$

(4) $\tan 65°$ □ $\tan 25°$

(5) $\sin 43°$ □ $\cos 43°$

(6) $\cos 51°$ □ $\tan 51°$

8 다음 삼각비의 표를 이용하여 x의 값을 구하시오.

각도	사인(sin)	코사인(cos)	탄젠트(tan)
46°	0.7193	0.6947	1.0355
47°	0.7314	0.6820	1.0724
48°	0.7431	0.6691	1.1106
49°	0.7547	0.6561	1.1504
50°	0.7660	0.6428	1.1918

(1) $\sin 46° = x$

(2) $\cos 47° = x$

(3) $\tan 50° = x$

(4) $\sin x° = 0.7547$

(5) $\cos x° = 0.6428$

(6) $\tan x° = 1.0355$

9 아래 삼각비의 표를 이용하여 다음 직각삼각형 ABC 에서 x의 값을 구하시오.

각도	사인(sin)	코사인(cos)	탄젠트(tan)
34°	0.5592	0.8290	0.6745
35°	0.5736	0.8192	0.7002
36°	0.5878	0.8090	0.7265

(1)
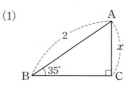

(2)
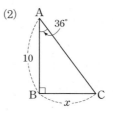

내공 쌓는 족집게 문제

1 오른쪽 그림과 같이 ∠B=90°인 직각삼각형 ABC에서 $\overline{AB}=2$, $\overline{BC}=\sqrt{5}$일 때, $\cos A$의 값은?

① $\dfrac{\sqrt{5}}{5}$ ② $\dfrac{2}{3}$

③ $\dfrac{\sqrt{5}}{3}$ ④ $\dfrac{\sqrt{5}}{2}$

⑤ $\dfrac{3}{2}$

2 오른쪽 그림과 같은 직각삼각형 ABC에서 $\tan B=\dfrac{2}{3}$이고 $\overline{AC}=8$일 때, △ABC의 넓이를 구하시오.

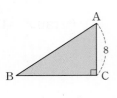

중요 3 ∠B=90°인 직각삼각형 ABC에서 $\sin A=\dfrac{1}{3}$일 때, $\cos A \times \tan A$의 값은?

① 1   ② $\dfrac{\sqrt{3}}{2}$ ③ $\dfrac{\sqrt{2}}{2}$

④ $\dfrac{1}{2}$ ⑤ $\dfrac{1}{3}$

중요 4 오른쪽 그림과 같이 ∠A=90°인 직각삼각형 ABC에서 $\overline{AH}\perp\overline{BC}$이고 $\overline{AB}=15$, $\overline{AC}=8$일 때, $\sin x+\cos y$의 값은?

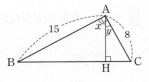

① $\dfrac{8}{17}$ ② $\dfrac{8}{15}$ ③ $\dfrac{23}{17}$

④ $\dfrac{30}{17}$ ⑤ $\dfrac{17}{8}$

5 오른쪽 그림과 같이 한 모서리의 길이가 6인 정육면체에서 ∠BHF=x일 때, $\cos x$의 값은?

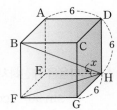

① $\dfrac{1}{3}$ ② $\dfrac{\sqrt{3}}{3}$

③ $\dfrac{2}{3}$ ④ $\dfrac{\sqrt{5}}{3}$

⑤ $\dfrac{\sqrt{6}}{3}$

중요 6 오른쪽 그림과 같이 직선 $3x-y+6=0$이 x축과 이루는 예각의 크기를 a라고 할 때, $\sin a$의 값을 구하시오.

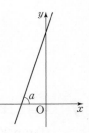

7 다음 중 옳지 않은 것은?

① $\sqrt{2}\cos 45°-\tan 45°=0$

② $\sin 45°+\cos 45°=\sqrt{2}$

③ $\sin 30°\times\tan 45°\div\cos 60°=1$

④ $\sin 45°\times\cos 45°-2\sin 30°=-\dfrac{1}{2}$

⑤ $\cos 60°\div\cos 45°-\sin 60°-\cos 30°=\sqrt{3}$

전국 중학교의 기출문제와 새로운 교육과정의 문제를
종합, 분석하여 핵심 문제만을 모았습니다.

8 $5°<x<50°$일 때, $\sin(2x-10°)=\dfrac{1}{2}$을 만족시키는 x의 크기는?

① $15°$ ② $20°$ ③ $25°$

④ $30°$ ⑤ $45°$

9 오른쪽 그림은 반지름의 길이가 1인 사분원을 좌표평면 위에 나타낸 것이다. $\angle AOB=57°$일 때, 다음 중 옳은 것은?

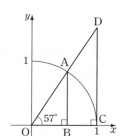

① $\sin 57°=\overline{CD}$
② $\sin 33°=\overline{OB}$
③ $\cos 57°=\overline{OA}$
④ $\cos 33°=\overline{OB}$
⑤ $\tan 57°=\overline{OA}$

10 다음을 계산하시오.

$$4\cos 60°\times\sin 0°-\sqrt{2}\cos 45°\times\sin 90° \\ +\tan 0°\times\cos 90°$$

11 $45°<A<90°$일 때, 다음 중 $\sin A$, $\cos A$, $\tan A$의 대소 관계로 옳은 것은?

① $\sin A<\cos A<\tan A$
② $\sin A<\tan A<\cos A$
③ $\cos A<\sin A<\tan A$
④ $\cos A<\tan A<\sin A$
⑤ $\tan A<\cos A<\sin A$

12 $\sin x=0.2588$, $\tan y=0.0875$일 때, 다음 삼각비의 표를 이용하여 $\cos(x+y)$의 값을 구하면?

각도	사인($\sin$)	코사인($\cos$)	탄젠트($\tan$)
$5°$	0.0872	0.9962	0.0875
$10°$	0.1736	0.9848	0.1763
$15°$	0.2588	0.9659	0.2679
$20°$	0.3420	0.9397	0.3640

① 0.9962 ② 0.9848 ③ 0.9659

④ 0.9397 ⑤ 0.9063

Step 2 자주 나오는 문제

13 오른쪽 그림과 같이 직사각형 ABCD의 꼭짓점 A에서 대각선 BD에 내린 수선의 발을 H라고 하자. $\overline{AB}=6$, $\overline{BC}=8$이고 $\angle BAH=x$일 때, $\cos x-\sin x$의 값은?

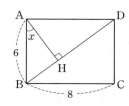

① $\dfrac{1}{5}$ ② $\dfrac{1}{4}$ ③ $\dfrac{1}{2}$

④ $\dfrac{2}{3}$ ⑤ $\dfrac{3}{4}$

14 오른쪽 그림과 같은 직각삼각형 ABC에서 $\overline{BC} \perp \overline{DE}$이고 $\overline{AB}=6$, $\overline{AC}=8$일 때, $\sin x + \cos x$의 값은?

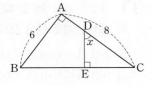

① $\dfrac{1}{2}$ ② $\dfrac{2}{3}$ ③ 1

④ $\dfrac{7}{5}$ ⑤ 2

15 오른쪽 그림과 같이 빗변의 길이가 6 cm이고 서로 합동인 두 직각삼각형 ABC와 DCB의 빗변을 겹쳐 놓았다. $\angle EBC = 30°$일 때, $\triangle EBC$의 넓이를 구하시오.

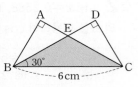

16 다음 그림과 같이 $\angle C = 90°$인 직각삼각형 ABC에서 $\overline{AD}=\overline{BD}$이고 $\overline{AC}=2$, $\angle ADC=30°$일 때, $\tan 15°$의 값을 구하시오.

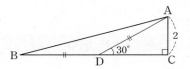

17 오른쪽 그림과 같이 x절편이 -3인 직선이 x축과 이루는 예각의 크기가 $30°$일 때, 이 직선의 방정식은?

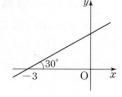

① $y = \dfrac{\sqrt{3}}{3}x - \sqrt{3}$

② $y = \dfrac{\sqrt{3}}{3}x + \sqrt{3}$

③ $y = x + 3$

④ $y = \sqrt{3}x - \sqrt{3}$

⑤ $y = \sqrt{3}x + \sqrt{3}$

18 오른쪽 그림은 반지름의 길이가 1인 사분원을 좌표평면 위에 나타낸 것이다. $\angle AOB = a$, $\angle ODC = b$일 때, $\cos a + \cos b$의 값은?

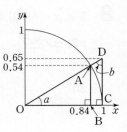

① 1.08 ② 1.19

③ 1.38 ④ 1.49

⑤ 1.52

19 다음 보기의 삼각비의 값을 작은 것부터 차례로 나열하시오.

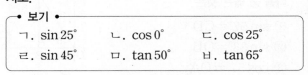

• 보기 •

ㄱ. $\sin 25°$ ㄴ. $\cos 0°$ ㄷ. $\cos 25°$

ㄹ. $\sin 45°$ ㅁ. $\tan 50°$ ㅂ. $\tan 65°$

20 오른쪽 그림과 같이 반지름의 길이가 1인 사분원에서 $\overline{OB}=0.5736$일 때, 다음 삼각비의 표를 이용하여 $\overline{AB}$의 길이를 구하시오.

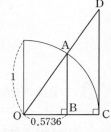

각도	사인(sin)	코사인(cos)	탄젠트(tan)
53°	0.7986	0.6018	1.3270
54°	0.8090	0.5878	1.3764
55°	0.8192	0.5736	1.4281

》 **76쪽** 다시 보는 핵심 문제로
자신의 실력을 확인하세요!

Step3 만점! 도전 문제

21 다음 그림은 직사각형 모양의 종이 ABCD를 $\overline{PQ}$를 접는 선으로 하여 꼭짓점 A가 꼭짓점 C에 오도록 접은 것이다. $\overline{AB}=3\,\text{cm}$, $\overline{AP}=5\,\text{cm}$이고 $\angle CPQ=x$일 때, $\tan x$의 값을 구하시오.

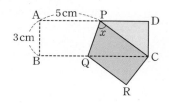

22 오른쪽 그림에서
$\angle B=\angle D=90°$,
$\overline{BC}=\overline{CE}=6$이다. $\sin x=\dfrac{\sqrt{2}}{3}$
일 때, $\tan y$의 값을 구하시오.

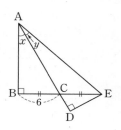

23 오른쪽 그림에서
$\angle AOB=\angle BOC=\angle COD$
$=30°$,
$\angle OAB=\angle OBC=\angle OCD$
$=90°$이고 $\overline{OD}=4$일 때, $\triangle OAB$의
넓이를 구하시오.

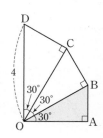

24 $0°<A<45°$일 때, 다음 식을 간단히 하시오.

$$\sqrt{(\sin A+\cos A)^2}-\sqrt{(\sin A-\cos A)^2}$$

25 오른쪽 그림과 같이 한 모서리의 길이가 12인 정사면체에서 $\overline{BM}=\overline{CM}$이고 점 A에서 $\overline{DM}$에 내린 수선의 발 H는 $\triangle BCD$의 무게중심이다. $\angle AMD=x$일 때, $\sin x\times\cos x$의 값을 구하시오.
(단, 풀이 과정을 자세히 쓰시오.)

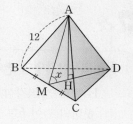

풀이 과정

답

26 오른쪽 그림과 같이 반지름의 길이가 1인 사분원에서 $\angle AOB=45°$이고 $\overline{AB}\perp\overline{OC}$, $\overline{DC}\perp\overline{OC}$일 때, $\square ABCD$의 넓이를 구하시오.
(단, 풀이 과정을 자세히 쓰시오.)

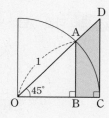

풀이 과정

답

03강 삼각비의 활용(1) – 길이 구하기

---

❶ 직각삼각형의 변의 길이

∠B＝90°인 직각삼각형 ABC에서 ∠A의 크기와

(1) 빗변의 길이 b를 알 때 ➡ $a=b\sin A,\ c=b\cos A$

(2) 밑변의 길이 c를 알 때 ➡ $a=c\tan A,\ b=\dfrac{c}{\cos A}$

(3) 높이 a를 알 때 ➡ $b=\dfrac{a}{\sin A},\ c=\dfrac{a}{\tan A}$

＊ 삼각비를 이용하여 변의 길이 구하기

기준이 되는 각에 대하여 주어진 변과 구하는 변이

① 빗변과 높이이면 ➡ sin을 이용

② 빗변과 밑변이면 ➡ cos을 이용

③ 밑변과 높이이면 ➡ tan를 이용

예제 1 오른쪽 그림과 같이 ∠B＝90°인 직각삼각형 ABC에서 $\overline{AC}=4$, ∠CAB＝30°일 때, 다음을 구하시오.

(1) $\overline{AB}$의 길이　　　(2) $\overline{BC}$의 길이

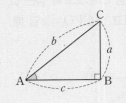

---

❷ 일반 삼각형의 변의 길이

(1) 두 변과 그 끼인각을 알 때

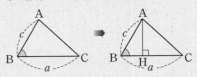

➡ $\overline{AC}=\sqrt{(c\sin B)^2+(a-c\cos B)^2}$

(2) 한 변과 그 양 끝 각을 알 때

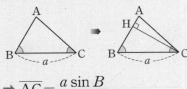

➡ $\overline{AC}=\dfrac{a\sin B}{\sin A}$

＊ 일반 삼각형에서 변의 길이 구하기

(1) $\overline{AH}=c\sin B,\ \overline{BH}=c\cos B$이므로
　△AHC에서
　$\overline{AC}=\sqrt{\overline{AH}^2+\overline{CH}^2}$
　$\quad=\sqrt{(c\sin B)^2+(a-c\cos B)^2}$

(2) △AHC에서 $\overline{CH}=\overline{AC}\sin A$,
　△BCH에서 $\overline{CH}=a\sin B$이므로
　$\overline{AC}\sin A=a\sin B$
　∴ $\overline{AC}=\dfrac{a\sin B}{\sin A}$

예제 2 다음 그림에서 $\overline{AC}$의 길이를 구하시오.

(1)

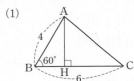

(2)

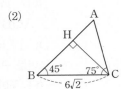

---

❸ 삼각형의 높이

(1) 밑변의 양 끝 각이 모두 예각일 때

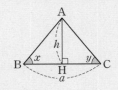

➡ $a=\dfrac{h}{\tan x}+\dfrac{h}{\tan y}$

(2) 밑변의 양 끝 각 중 한 각이 둔각일 때

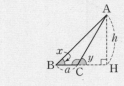

➡ $a=\dfrac{h}{\tan x}-\dfrac{h}{\tan y}$

＊ 삼각형의 높이 구하기

△ABH에서 $\overline{BH}=\dfrac{h}{\tan x}$

△AHC에서 $\overline{CH}=\dfrac{h}{\tan y}$이므로

(1) $a=\overline{BH}+\overline{CH}$
　$=\dfrac{h}{\tan x}+\dfrac{h}{\tan y}$
　➡ $h=\dfrac{\tan x\tan y}{\tan x+\tan y}a$

(2) $a=\overline{BH}-\overline{CH}$
　$=\dfrac{h}{\tan x}-\dfrac{h}{\tan y}$
　➡ $h=\dfrac{\tan x\tan y}{\tan y-\tan x}a$

예제 3 다음 △ABC에서 h의 값을 구하시오.

(1)

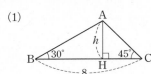

(2)

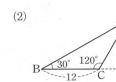

1 오른쪽 그림은 건물에 설치된 광고판의 세로의 길이를 구하기 위하여 B 지점에서 관측한 결과를 나타낸 것이다. 이때 $\overline{AD}$의 길이를 구하시오.

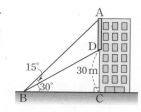

2 오른쪽 그림과 같은 △ABC에서 $\overline{AB}=6$, $\overline{BC}=8$이고 ∠B=60°일 때, $\overline{AC}$의 길이를 구하시오.

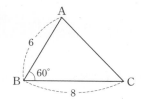

• 일반 삼각형에서 변의 길이 구하기
 ❶ 수선을 그어 구하는 변을 빗변으로 하는 직각삼각형을 만든다.
 ❷ 삼각비의 값과 피타고라스 정리를 이용하여 변의 길이를 구한다.

3 오른쪽 그림과 같은 △ABC에서 $\overline{AC}=4\,cm$이고 ∠A=30°, ∠C=105°일 때, $\overline{BC}$의 길이는?

① 2 cm
② $2\sqrt{2}\,cm$
③ 3 cm
④ $2\sqrt{3}\,cm$
⑤ 4 cm

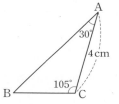

4 오른쪽 그림과 같은 △ABC에서 $\overline{AH}\perp\overline{BC}$이고 ∠B=60°, ∠C=45°, $\overline{BC}=18$일 때, $\overline{AH}$의 길이는?

① $9(3-\sqrt{3})$
② 15
③ $12(3-\sqrt{3})$
④ 16
⑤ 18

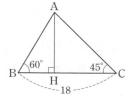

• 삼각형에서 높이 구하기
 ❶ 높이를 한 변으로 하는 두 직각삼각형에서 밑변의 길이를 각각 tan와 높이에 대한 식으로 나타낸다.
 ❷ ❶에서 구한 두 식의 합 또는 차에 대한 식을 세운 후, 삼각형의 높이를 구한다.

5 오른쪽 그림과 같은 △ABC에서 $\overline{BC}=6\,cm$이고 ∠B=45°, ∠ACH=60°일 때, $\overline{AH}$의 길이를 구하시오.

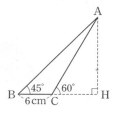

기초를 좀 더 다지려면~! 20쪽 ≫

04강 삼각비의 활용(2) – 넓이 구하기

---

❶ 삼각형의 넓이

삼각형 ABC에서 두 변의 길이와 그 끼인각의 크기를 알 때

(1) ∠x가 예각인 경우

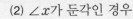

➡ $\triangle ABC = \dfrac{1}{2}ac\sin x$

(2) ∠x가 둔각인 경우

➡ $\triangle ABC = \dfrac{1}{2}ac\sin(180°-x)$

✽ 삼각형의 넓이
∠$x=90°$이면 $\sin x = \sin 90° = 1$이므로
➡ $\triangle ABC = \dfrac{1}{2}ac$

예제 1 다음 그림과 같은 △ABC의 넓이를 구하시오.

(1)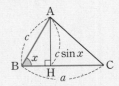

(2)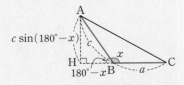

---

❷ 사각형의 넓이

(1) 평행사변형의 넓이
평행사변형 ABCD에서 이웃하는 두 변의 길이와 그 끼인각의 크기를 알 때

① ∠x가 예각인 경우

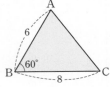

➡ $\square ABCD = ab\sin x$

② ∠x가 둔각인 경우

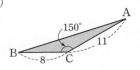

➡ $\square ABCD = ab\sin(180°-x)$

(2) 사각형의 넓이
□ABCD에서 두 대각선의 길이와 두 대각선이 이루는 각의 크기를 알 때

① ∠x가 예각인 경우

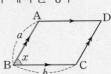

➡ $\square ABCD = \dfrac{1}{2}ab\sin x$

② ∠x가 둔각인 경우

➡ $\square ABCD = \dfrac{1}{2}ab\sin(180°-x)$

✽ 평행사변형의 넓이

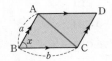

대각선 AC를 그으면
$\square ABCD = 2\triangle ABC$
$= 2 \times \dfrac{1}{2}ab\sin x$
$= ab\sin x$

✽ 사각형의 넓이

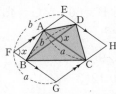

사각형의 꼭짓점을 지나고 두 대각선에 평행한 직선을 각각 그으면 □EFGH는 평행사변형이므로
$\square ABCD = \dfrac{1}{2}\square EFGH$
$= \dfrac{1}{2}ab\sin x$

예제 2 다음 그림과 같은 □ABCD의 넓이를 구하시오.

(1)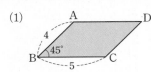

(단, □ABCD는 평행사변형)

(2)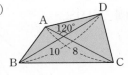

핵심 유형 익히기

1 오른쪽 그림과 같은 △ABC에서 $\overline{AB}=3\sqrt{2}$ cm, $\overline{BC}=7$ cm이고 ∠A=100°, ∠C=35°일 때, △ABC의 넓이는?

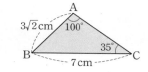

① 10 cm²   ② $\dfrac{21}{2}$ cm²

③ 11 cm²   ④ $10\sqrt{2}$ cm²

⑤ $10\sqrt{3}$ cm²

2 오른쪽 그림과 같이 $\overline{BC}=4\sqrt{3}$ cm, ∠B=135°인 △ABC의 넓이가 18 cm²일 때, $\overline{AB}$의 길이는?

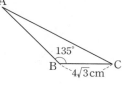

① $4\sqrt{2}$ cm   ② 6 cm

③ $4\sqrt{3}$ cm   ④ 7 cm

⑤ $3\sqrt{6}$ cm

3 오른쪽 그림과 같은 □ABCD의 넓이를 구하시오.

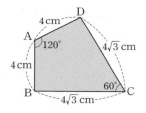

• 보조선을 그어 다각형을 여러 개의 삼각형으로 나눈다.

4 오른쪽 그림과 같이 $\overline{AB}\,/\!/\,\overline{DC}$인 □ABCD에서 $\overline{AB}=\overline{DC}=6$이고 $\overline{BC}=8$일 때, □ABCD의 넓이는?

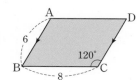

① $12\sqrt{2}$ ② $12\sqrt{3}$

③ $20\sqrt{2}$ ④ $24\sqrt{2}$

⑤ $24\sqrt{3}$

5 오른쪽 그림과 같은 □ABCD에서 두 대각선 AC, BD가 이루는 각의 크기가 45°이고 $\overline{BD}=10$ cm이다. □ABCD의 넓이가 $30\sqrt{2}$ cm²일 때, $\overline{AC}$의 길이를 구하시오.

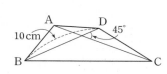

기초를 좀 더 다지려면~! **21쪽** ≫

03강 삼각비의 활용 (1) – 길이 구하기

1 다음 그림의 직각삼각형 ABC에서 주어진 삼각비의 값을 이용하여 x의 값을 구하시오.

(1) $\sin 20° = 0.34$

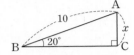

(2) $\cos 50° = 0.64$

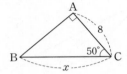

(3) $\tan 65° = 2.14$

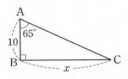

(4) $\sin 58° = 0.85$

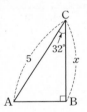

(5) $\cos 26° = 0.9$

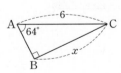

(6) $\tan 35° = 0.7$

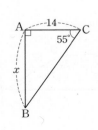

2 다음 그림과 같은 △ABC에서 $\overline{AC}$의 길이를 구하시오.

(1)

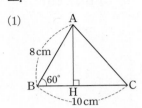

(2)

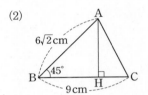

(3)

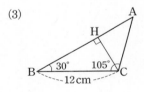

(4)

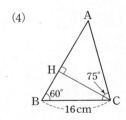

3 다음 그림과 같은 △ABC에서 h의 값을 구하시오.

(1)

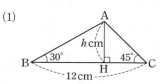

(2)

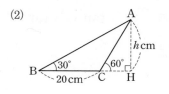

4 다음 그림에서 나무의 높이를 구하시오.

(1)

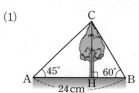

(2)

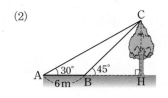

04강 **삼각비의 활용 (2) – 넓이 구하기**

5 다음 그림과 같은 □ABCD의 넓이를 구하시오.

(1)

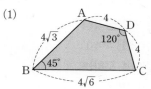

(2)

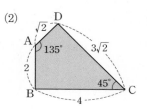

(3)

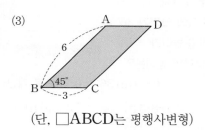

(단, □ABCD는 평행사변형)

(4)

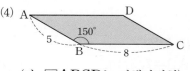

(단, □ABCD는 평행사변형)

(5)

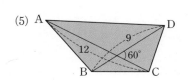

(6)

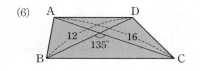

내공 쌓는 족집게 문제

1 오른쪽 그림과 같은 직각삼각형 ABC에서 $\overline{AB}=10$, $\angle B=40°$ 일 때, 다음 중 $\overline{BC}$의 길이를 구하는 식으로 옳은 것을 모두 고르면?

(정답 2개)

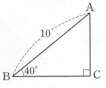

① $10\sin 40°$ ② $10\cos 40°$ ③ $10\sin 50°$

④ $10\tan 50°$ ⑤ $\dfrac{10}{\sin 40°}$

중요 2 오른쪽 그림과 같이 나무로부터 10 m 떨어진 A 지점에서 승재가 나무의 꼭대기 B 지점을 올려다본 각의 크기가 $36°$이었다. 승재의 눈높이가 1.6 m일 때, 나무의 높이는?

(단, $\tan 36°=0.73$으로 계산한다.)

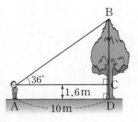

① 8 m   ② 8.3 m   ③ 8.6 m

④ 8.9 m   ⑤ 9.2 m

3 오른쪽 그림과 같은 △ABC에서 $\overline{AB}=7\sqrt{3}$ cm, $\overline{BC}=4\sqrt{6}$ cm이고 $\angle B=45°$일 때, $\overline{AC}$의 길이를 구하시오.

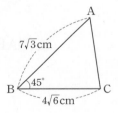

4 오른쪽 그림과 같이 80 m 떨어져 있는 두 지점 B, C에서 A 지점에 있는 배를 바라본 각의 크기가 각각 $75°$, $45°$일 때, 두 지점 A, B 사이의 거리를 구하시오.

5 오른쪽 그림과 같이 50 m 떨어진 지면 위의 두 지점 B, C에서 A 지점에 위치한 열기구를 올려다본 각의 크기가 각각 $50°$, $35°$일 때, 다음 중 지면에서 열기구까지의 높이를 구하는 식으로 알맞은 것은?

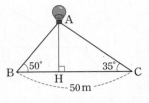

① $\dfrac{50}{\tan 35°+\tan 55°}$ m   ② $\dfrac{50}{\tan 40°+\tan 55°}$ m

③ $\dfrac{50}{\tan 50°+\tan 55°}$ m   ④ $\dfrac{25}{\tan 35°+\tan 55°}$ m

⑤ $\dfrac{25}{\tan 50°+\tan 55°}$ m

6 오른쪽 그림의 △ABC에서 $\angle B=45°$, $\angle ACH=60°$이고 $\overline{BC}=6$ cm일 때, △ABC의 넓이를 구하시오.

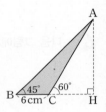

중요 7 오른쪽 그림과 같이 $\overline{AB}=\overline{AC}$인 이 등변삼각형 ABC에서 $\overline{AB}=8$ cm, $\angle B=75°$일 때, △ABC의 넓이는?

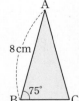

① 16 cm²   ② 20 cm²

③ 24 cm²   ④ 28 cm²

⑤ 32 cm²

전국 중학교의 기출문제와 새로운 교육과정의 문제를
종합, 분석하여 핵심 문제만을 모았습니다.

8 오른쪽 그림과 같이 $\overline{AB}=10\,cm$, $\overline{AC}=12\,cm$인 삼각형 ABC의 넓이가 $30\sqrt{3}\,cm^2$일 때, $\tan A$의 값을 구하시오.

(단, $0°<\angle A<90°$)

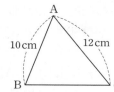

9 오른쪽 그림과 같이 $\overline{AC}=8$, $\overline{BC}=5$이고 $\angle C$가 둔각인 $\triangle ABC$의 넓이가 $10\sqrt{2}$일 때, $\angle C$의 크기는?

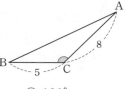

① 120° ② 125° ③ 130°
④ 135° ⑤ 140°

10 오른쪽 그림과 같이 한 변의 길이가 8 cm이고 $\angle B=45°$인 마름모 ABCD의 넓이는?

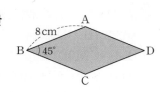

① $16\sqrt{2}\,cm^2$ ② $16\sqrt{3}\,cm^2$ ③ $24\sqrt{3}\,cm^2$
④ $32\sqrt{2}\,cm^2$ ⑤ $32\sqrt{3}\,cm^2$

아차! 돌다리 문제

11 오른쪽 그림과 같이 $\overline{AD}/\!/\overline{BC}$인 등변사다리꼴 ABCD의 넓이가 $8\sqrt{3}$이고 두 대각선이 이루는 각의 크기가 120°일 때, $\overline{AC}$의 길이는?

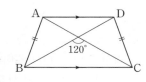

① 4 ② $4\sqrt{2}$ ③ $4\sqrt{3}$
④ 8 ⑤ $4\sqrt{5}$

Step2 자주 나오는 문제

12 오른쪽 그림과 같은 직육면체에서 $\overline{FG}=\overline{GH}=6\,cm$이고 $\angle CEG=30°$일 때, $\overline{BF}$의 길이는?

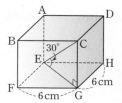

① 4 cm ② $3\sqrt{2}$ cm
③ $2\sqrt{5}$ cm ④ $2\sqrt{6}$ cm
⑤ 6 cm

중요 **13** 오른쪽 그림과 같이 15 m 떨어진 두 건물 P, Q가 있다. P 건물의 A 지점에서 Q 건물의 C 지점을 올려다본 각의 크기는 30°, D 지점을 내려다본 각의 크기는 45°일 때, Q 건물의 높이는?

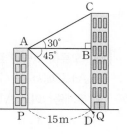

① $2(3+\sqrt{3})$ m ② $5(3+\sqrt{3})$ m
③ 25 m ④ $15\sqrt{3}$ m
⑤ 30 m

14 오른쪽 그림과 같은 평행사변형 ABCD에서 $\overline{AB}=8\,cm$, $\overline{BC}=12\,cm$이고, $\angle D=60°$일 때, 대각선 AC의 길이는?

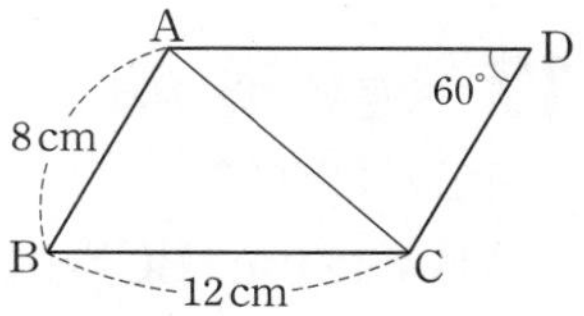

① 8 cm ② $4\sqrt{5}$ cm ③ $4\sqrt{6}$ cm
④ $4\sqrt{7}$ cm ⑤ $8\sqrt{2}$ cm

15 다음 그림과 같이 3 m 떨어진 두 지점 A, B에서 신호 등의 끝 부분 C를 올려다보았다. ∠ABC=135°이고 $\tan A = \dfrac{2}{5}$일 때, 이 신호등의 높이는?

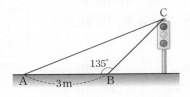

① 1 m   ② $\sqrt{2}$ m   ③ $\sqrt{3}$ m
④ 2 m   ⑤ $\sqrt{5}$ m

16 오른쪽 그림과 같은 △ABC에서 점 G는 △ABC 의 무게중심이고 $\overline{AB}$=8 cm, $\overline{AC}$=$10\sqrt{3}$ cm, ∠A=60°일 때, △GBC의 넓이는?

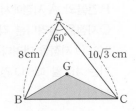

① 12 cm²   ② 16 cm²   ③ 20 cm²
④ $16\sqrt{3}$ cm²   ⑤ $20\sqrt{3}$ cm²

17 오른쪽 그림에서 $\overline{AC}$ ∥ $\overline{DE}$이고 $\overline{AB}$=12 cm, $\overline{BC}$=9 cm, $\overline{CE}$=7 cm이다. ∠B=60° 일 때, □ABCD의 넓이를 구하시오.

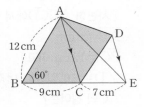

18 오른쪽 그림에서 □ABCD는 한 변의 길이가 4 cm인 정사각형이고 △ADE는 $\overline{AD}$를 빗변으로 하는 직 각삼각형이다. ∠ADE=30°일 때, △ABE의 넓이를 구하시오.

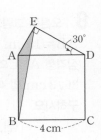

19 오른쪽 그림과 같이 반지름의 길 이가 4 cm인 원 O에 내접하는 정팔 각형의 넓이를 구하시오.

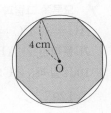

20 오른쪽 그림과 같은 평행 사변형 ABCD에서 $\overline{BM}$=$\overline{CM}$이고 $\overline{AD}$=8 cm, $\overline{CD}$=6 cm, ∠ADC=60°일 때, △AMC의 넓이는?

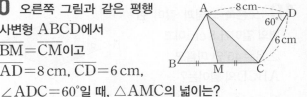

① $4\sqrt{3}$ cm²   ② $6\sqrt{3}$ cm²   ③ $8\sqrt{3}$ cm²
④ $10\sqrt{3}$ cm²   ⑤ $12\sqrt{3}$ cm²

21 오른쪽 그림과 같이 두 대 각선 AC, BD의 길이가 각 각 12 cm, 9 cm인 사각형 ABCD의 넓이가 $27\sqrt{3}$ cm²일 때, ∠x의 크기를 구하시오.

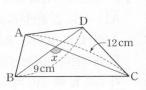

(단, ∠x는 둔각)

Step 3 만점! 도전 문제

중요 22 오른쪽 그림과 같이 폭이
각각 5 cm로 일정한 직사각형
모양의 두 종이테이프가 겹쳐
져 있을 때, 겹쳐진 부분의 넓
이를 구하시오.

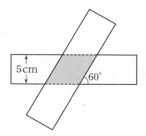

23 오른쪽 그림의
△ABC에서 $\overline{AB}=8\sqrt{6}$,
$\overline{AC}=20$이고
∠BAD=45°,
∠CAD=60°일 때, $\overline{BD}:\overline{DC}$를 가장 작은 자연수의 비
로 나타내시오.

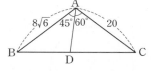

24 오른쪽 그림과 같은 정사각형
ABCD에서 △EBF는
$\overline{BE}=\overline{BF}$인 이등변삼각형이다.
△EBF의 넓이가 27 cm²일 때,
정사각형 ABCD의 한 변의 길이
를 구하시오.

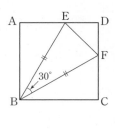

25 오른쪽 그림과 같이 반지름
의 길이가 $4\sqrt{3}$ cm인 반원 O에
서 색칠한 부분의 넓이를 구하
시오.

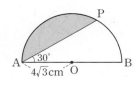

26 지면에 수직으로 서 있
던 나무가 오른쪽 그림과 같
이 부러졌다. 부러진 나무와
지면이 이루는 각의 크기가
30°일 때, 부러지기 전 나무
의 높이를 구하시오. (단, 풀이 과정을 자세히 쓰시오.)

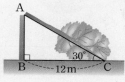

풀이 과정

답

27 오른쪽 그림과 같은
□ABCD에서 $\overline{AB}=6$,
$\overline{CD}=8$이고
∠ABC=60°,
∠BAC=90°,
∠ACD=30°일 때, □ABCD의 넓이를 구하시오.
(단, 풀이 과정을 자세히 쓰시오.)

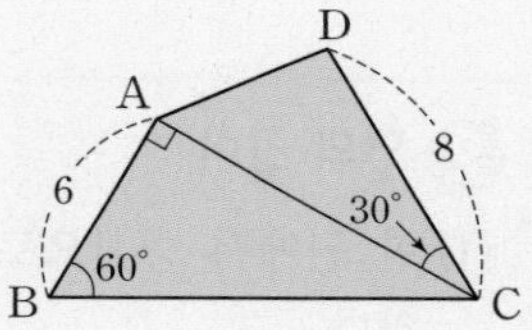

풀이 과정

답

05강 원의 현

Ⅱ. 원의 성질

① 현의 수직이등분선

(1) 원에서 현의 수직이등분선은 그 원의 중심을 지난다.

(2) 원의 중심에서 현에 내린 수선은 그 현을 수직이등분한다.

➡ $\overline{AB}\perp\overline{OM}$이면 $\overline{AM}=\overline{BM}$

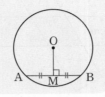

* 현의 수직이등분선

△OAM과 △OBM에서
∠OMA = ∠OMB = 90°,
$\overline{OA}=\overline{OB}$(반지름), $\overline{OM}$은 공통이므로
△OAM ≡ △OBM(RHS 합동)
➡ $\overline{AM}=\overline{BM}=\frac{1}{2}\overline{AB}$

예제 1 다음 그림의 원 O에서 x의 값을 구하시오.

(1)
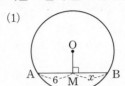

(2)
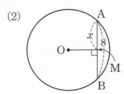

예제 2 오른쪽 그림에서 $\overline{AB}$는 원 O의 현이고 $\overline{AB}\perp\overline{OM}$이다.
$\overline{AB}=12$, $\overline{OM}=3$일 때, x의 값을 구하시오.

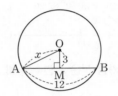

② 현의 길이

(1) 한 원에서 중심으로부터 같은 거리에 있는 두 현의 길이는 같다.

➡ $\overline{OM}=\overline{ON}$이면 $\overline{AB}=\overline{CD}$

(2) 한 원에서 길이가 같은 두 현은 원의 중심으로부터 같은 거리에 있다.

➡ $\overline{AB}=\overline{CD}$이면 $\overline{OM}=\overline{ON}$

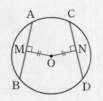

* 현의 길이

△OMB와 △OND에서
∠OMB = ∠OND = 90°,
$\overline{OB}=\overline{OD}$(반지름), $\overline{OM}=\overline{ON}$이므로
△OMB ≡ △OND(RHS 합동)
➡ $\overline{BM}=\overline{DN}$, $\overline{AB}=\overline{CD}$

참고 현의 길이와 이등변삼각형
원에 내접하는 △ABC에서 $\overline{OM}=\overline{ON}$이면 $\overline{AB}=\overline{AC}$이므로 △ABC는 이등변삼각형이다.

예제 3 다음 그림의 원 O에서 x의 값을 구하시오.

(1)
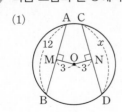

(2)
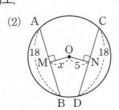

예제 4 오른쪽 그림과 같이 원 O에 △ABC가 내접하고 있다.
$\overline{OM}=\overline{ON}$이고 ∠A = 80°일 때, ∠B의 크기를 구하시오.

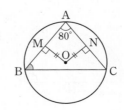

1 오른쪽 그림의 원 O에서 $\overline{AB}\perp\overline{OM}$이고 $\overline{OA}=6$, $\overline{OM}=3$일 때, $\overline{AB}$의 길이를 구하시오.

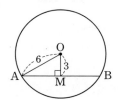

2 오른쪽 그림의 원 O에서 $\overline{AB}\perp\overline{CO}$이고 $\overline{AB}=16$, $\overline{CM}=4$일 때, 원 O의 반지름의 길이를 구하시오.

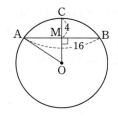

3 오른쪽 그림에서 $\overparen{AB}$는 원의 일부분이다.
$\overline{AB}\perp\overline{CD}$이고 $\overline{AD}=\overline{BD}=4\,\text{cm}$, $\overline{CD}=2\,\text{cm}$일 때, 이 원의 반지름의 길이는?

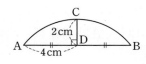

① $5\,\text{cm}$ ② $\dfrac{11}{2}\,\text{cm}$

③ $6\,\text{cm}$ ④ $\dfrac{13}{2}\,\text{cm}$

⑤ $7\,\text{cm}$

* 원의 일부분이 주어진 경우 반지름의 길이 구하기

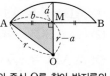

❶ 원의 중심 O를 찾아 반지름의 길이를 r로 놓는다.
❷ 직각삼각형 AOM에서 피타고라스 정리를 이용하여 원의 반지름의 길이를 구한다.

4 오른쪽 그림과 같이 반지름의 길이가 $15\,\text{cm}$인 원 O에서 $\overline{AB}=\overline{CD}=18\,\text{cm}$일 때, $\overline{ON}$의 길이는?

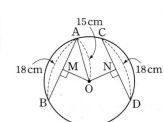

① $10\,\text{cm}$ ② $11\,\text{cm}$

③ $12\,\text{cm}$ ④ $13\,\text{cm}$

⑤ $14\,\text{cm}$

5 오른쪽 그림의 원 O에서 $\overline{AB}\perp\overline{OM}$, $\overline{AC}\perp\overline{ON}$이고 $\overline{OM}=\overline{ON}$이다. $\overline{AM}=3\,\text{cm}$, $\angle B=60°$일 때, $\overline{BC}$의 길이를 구하시오.

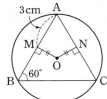

기초를 좀 더 다지려면~! **30쪽** ≫

06강 원의 접선

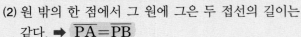

① 원의 접선의 성질

(1) 원의 접선은 그 접점을 지나는 반지름에 수직이다.

➡ $\overline{PA}$, $\overline{PB}$가 원 O의 접선일 때,

    $\angle PAO = \angle PBO = 90°$

(2) 원 밖의 한 점에서 그 원에 그은 두 접선의 길이는 같다. ➡ $\overline{PA} = \overline{PB}$

접선의 길이 → 원 O 밖의 한 점 P에서 원 O에 그을 수 있는 접선은 2개이다.

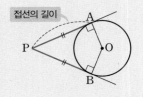

참고 점 P에서 원 O의 접점까지의 거리를 점 P에서 원 O에 그은 접선의 길이라고 한다.

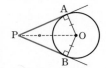
예제 1 오른쪽 그림에서 $\overline{PA}$, $\overline{PB}$는 원 O의 접선일 때, x, y의 값을 각각 구하시오.

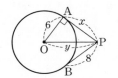

② 삼각형의 내접원

△ABC의 내접원 O가 세 변 AB, BC, CA와 접할 때

(1) $\overline{AD} = \overline{AF}$, $\overline{BD} = \overline{BE}$, $\overline{CE} = \overline{CF}$

(2) (△ABC의 둘레의 길이)$= a + b + c = 2(x + y + z)$

(3) $\triangle ABC = \dfrac{1}{2}r(a + b + c)$

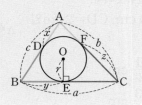

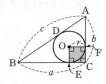
예제 2 오른쪽 그림에서 △ABC는 원 O에 외접하고 세 점 D, E, F는 그 접점이다. $\overline{BD} = 4$ cm, $\overline{BC} = 7$ cm, $\overline{CA} = 5$ cm일 때, 다음을 구하시오.

(1) $\overline{CE}$의 길이
(2) $\overline{AD}$의 길이

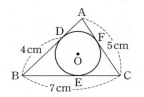

③ 원에 외접하는 사각형의 성질

(1) 원에 외접하는 사각형에서 두 쌍의 대변의 길이의 합은 서로 같다.

    ➡ $\overline{AB} + \overline{CD} = \overline{AD} + \overline{BC}$

(2) 두 쌍의 대변의 길이의 합이 같은 사각형은 원에 외접한다.

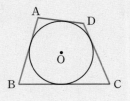

예제 3 오른쪽 그림과 같이 원 O에 외접하는 □ABCD에서 $\overline{AD} = 5$, $\overline{BC} = 7$일 때, $\overline{AB} + \overline{CD}$의 길이를 구하시오.

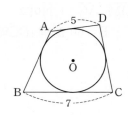

1 오른쪽 그림에서 두 점 A, B는 점 P에서 원 O에 그은 두 접선의 접점이다. ∠APB=60°, $\overline{OA}=2\sqrt{3}$ cm일 때, 색칠한 부분의 넓이를 구하시오.

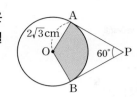

• ∠AOB+∠APB=180°

2 오른쪽 그림에서 두 점 A, B는 점 P에서 원 O에 그은 두 접선의 접점이다. $\overline{OB}=5$ cm, $\overline{PC}=8$ cm일 때, $\overline{PA}$의 길이는?

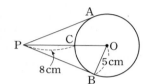

① 10 cm ② 11 cm
③ 12 cm ④ 13 cm
⑤ 14 cm

3 오른쪽 그림에서 △ABC는 원 O에 외접하고 세 점 D, E, F는 그 접점이다. △ABC의 둘레의 길이가 24 cm일 때, $\overline{AD}$의 길이를 구하시오.

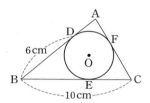

4 오른쪽 그림에서 원 O는 ∠A=90°인 직각삼각형 ABC의 내접원이고 세 점 D, E, F는 그 접점이다. $\overline{AB}=4$, $\overline{AC}=3$일 때, 원 O의 반지름의 길이를 구하시오.

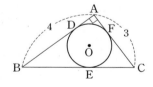

• □ADOF는 정사각형이므로 $\overline{AD}=\overline{AF}=r$로 놓는다.

5 오른쪽 그림과 같이 원 O에 외접하는 사각형 ABCD에서 $\overline{BC}=9$ cm, $\overline{CD}=6$ cm, $\overline{AD}=5$ cm일 때, x의 값을 구하시오.

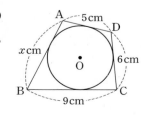

기초를 좀 더 다지려면~! **31쪽** ≫

05강 원의 현

1 다음 그림의 원 O에서 x의 값을 구하시오.

(1)
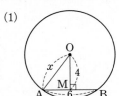

(2)
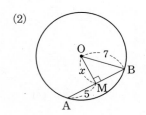

(3)
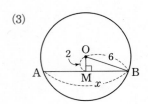

(4)
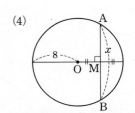

(5)
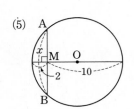

(6)
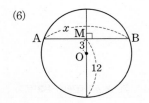

2 다음 그림의 원 O에서 x의 값을 구하시오.

(1)
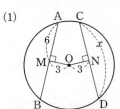

(2)
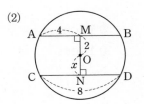

(3)
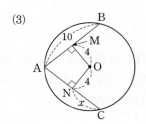

(4)
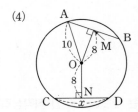

(5)
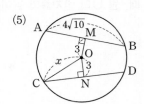

(6)
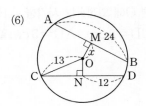

06강 원의 접선

3 다음 그림에서 두 점 A, B는 점 P에서 원 O에 그은 두 접선의 접점일 때, x의 값을 구하시오.

(1)
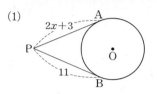

(2)
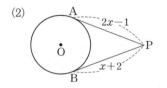

(3)
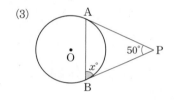

(4)
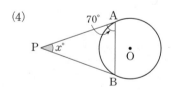

(5)
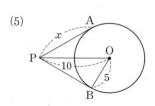

(6)
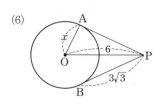

4 다음 그림에서 △ABC는 원 O에 외접하고 세 점 D, E, F는 그 접점일 때, x의 값을 구하시오.

(1)
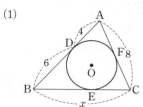

(2)
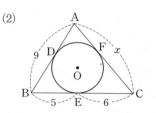

(3)
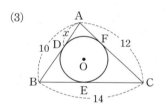

5 다음 그림에서 □ABCD가 원 O에 외접할 때, x의 값을 구하시오.

(1)
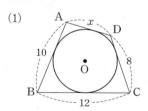

(2)
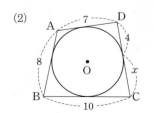

 내공 쌓는 족집게 문제

Step 1 반드시 나오는 문제

1 오른쪽 그림의 원 O에서 $\overline{AB} \perp \overline{OM}$이고 $\overline{AB}=8$ cm이다. 원 O의 반지름의 길이가 6 cm일 때, $\overline{OM}$의 길이를 구하시오.

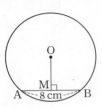

2 오른쪽 그림의 원 O에서 $\overline{AB} \perp \overline{CD}$, $\overline{CD}=20$ cm, $\overline{MD}=2$ cm일 때, $\overline{AB}$의 길이는?

① 10 cm   ② 11 cm
③ 12 cm   ④ 13 cm
⑤ 14 cm

3 오른쪽 그림의 원 O에서 $\overline{AB} \perp \overline{OC}$, $\overline{AD}=10$ cm, $\overline{CD}=5$ cm일 때, $\overline{OB}$의 길이를 구하시오.

4 오른쪽 그림의 원 O에서 $\overline{AB} \perp \overline{OM}$, $\overline{CD} \perp \overline{ON}$이다. $\overline{AB}=\overline{CD}=8$, $\overline{OM}=6$일 때, $\overline{OD}$의 길이를 구하시오.

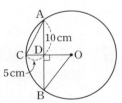

5 오른쪽 그림에서 원 O는 △ABC의 외접원이다. $\overline{OP}=\overline{OQ}$이고 ∠B=55°일 때, ∠A의 크기는?

① 30°   ② 45°
③ 55°   ④ 60°
⑤ 70°

6 오른쪽 그림에서 두 점 A, B는 점 P에서 원 O에 그은 두 접선의 접점이다. ∠APB=52°일 때, ∠ABO의 크기는?

① 20°   ② 22°   ③ 24°
④ 26°   ⑤ 28°

7 오른쪽 그림에서 $\overline{PA}$, $\overline{PB}$는 원 O의 접선이고 두 점 A, B는 그 접점이다. $\overline{PA}=6$ cm, ∠P=60°일 때, $\overline{AB}$의 길이는?

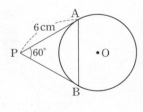

① 4 cm   ② 5 cm   ③ 6 cm
④ 7 cm   ⑤ 8 cm

전국 중학교의 기출문제와 새로운 교육과정의 문제를
종합, 분석하여 핵심 문제만을 모았습니다.

8 오른쪽 그림에서 $\overrightarrow{AE}$, $\overrightarrow{AF}$, $\overline{BC}$는 원 O의 접선이고 세 점 D, E, F는 그 접점이다. $\overline{AB}=6$, $\overline{AC}=5$, $\overline{AE}=8$ 일 때, $\overline{BC}$의 길이를 구하시오.

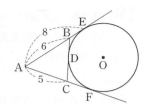

9 오른쪽 그림에서 $\overline{AD}$, $\overline{BC}$, $\overline{CD}$는 반원 O의 접선이고 세 점 A, B, E는 그 접점이다. $\overline{AD}=4\,cm$, $\overline{BC}=9\,cm$일 때, $\overline{AB}$의 길이를 구하시오.

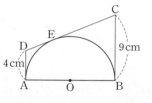

10 오른쪽 그림에서 △ABC는 원 O에 외접하고 세 점 D, E, F는 그 접점이다. $\overline{AB}=9\,cm$, $\overline{AC}=11\,cm$, $\overline{AD}=6\,cm$일 때, $\overline{BC}$의 길이는?

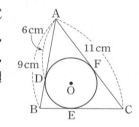

① $\dfrac{13}{2}\,cm$ ② $7\,cm$

③ $\dfrac{15}{2}\,cm$ ④ $8\,cm$

⑤ $\dfrac{17}{2}\,cm$

 문제

11 오른쪽 그림에서 원 O는 ∠C=90°인 직각삼각형 ABC의 내접원이고 세 점 D, E, F는 그 접점이다. $\overline{AD}=6$, $\overline{BD}=9$일 때, 원 O의 둘레의 길이를 구하시오.

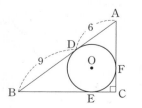

12 오른쪽 그림과 같이 □ABCD는 원 O에 외접하고 $\overline{AB}=5\,cm$, $\overline{CD}=3\,cm$ 일 때, □ABCD의 둘레의 길이를 구하시오.

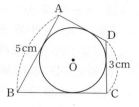

Step2 자주 나오는 문제

13 오른쪽 그림의 원 O에서 $\overline{AB}\perp\overline{OM}$이고 $\overline{AB}=\overline{CD}$이다. $\overline{OD}=10\,cm$, $\overline{OM}=8\,cm$일 때, △OCD의 넓이는?

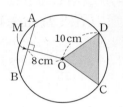

① $36\,cm^2$ ② $40\,cm^2$

③ $44\,cm^2$ ④ $48\,cm^2$

⑤ $52\,cm^2$

14 오른쪽 그림과 같이 점 O를 중심으로 하고 반지름의 길이가 각각 8 cm, 6 cm인 두 원에서 큰 원의 현 AB가 작은 원의 접선일 때, 현 AB의 길이는?

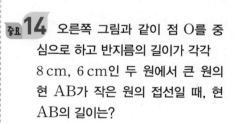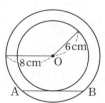

① $10\,cm$ ② $4\sqrt{7}\,cm$ ③ $11\,cm$

④ $12\,cm$ ⑤ $5\sqrt{7}\,cm$

15 오른쪽 그림과 같이 반지름의 길이가 8 cm인 원 모양의 종이를 $\overline{AB}$를 접는 선으로 하여 $\overarc{AB}$가 원의 중심 O를 지나도록 접었다. 이때 $\overline{AB}$의 길이를 구하시오.

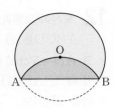

16 오른쪽 그림에서 $\overarc{AB}$는 반지름의 길이가 15 cm인 원의 일부분이다. $\overline{AB} \perp \overline{CM}$, $\overline{AM} = \overline{BM}$이고 $\overline{AB} = 24$ cm일 때, $\overline{CM}$의 길이는?

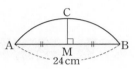

① 6 cm   ② $\frac{13}{2}$ cm   ③ 7 cm

④ $\frac{15}{2}$ cm   ⑤ 8 cm

17 오른쪽 그림과 같이 반지름의 길이가 4 cm인 원의 중심 O에서 $\overline{AB}$, $\overline{AC}$에 내린 수선의 발을 각각 M, N이라고 하자. $\overline{OM} = \overline{ON}$이고 $\angle A = 60°$일 때, $\triangle ABC$의 넓이는?

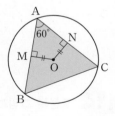

① $12\sqrt{3}$ cm² ② 24 cm² ③ 36 cm²
④ $24\sqrt{3}$ cm² ⑤ 48 cm²

중요 18 오른쪽 그림에서 두 점 A, B는 점 P에서 원 O에 그은 두 접선의 접점이다. $\overline{AO} = 6$ cm, $\overline{AP} = 6\sqrt{3}$ cm일 때, 색칠한 부분의 넓이를 구하시오.

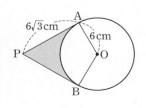

19 오른쪽 그림에서 원 O는 $\triangle ABC$의 내접원이고 $\overline{DE}$는 원 O의 접선이다. $\overline{AB} = 11$ cm, $\overline{BC} = 15$ cm, $\overline{CA} = 10$ cm일 때, $\triangle DEC$의 둘레의 길이는?

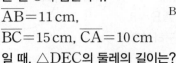

① 10 cm   ② 11 cm   ③ 12 cm
④ 13 cm   ⑤ 14 cm

중요 20 오른쪽 그림에서 원 O는 $\angle C = 90°$인 직각삼각형 ABC의 내접원이고 세 점 D, E, F는 그 접점이다. $\angle B = 60°$, $\overline{BC} = 3$ cm일 때, 원 O의 반지름의 길이는?

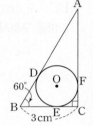

① $\frac{3\sqrt{3}-1}{2}$ cm   ② $\frac{3\sqrt{3}-2}{2}$ cm

③ $\frac{3\sqrt{3}-3}{2}$ cm   ④ $\frac{3\sqrt{2}-3}{2}$ cm

⑤ $\frac{3\sqrt{3}-3}{3}$ cm

21 오른쪽 그림과 같이 $\angle C = \angle D = 90°$인 사다리꼴 ABCD가 반지름의 길이가 4 cm인 원 O에 외접한다. $\overline{AB} = 12$ cm일 때, $\square ABCD$의 넓이를 구하시오.

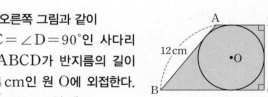

>> **82쪽** 다시 보는 핵심 문제로 자신의 실력을 확인하세요!

Step 3 **만점! 도전 문제**

22 오른쪽 그림의 원 O는 $\overline{AC}=8$ cm이고 $\overline{AB}=\overline{BC}=2\sqrt{6}$ cm인 이등변삼각형 ABC의 외접원일 때, 원 O의 넓이를 구하시오.

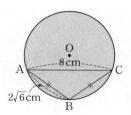

중요 23 오른쪽 그림과 같이 점 O를 중심으로 하는 두 원이 있다. 큰 원 위의 한 점 P에서 작은 원에 접하는 두 접선을 그어 그 접점을 각각 C, D라 하고, 큰 원과 만나는 점을 각각 A, B라고 하자. 두 원의 반지름의 길이가 각각 1, 3일 때, $\overline{AB}$의 길이를 구하시오.

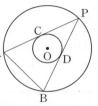

24 오른쪽 그림에서 $\overline{PA}$, $\overline{PB}$, $\overline{CD}$는 원 O의 접선이고 세 점 A, B, E는 그 접점이다. $\overline{PC}=\overline{PD}=5$ cm, $\overline{CD}=6$ cm일 때, 원 O의 넓이는?

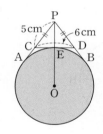

① 25π cm² ② 36π cm²
③ 49π cm² ④ 64π cm²
⑤ 100π cm²

25 다음 그림과 같이 원 O가 직사각형 ABCD와 세 변에서 접한다. $\overline{BE}$가 원 O의 접선이고 $\overline{AB}=4$, $\overline{BC}=6$일 때, $\overline{BE}$의 길이를 구하시오.

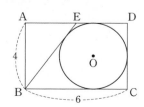

26 오른쪽 그림은 일부가 깨진 원 모양의 접시를 측정한 것이다. $\overline{AB}\perp\overline{CM}$이고 $\overline{AM}=\overline{BM}=8$ cm, $\overline{CM}=4$ cm일 때, 원래의 접시의 넓이를 구하시오.

(단, 풀이 과정을 자세히 쓰시오.)

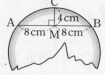

풀이 과정

답

27 오른쪽 그림에서 $\overrightarrow{PQ}$와 $\overrightarrow{TR}$는 두 원 O, O'의 공통인 접선이고 세 점 P, Q, R는 그 접점이다. $\angle RPT=50°$일 때, $\angle TQR$의 크기를 구하시오.

(단, 풀이 과정을 자세히 쓰시오.)

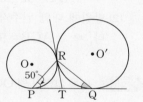

풀이 과정

답

07강 Ⅱ. 원의 성질

원주각

❶ 원주각과 중심각

(1) 원주각: 원 O에서 $\overarc{AB}$ 위에 있지 않은 점 P에 대하여 ∠APB를 $\overarc{AB}$에 대한 원주각이라고 한다.

(2) 원에서 한 호에 대한 원주각의 크기는 그 호에 대한 중심 각의 크기의 $\dfrac{1}{2}$이다. ➡ $\angle APB = \dfrac{1}{2}\angle AOB$

예제 1 다음 그림의 원 O에서 ∠x의 크기를 구하시오.

(1) 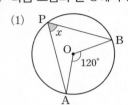 (2)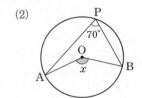

❷ 원주각의 성질

(1) 원에서 한 호에 대한 원주각의 크기 는 모두 같다.

➡ $\angle APB = \angle AQB = \angle ARB$

(2) 반원에 대한 원주각의 크기는 90°이 다. ➡ $\angle ACB = 90°$

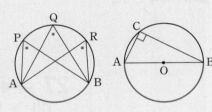

예제 2 다음 그림의 원 O에서 ∠x의 크기를 구하시오.

(1) 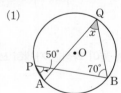 (2)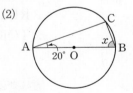

❸ 원주각의 크기와 호의 길이

(1) 한 원에서 길이가 같은 호에 대한 원주각의 크기는 같다.

➡ $\overarc{AB} = \overarc{CD}$이면 $\angle APB = \angle CQD$

(2) 한 원에서 크기가 같은 원주각에 대한 호의 길이는 같다.

➡ $\angle APB = \angle CQD$이면 $\overarc{AB} = \overarc{CD}$

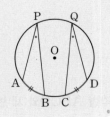

예제 3 다음 그림에서 ∠x의 크기를 구하시오.

(1) 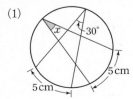 (2)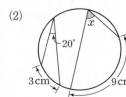

＊ 원주각과 중심각의 크기

∠AOQ = 2∠APO,
∠BOQ = 2∠BPO이므로
∠AOB = ∠AOQ + ∠BOQ
　　　= 2∠APO + 2∠BPO
　　　= 2∠APB

➡ $\angle APB = \dfrac{1}{2}\angle AOB$

참고 원에서 한 호에 대한 중심각은 하나이 지만 그 원주각은 무수히 많다.

＊ 호에 대한 원주각

한 원에서 모든 호에 대한 원주각의 크기의 합은 180°이다.

➡ ∠ABC + ∠BCA + ∠CAB
　 = 180°

＊ 원주각의 크기와 호의 길이

한 원에서 호의 길이는 그 호에 대한 원주 각의 크기에 정비례한다.

➡ $\overarc{AB} : \overarc{BC} = \angle x : \angle y$

핵심 유형 익히기

1 오른쪽 그림과 같은 원 O에서 ∠x의 크기는?

① 30°   ② 35°

③ 40°   ④ 45°

⑤ 50°

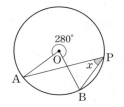

• 원 O의 두 반지름과 두 현 AP, BP로 이루어진 □OAPB에서

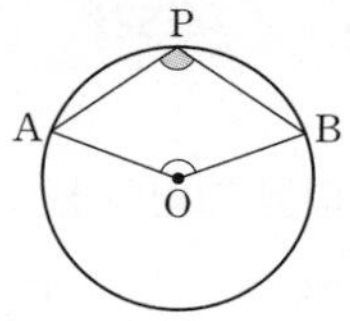

➡ ∠APB
$= \dfrac{1}{2} \times (360° - ∠AOB)$

2 오른쪽 그림에서 두 점 A, B는 점 P에서 원 O에 그은 두 접선의 접점이다. ∠APB=50°일 때, ∠x의 크기를 구하시오.

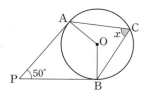

3 오른쪽 그림에서 $\overline{AB}$가 원 O의 지름이고 ∠ACD=56°일 때, ∠x의 크기를 구하시오.

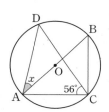

4 오른쪽 그림에서 $\overarc{AB}=\overarc{BC}$이고 ∠BDC=30°일 때, ∠ABC의 크기를 구하시오.

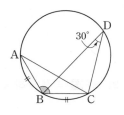

5 오른쪽 그림에서 점 P는 두 현 AC, BD의 교점이고 $\overarc{BC}=5\,cm$, ∠ABD=50°, ∠BPC=70°일 때, $\overarc{AD}$의 길이는?

① 12 cm   ② $\dfrac{25}{2}$ cm

③ 13 cm   ④ $\dfrac{27}{2}$ cm

⑤ 14 cm

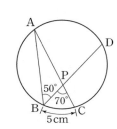

• 한 원에서 호의 길이는 그 호에 대한 중심각의 크기에 정비례한다.

기초를 좀 더 다지려면~! 38쪽 ≫

내공 다지기

07강 원주각

1 다음 그림의 원 O에서 ∠x의 크기를 구하시오.

(1)

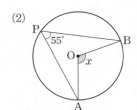

(2)

(3)

(4)

2 다음 그림의 원 O에서 ∠x, ∠y의 크기를 각각 구하시오.

(1)

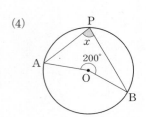

(2)

(3)

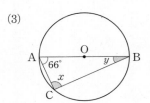

(4)

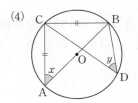

3 다음 그림에서 x의 값을 구하시오.

(1)

(2)

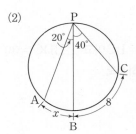

(3)

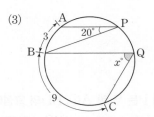

(4)

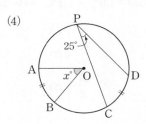

내공 쌓는 족집게 문제

1   오른쪽 그림의 원 O에서
∠APB=60°일 때, ∠x의 크기는?

① 30°   ② 32°
③ 35°   ④ 38°
⑤ 40°

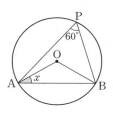

5   오른쪽 그림에서 점 P는
두 현 AC, BD의 교점이고
∠BAC=30°, ∠ACD=40°일
때, ∠BPC의 크기를 구하시오.

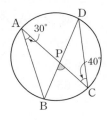

2   오른쪽 그림의 원 O에서
∠AOC=120°, ∠BAO=75°
일 때, ∠x의 크기는?

① 45°   ② 50°
③ 55°   ④ 60°
⑤ 65°

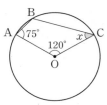

중요 **6**   오른쪽 그림에서 $\overline{AC}$는 원 O
의 지름이고 ∠BAC=35°일 때,
∠x의 크기는?

① 45°   ② 50°
③ 55°   ④ 60°
⑤ 65°

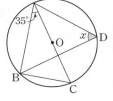

중요 **3**   오른쪽 그림의 원 O에서
∠ADE=20°, ∠BCE=30°일 때,
∠x의 크기를 구하시오.

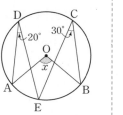

7   오른쪽 그림과 같이 △ABC
는 $\overline{AB}$가 지름이고 반지름의 길
이가 4인 원 O에 내접한다.
∠CAB=30°일 때, △ABC
의 둘레의 길이를 구하시오.

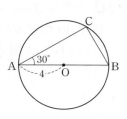

중요 **4**   오른쪽 그림에서 두 점 A,
B는 점 P에서 원 O에 그은
두 접선의 접점이다.
∠ACB=55°일 때, ∠x의
크기를 구하시오.

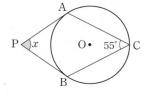

8 오른쪽 그림에서 $\overarc{AB}=\overarc{BC}$이고 $\angle ABD=60°$, $\angle BDC=35°$일 때, $\angle CAD$의 크기는?

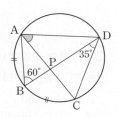

① $45°$ ② $50°$
③ $55°$ ④ $60°$
⑤ $65°$

9 오른쪽 그림에서 $\overline{AB}$는 원 O의 지름이고 $\overarc{AC}=3$, $\overarc{AD}=9$, $\angle ABC=20°$일 때, $\angle x+\angle y$의 크기는?

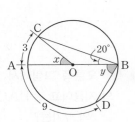

① $80°$ ② $90°$
③ $100°$ ④ $110°$
⑤ $120°$

 Step2 자주 나오는 문제

10 오른쪽 그림과 같이 반지름의 길이가 $10\,\text{cm}$인 원 O에서 $\angle ACB=30°$일 때, $\overline{AB}$의 길이는?

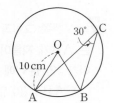

① $8\,\text{cm}$ ② $9\,\text{cm}$
③ $10\,\text{cm}$ ④ $11\,\text{cm}$
⑤ $12\,\text{cm}$

11 오른쪽 그림과 같이 원 O에 내접하는 $\triangle ABC$에서 $\overline{BC}=6\sqrt{2}$이고, $\tan A=2\sqrt{2}$일 때, 원 O의 둘레의 길이를 구하시오.

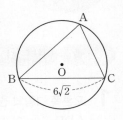

12 오른쪽 그림에서 원 O는 $\triangle ABP$의 외접원이다. $\overarc{PA}:\overarc{PB}=3:2$일 때, $\angle PAB$의 크기를 구하시오.

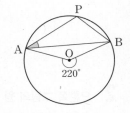

13 오른쪽 그림과 같이 $\overline{AB}$, $\overline{CD}$의 교점을 P라고 하자. $\overarc{AC}$의 길이는 원의 둘레의 길이의 $\frac{2}{5}$, $\overarc{BD}$의 길이는 원의 둘레의 길이의 $\frac{1}{6}$일 때, $\angle APC$의 크기는?

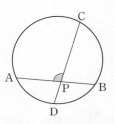

① $100°$ ② $102°$ ③ $110°$
④ $122°$ ⑤ $132°$

14 오른쪽 그림과 같이 $\overline{AD}$, $\overline{BC}$의 연장선의 교점을 P라고 하자. $\overarc{AB}:\overarc{CD}=3:1$이고 $\angle APB=38°$일 때, $\angle x$의 크기는?

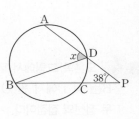

① $50°$ ② $53°$ ③ $57°$
④ $60°$ ⑤ $63°$

Step**3** 만점! 도전 문제

15 오른쪽 그림에서 $\overline{AB}$와 $\overline{OB}$
는 각각 원 O와 원 O′의 지름
이고, 원 O의 현 AQ는 원 O′
에 접하고 점 P는 그 접점이다.
$\overline{AB}=24\,cm$일 때, $\overline{AQ}$의 길이
는?

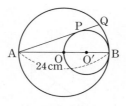

① $12\sqrt{2}\,cm$　② $18\,cm$　③ $14\sqrt{2}\,cm$
④ $20\,cm$　⑤ $16\sqrt{2}\,cm$

16 오른쪽 그림과 같이 $\overline{AB}$를 지
름으로 하는 반원 O에서 $\overline{AC}$,
$\overline{BD}$의 연장선의 교점을 P라고 하
자. $\angle APB=60°$일 때, $\angle x$의
크기를 구하시오.

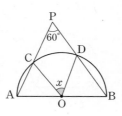

17 오른쪽 그림에서 $\overline{AB}$는
원 O의 지름이고
$\overset{\frown}{AC}=\overset{\frown}{CD}=\overset{\frown}{DB}$이다.
$\overset{\frown}{AE}:\overset{\frown}{EB}=3:2$일 때,
$\angle AFC$의 크기를 구하시오.

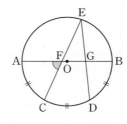

18 오른쪽 그림과 같이 반지름의
길이가 6 cm인 원에서
$\angle APB=35°$, $\angle BPC=45°$,
$\angle CPD=20°$일 때,
$\overset{\frown}{PA}+\overset{\frown}{PD}$의 길이를 구하시오.

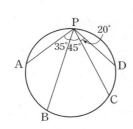

19 다음 그림과 같이 원 O의 두 현 AC, BD의 연장선
의 교점을 P라 하자. $\angle AOB=32°$, $\angle COD=78°$
일 때, $\angle P$의 크기를 구하시오.

(단, 풀이 과정을 자세히 쓰시오.)

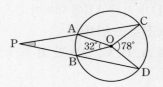

풀이 과정

답 _____

중요 **20** 오른쪽 그림에서 $\triangle ABC$는
원 O에 내접하고
$\overset{\frown}{AB}:\overset{\frown}{BC}:\overset{\frown}{CA}=5:3:4$일
때, $\angle A$의 크기를 구하시오.
(단, 풀이 과정을 자세히 쓰시오.)

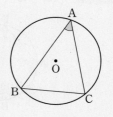

풀이 과정

답 _____

08강 원주각의 활용

❶ 네 점이 한 원 위에 있을 조건

두 점 C, D가 직선 AB에 대하여 같은 쪽에 있을 때
$$\angle ACB = \angle ADB$$
이면 네 점 A, B, C, D는 한 원 위에 있다.

* 한 원 위에 있는 네 점과 각의 크기

네 점 A, B, C, D가 한 원 위에 있을 때
① AB에 대한 원주각의 크기는 같으므로
→ $\angle ACB = \angle ADB$
② □ABCD는 원에 내접하는 사각형이다.

예제 1 다음 그림에서 네 점 A, B, C, D가 한 원 위에 있을 때, $\angle x$의 크기를 구하시오.

(1)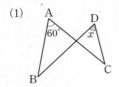

(2)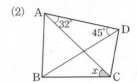

❷ 원에 내접하는 사각형의 성질

□ABCD가 원에 내접할 때

(1) $\angle A + \angle C = \angle B + \angle D = 180°$
　　대각의 크기의 합

(2) $\angle DCE = \angle A$ ← $\angle A + \angle C = 180°$에서
$\angle A = 180° - \angle C = \angle DCE$

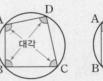 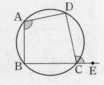

* 원에 내접하는 사각형의 성질

$\angle x + \angle y = 360°$이므로
→ $\angle A + \angle C = \dfrac{1}{2}\angle x + \dfrac{1}{2}\angle y = 180°$

예제 2 다음 그림에서 $\angle x$, $\angle y$의 크기를 각각 구하시오.

(1)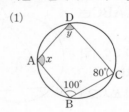

(2)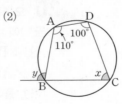

❸ 사각형이 원에 내접하기 위한 조건

다음과 같은 경우 □ABCD는 원에 내접한다.

$\angle x + \angle y = 180°$　　$\angle x = \angle y$　　$\angle x = \angle y$

* 원에 항상 내접하는 사각형

정사각형　　직사각형　　등변사다리꼴
→ 대각의 크기의 합이 180°이므로 모두 원에 내접하는 사각형이다.

예제 3 다음 그림에서 □ABCD가 원에 내접하도록 하는 $\angle x$의 크기를 구하시오.

(1)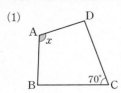

(2)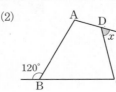

1 오른쪽 그림에서 네 점 A, B, C, D가 한 원 위에 있을 때, ∠x의 크기는?

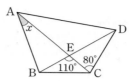

① 24° ② 26°

③ 28° ④ 30°

⑤ 32°

2 오른쪽 그림에서 □ABCD는 원 O에 내접하고 ∠BAD=65°일 때, ∠x+∠y의 크기를 구하시오.

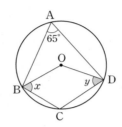

3 오른쪽 그림에서 □ABCD가 원 O에 내접하고 ∠ABD=60°, ∠ADB=45°일 때, ∠x의 크기는?

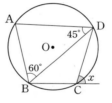

① 60° ② 65°

③ 70° ④ 75°

⑤ 80°

4 오른쪽 그림과 같이 원에 내접하는 □ABCD에서 $\overline{AB}$, $\overline{CD}$의 연장선의 교점을 P, $\overline{AD}$, $\overline{BC}$의 연장선의 교점을 Q라고 하자. ∠B=65°, ∠Q=30°일 때, ∠x의 크기는?

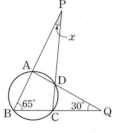

① 15° ② 18°

③ 20° ④ 22°

⑤ 25°

• 원에 내접하는 사각형과 외각의 성질
□ABCD가 원에 내접할 때

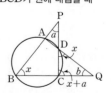

∠CDQ=∠x, ∠DCQ=∠x+∠a
이므로 △DCQ에서
∠x+(∠x+∠a)+∠b=180°

5 오른쪽 그림의 □ABCD가 원에 내접하기 위한 조건으로 옳은 것을 다음 보기에서 모두 고르시오.

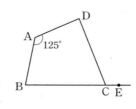

• 보기 •

ㄱ. ∠B=55°   ㄴ. ∠BCD=55°

ㄷ. ∠D=65°   ㄹ. ∠DCE=125°

기초를 좀 더 다지려면~! **44**쪽 ≫

08강 원주각의 활용

1 다음 그림에서 네 점 A, B, C, D가 한 원 위에 있을 때, ∠x의 크기를 구하시오.

(1)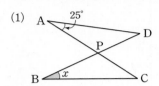

(2)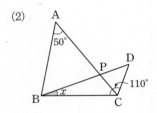

(3)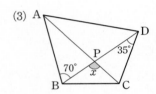

(4)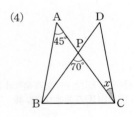

(5)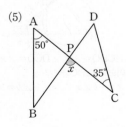

(6)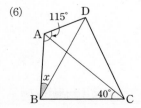

2 다음 그림에서 □ABCD가 원에 내접할 때, ∠x, ∠y의 크기를 각각 구하시오.

(1)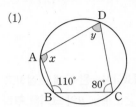

(2)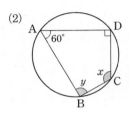

(3)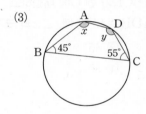

(4)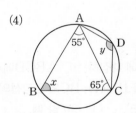

(5)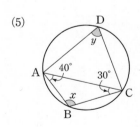

(6)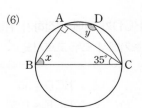

3 다음 그림에서 □ABCD가 원 O에 내접할때, ∠x, ∠y의 크기를 각각 구하시오.

(1)
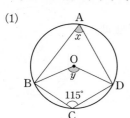

(2)
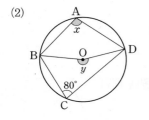

(3)
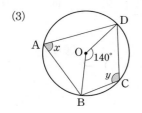

4 다음 그림에서 □ABCD가 원에 내접할 때, ∠x, ∠y의 크기를 각각 구하시오.

(1)
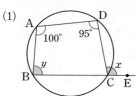

(2)
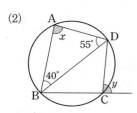

(3)
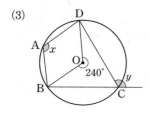

5 다음 그림에서 □ABCD가 원에 내접하면 '○'표, 내접하지 않으면 '×'표를 ( ) 안에 쓰시오.

(1)
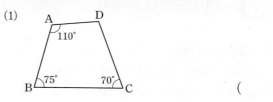
(   )

(2)
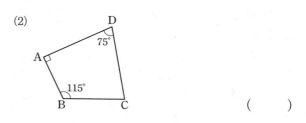
(   )

(3)
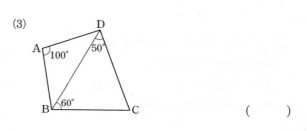
(   )

(4)
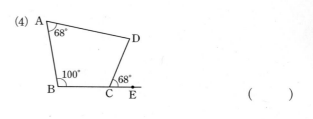
(   )

(5)
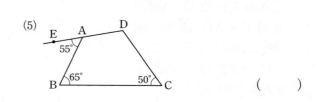
(   )

(6)
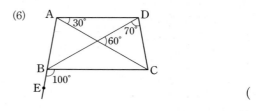
(   )

족집게 문제

내공 쌓는

Step 1 반드시 나오는 문제

1 오른쪽 그림에서
∠BAC=60°, ∠CAD=40°
이고 $\overline{AD}=\overline{CD}$이다. 네 점 A,
B, C, D가 한 원 위에 있을 때,
∠APB의 크기는?

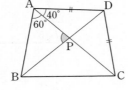

① 40°　　② 60°　　③ 70°

④ 80°　　⑤ 90°

2 오른쪽 그림과 같이 원에 내접
하는 사각형 ABCD에서
$\overline{AB}=\overline{AC}$이고 ∠BAC=40°일
때, ∠x의 크기를 구하시오.

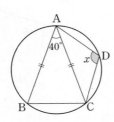

3 오른쪽 그림에서
□ABCD는 원 O에 내접하
고 점 P는 $\overline{AD}$, $\overline{BC}$의 연장
선의 교점이다. ∠P=30°,
∠C=80°일 때, ∠ABP의
크기를 구하시오.

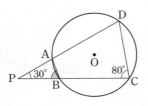

중요 4 오른쪽 그림과 같이
□ABCD가 원 O에 내접할 때,
∠x의 크기는?

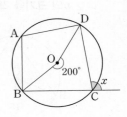

① 95°　　② 100°

③ 105°　　④ 110°

⑤ 115°

중요 5 오른쪽 그림과 같이 원에 내접
하는 □ABCD에서
∠ADB=48°, ∠CBD=40°,
∠DCE=85°일 때, ∠BAC의
크기는?

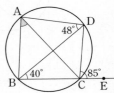

① 40°　　② 42°　　③ 45°

④ 46°　　⑤ 48°

아차! 돌다리 문제

6 오른쪽 그림과 같이 오각형
ABCDE가 원 O에 내접하고
∠BAE=80°, ∠CDE=140°
일 때, ∠BOC의 크기를 구하시
오.

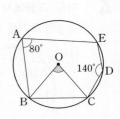

중요 7 오른쪽 그림과 같이 원에 내
접하는 □ABCD에서 $\overline{AB}$,
$\overline{CD}$의 연장선의 교점을 P,
$\overline{AD}$, $\overline{BC}$의 연장선의 교점을 Q
라고 하자. ∠P=32°,
∠Q=38°일 때, ∠x의 크기
는?

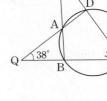

① 50°　　② 52°　　③ 53°

④ 55°　　⑤ 57°

전국 중학교의 기출문제와 새로운 교육과정의 문제를
종합, 분석하여 핵심 문제만을 모았습니다.

8 다음 그림과 같이 두 원 O, O′이 두 점 P, Q에서 만난다. ∠D=85°, ∠DCE=97°일 때, ∠A의 크기는?

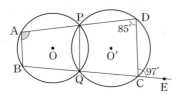

① 83°　　　　② 87°　　　　③ 93°
④ 95°　　　　⑤ 97°

Step 2 자주 나오는 문제

11 오른쪽 그림에서 점 Q는 $\overline{AC}$와 $\overline{BD}$의 교점이고 ∠C=20°, ∠P=45°이다. 네 점 A, B, C, D가 한 원 위에 있을 때, ∠x의 크기는?

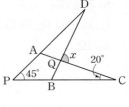

① 75°　　　　② 78°　　　　③ 80°
④ 82°　　　　⑤ 85°

중요 9 다음 중 □ABCD가 원에 내접하지 <u>않는</u> 것을 모두 고르면? (정답 2개)

① 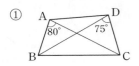　　　②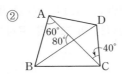

③ 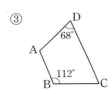　　　④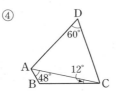

⑤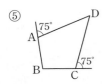

12 오른쪽 그림과 같이 □ABCD가 원 O에 내접하고 $\overline{AB}$는 원 O의 지름이다. ∠CAB=25°일 때, ∠ADC의 크기를 구하시오.

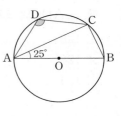

10 다음 보기에서 항상 원에 내접하는 사각형을 모두 고른 것은?

> • 보기 •
> ㄱ. 사다리꼴　　ㄴ. 평행사변형　　ㄷ. 마름모
> ㄹ. 직사각형　　ㅁ. 정사각형　　ㅂ. 등변사다리꼴

① ㄱ, ㄴ, ㄷ　　② ㄴ, ㄷ, ㄹ　　③ ㄷ, ㄹ, ㅁ
④ ㄹ, ㅁ, ㅂ　　⑤ ㄱ, ㄹ, ㅁ, ㅂ

13 오른쪽 그림과 같이 원에 내접하는 □ABCD에서 ∠ADB=40°, ∠BDC=45°일 때, ∠y－∠x의 크기는?

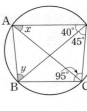

① 15°　　　　② 17°
③ 20°　　　　④ 23°
⑤ 25°

14 오른쪽 그림에서 □ABCD는 원 O에 내접하고 $\overline{BC}$는 원 O의 지름이다. ∠A=120°, $\overline{CD}$=6일 때, 원 O의 넓이를 구하시오.

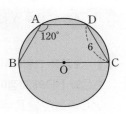

15 오른쪽 그림과 같이 □ABCD는 원 O에 내접하고 ∠BAO=64°, ∠BCO=18°일 때, ∠ADC의 크기는?

① 120° ② 124°
③ 128° ④ 132°
⑤ 134°

16 오른쪽 그림과 같이 원 O에 내접하는 □ABCD에서 ∠OAB=30°, ∠ADC=110°일 때, ∠x의 크기를 구하시오.

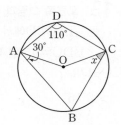

17 오른쪽 그림과 같이 육각형 ABCDEF가 원에 내접하고 ∠A=110°, ∠C=120°일 때, ∠E의 크기는?

① 110° ② 115°
③ 120° ④ 125°
⑤ 130°

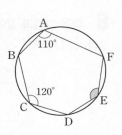

18 오른쪽 그림과 같이 두 원 O, O′이 두 점 P, Q에서 만나고 ∠D=55°일 때, ∠ABP의 크기를 구하시오.

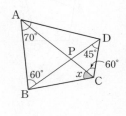

19 오른쪽 그림의 □ABCD에서 ∠ABD=∠ACD=60°, ∠BAD=70°, ∠BDC=45°일 때, ∠x의 크기는?

① 45° ② 48°
③ 50° ④ 52°
⑤ 55°

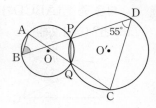

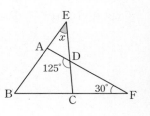

20 오른쪽 그림에서 ∠ADC=125°, ∠F=30°일 때, □ABCD가 원에 내접하도록 하는 ∠x의 크기를 구하시오.

서술형 문제

Step3 **만점! 도전 문제**

21 오른쪽 그림과 같이 △ABC
의 두 꼭짓점 B, C에서 $\overline{AC}$, $\overline{AB}$
에 내린 수선의 발을 각각 D, E
라 하고 $\overline{BC}$의 중점을 M이라고 하
자. ∠BAC=60°일 때, ∠EMD
의 크기를 구하시오.

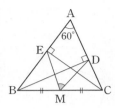

22 오른쪽 그림과 같이
□ABDE와 △ACE는 원 O
에 내접하고 $\overline{AC}$는 원 O의 지
름이다. ∠ABD=70°,
∠BPE=80°일 때, ∠BAE
의 크기를 구하시오.

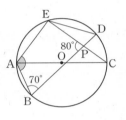

23 오른쪽 그림에서 □ABCD는
원에 내접하고 점 P는 $\overline{AD}$와 $\overline{BE}$
의 교점이다. $\overarc{AE}=\overarc{DE}$이고
∠BCE=70°일 때, ∠x의 크기
를 구하시오.

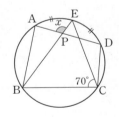

24 오른쪽 그림에서 점 O는
△ABC의 세 꼭짓점 A, B, C에
서 $\overline{BC}$, $\overline{CA}$, $\overline{AB}$에 내린 수선의
교점이다. 점 A, B, C, D, E, F,
O 중 네 점을 선택하여 만들 수
있는 원에 내접하는 사각형의 개수를 구하시오.

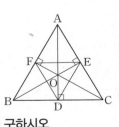

25 오른쪽 그림과 같이 원에
내접하는 사각형 ABCD에
서 ∠ADC=120°, $\overline{AB}$=3,
$\overline{BC}$=4일 때, △ABC의 넓이
를 구하시오.
(단, 풀이 과정을 자세히 쓰시오.)

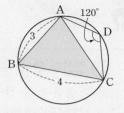

풀이 과정

답 _____

26 오른쪽 그림에서 $\overarc{ABC}$의
길이는 원주의 $\frac{1}{4}$, $\overarc{BCD}$의 길
이는 원주의 $\frac{1}{3}$일 때,
∠ABC+∠DCE의 크기를
구하시오. (단, 풀이 과정을 자세히 쓰시오.)

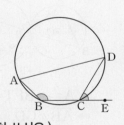

풀이 과정

답 _____

09강 접선과 현이 이루는 각

❶ 접선과 현이 이루는 각

원의 접선과 그 접점을 지나는 현이 이루는 각의 크기는
그 각의 내부에 있는 호에 대한 원주각의 크기와 같다.

$$\angle BAT = \angle BCA$$

참고 원 O에서 ∠BAT＝∠BCA이면 $\overleftrightarrow{AT}$ 는 원 O의 접선이다.

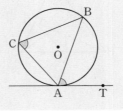

* 접선과 현이 이루는 각

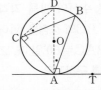

원의 중심 O를 지나는 $\overline{AD}$와 $\overline{CD}$를 그으면
∠DAT＝90°, ∠DCA＝90°이므로
∠BAT＝90°－•,
∠BCA＝90°－•
∴ ∠BAT＝∠BCA

예제 1 다음 그림에서 $\overleftrightarrow{AT}$가 원의 접선일 때, $\angle x$의 크기를 구하시오.

(1)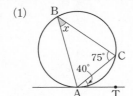

(2)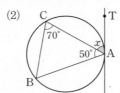

❷ 두 원에서 접선과 현이 이루는 각

$\overleftrightarrow{ST}$가 두 원 O, O′의 공통인 접선이고 점 P가 그 접점일 때

(1)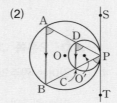

(2)

$$\angle A = \angle BPT = \angle DPS = \angle C$$
$$\Rightarrow \overline{AB} /\!/ \overline{CD}$$

$$\angle BAP = \angle BPT = \angle CDP$$
$$\Rightarrow \overline{AB} /\!/ \overline{CD}$$

* 두 원에서 접선과 현이 이루는 각
두 원 O, O′에서 접선과 현이 이루는 각의
성질에 의해
(1) ∠BAP＝∠DCP(엇각)이므로
$\overline{AB} /\!/ \overline{CD}$
(2) ∠BAP＝∠CDP(동위각)이므로
$\overline{AB} /\!/ \overline{CD}$

예제 2 다음 그림에서 $\overleftrightarrow{ST}$는 두 원의 공통인 접선이고 점 P는 그 접점일 때, $\angle x$, $\angle y$의
크기를 각각 구하시오.

(1)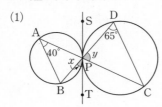

(2)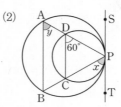

예제 3 오른쪽 그림에서 $\overleftrightarrow{PQ}$는 두 원의 공통인 접선이고
점 T는 그 접점일 때, 다음 보기에서 옳지 <u>않은</u> 것을
모두 고르시오.

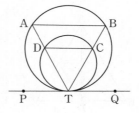

┌─ 보기 ────────────────
│ ㄱ. ∠CTQ＝∠BAD   ㄴ. ∠CTQ＝∠CDT
│ ㄷ. $\overline{AB} /\!/ \overline{PQ}$ ㄹ. $\overline{AB} /\!/ \overline{CD}$
└──────────────────────

1 오른쪽 그림에서 $\overleftrightarrow{AT}$는 원 O의 접선이고 점 A는 그 접점이다. $\overline{CA}=\overline{CB}$이고 $\angle BAT=32°$일 때, $\angle x$의 크기를 구하시오.

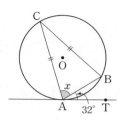

2 오른쪽 그림에서 $\overleftrightarrow{PQ}$는 원 O의 접선이고 점 C는 그 접점이다. $\angle BCP=45°$, $\angle DCQ=50°$일 때, $\angle x+\angle y$의 크기는?

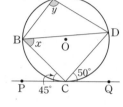

① 140° ② 145°
③ 150° ④ 155°
⑤ 160°

3 오른쪽 그림에서 $\overleftrightarrow{PT}$는 원 O의 접선이고 점 A는 그 접점이다. $\overline{BC}$는 지름이고 $\angle BAT=70°$일 때, $\angle x$의 크기는?

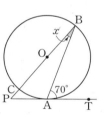

① 12° ② 15°
③ 18° ④ 20°
⑤ 24°

4 오른쪽 그림에서 $\overleftrightarrow{PD}$, $\overleftrightarrow{PE}$는 원 O의 접선이고 점 A, B는 그 접점이다. $\angle P=50°$일 때, $\angle x$의 크기를 구하시오.

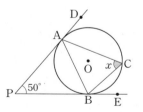

5 오른쪽 그림에서 $\overleftrightarrow{ST}$는 두 원의 공통인 접선이고 점 P는 그 접점이다. $\angle PAB=75°$, $\angle APB=50°$일 때, $\angle CDP$의 크기를 구하시오.

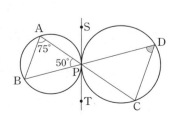

• 원에 내접하는 □ABCD에서 대각의 크기의 합은 180°이다.

• $\overline{PA}$, $\overline{PB}$가 원의 접선일 때

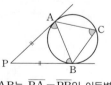

△PAB는 $\overline{PA}=\overline{PB}$인 이등변삼각형이므로
➡ $\angle PAB=\angle PBA=\angle ACB$

기초를 좀 더 다지려면~! 52쪽 ≫

09강 접선과 현이 이루는 각

1 다음 그림에서 점 T가 원 O의 접선의 접점일 때, $\angle x$의 크기를 구하시오.

(1)

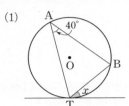

(2)

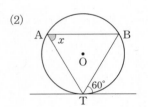

(3)

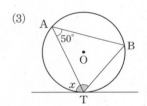

(4)

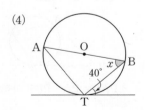

(5)

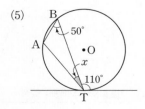

2 다음 그림에서 $\overleftrightarrow{PT}$는 원 O의 접선이고 점 T는 그 접점일 때, $\angle x$, $\angle y$의 크기를 각각 구하시오.

(1)

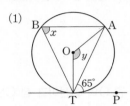

(2)

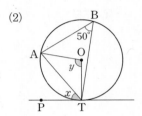

(3)

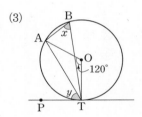

(4)

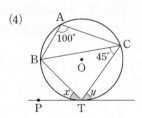

(5)

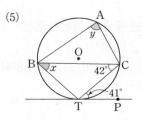

3 다음 그림에서 $\overline{AB}$가 원 O의 지름이고 점 T가 원 O의 접선의 접점일 때, $\angle x$의 크기를 구하시오.

(1)
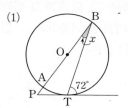

(2)
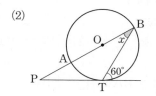

(3)
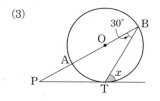

(4)
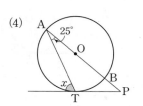

(5)
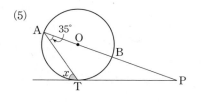

4 다음 그림에서 $\overleftrightarrow{PQ}$가 두 원의 공통인 접선이고 점 T가 그 접점일 때, $\angle x$, $\angle y$의 크기를 각각 구하시오.

(1)
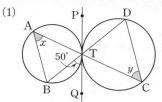

(2)
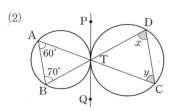

(3)
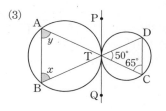

(4)
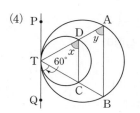

(5)
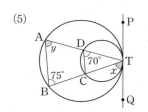

내공 쌓는 족집게 문제

Step 1 반드시 나오는 문제

1 오른쪽 그림에서 $\overleftrightarrow{AT}$는 원의 접선이고 점 A는 그 접점이다. $\angle BAT=54°$, $\overline{BC}=\overline{AC}$일 때, $\angle x$의 크기는?

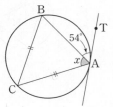

① 54° ② 57°
③ 63° ④ 66°
⑤ 70°

2 오른쪽 그림에서 $\overleftrightarrow{PT}$는 원 O의 접선이고 점 T는 그 접점이다. $\angle ATP=40°$일 때, $\angle x+\angle y$의 크기는?

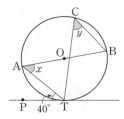

① 80° ② 90°
③ 100° ④ 110°
⑤ 120°

3 오른쪽 그림에서 $\overleftrightarrow{AT}$는 원 O의 접선이고 점 A는 그 접점이다. $\angle BAT=45°$, $\angle CBD=50°$, $\angle CDB=30°$일 때, $\angle y-\angle x$의 크기는?

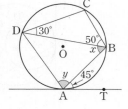

① 10° ② 15°
③ 20° ④ 23°
⑤ 25°

4 다음은 $\overleftrightarrow{AT}$가 원 O의 접선이고 점 A가 그 접점일 때, $\angle BAT=\angle BCA$임을 확인하는 과정이다. □ 안에 들어갈 알맞은 것으로 옳지 않은 것은?

> 오른쪽 그림과 같이 $\overline{AD}$, $\overline{CD}$를 그으면
> $\angle DAT=\angle DCA=$ ① °
> 이므로
> $\angle BAT=$ ② $-\angle DAB$
> $=90°-\angle DAB$ … (i)
> $\angle BCA=$ ③ $-\angle DCB$
> $=90°-\angle DCB$ … (ii)
> $\angle DAB$, $\angle DCB$는 호 ④ 에 대한 원주각이므로
> $\angle DAB=\angle DCB$
> 따라서 (i), (ii)에 의해 $\angle BAT=$ ⑤ 이다.
>
>

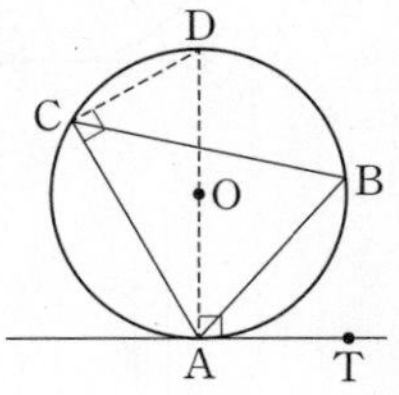

① 90 ② $\angle DAT$ ③ $\angle DCA$
④ AB ⑤ $\angle BCA$

아차! 돌다리 문제

중요 **5** 오른쪽 그림에서 $\overleftrightarrow{AT}$는 원 O의 접선이고 점 A는 그 접점이다. $\overset{\frown}{AB}:\overset{\frown}{BC}:\overset{\frown}{CA}=2:3:4$일 때, $\angle x$의 크기는?

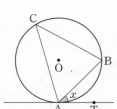

① 40° ② 45°
③ 50° ④ 55°
⑤ 60°

중요 6 오른쪽 그림에서 $\overrightarrow{PT}$는 원의 접선이고 점 T는 그 접점이다. $\overline{AP}=\overline{AT}$이고 $\angle P=36°$일 때, $\angle x$의 크기는?

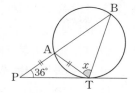

① 64°　　　② 68°

③ 70°　　　④ 72°

⑤ 74°

---

9 오른쪽 그림에서 $\overrightarrow{PQ}$는 두 원의 공통인 접선이고 점 T는 그 접점이다. 다음 중 옳지 <u>않은</u> 것을 모두 고르면? (정답 2개)

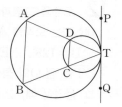

① $\angle ABT=\angle BTQ$

② $\angle BAT=\angle CDT$

③ $\overline{AB}\parallel\overline{CD}$

④ $\overline{TA}:\overline{TB}=\overline{TC}:\overline{TD}$

⑤ $\triangle ABT\backsim\triangle DCT$

---

7 오른쪽 그림에서 $\overline{PA}$, $\overline{PB}$는 원의 접선이고 두 점 A, B는 그 접점이다. $\overset{\frown}{AC}:\overset{\frown}{BC}=2:1$이고 $\angle P=48°$일 때, $\angle ABC$의 크기는?

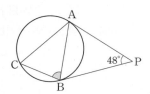

① 70°　　　② 72°　　　③ 74°

④ 76°　　　⑤ 80°

Step 2 자주 나오는 문제

---

10 오른쪽 그림에서 $\overrightarrow{PT}$는 원 O의 접선이고 점 A는 그 접점이다. $\angle BAT=36°$, $\angle OBC=15°$일 때, $\angle CAP$의 크기는?

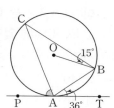

① 60°　　　② 63°

③ 65°　　　④ 67°

⑤ 69°

---

8 다음 그림에서 $\overleftrightarrow{TT'}$은 두 원 O, O′의 공통인 접선이고 점 P는 그 접점이다. $\angle PAC=65°$, $\angle BDP=55°$일 때, $\angle BPD$의 크기는?

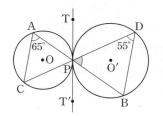

① 50°　　　② 55°　　　③ 60°

④ 65°　　　⑤ 70°

---

11 오른쪽 그림에서 $\overrightarrow{PT}$는 지름의 길이가 8 cm인 원 O의 접선이고 점 P는 그 접점이다. $\angle BPT=30°$일 때, $\triangle APB$의 넓이를 구하시오.

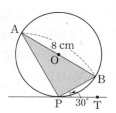

12 오른쪽 그림과 같이 원 O에 내접하는 오각형 ABCDE에서 ∠B=128°, ∠E=100°이다. $\overrightarrow{\text{CT}}$는 원 O의 접선이고 점 C는 그 접점일 때, ∠DCT의 크기는?

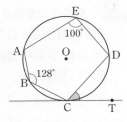

① 46°   ② 48°   ③ 50°
④ 52°   ⑤ 54°

중요 13 오른쪽 그림에서 $\overrightarrow{\text{PT}}$는 원 O의 접선이고 점 T는 그 접점이다. $\overline{\text{AB}}$는 원 O의 지름이고 ∠BCT=65°일 때, ∠x의 크기는?

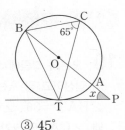

① 40°   ② 43°   ③ 45°
④ 48°   ⑤ 50°

14 오른쪽 그림에서 원 O는 △ABC의 내접원이고 △DEF의 외접원이다. ∠ABC=50°, ∠FDE=45°일 때, ∠x의 크기를 구하시오.

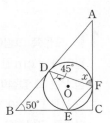

15 오른쪽 그림에서 $\overleftrightarrow{\text{TT}'}$은 점 P에서 접하는 두 원의 공통인 접선이다. 접점 P를 지나는 두 직선이 두 원과 만나는 점을 각각 A, B, C, D라 하자. ∠CAP=45°, ∠BDC=110°일 때, ∠x의 크기를 구하시오.

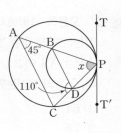

16 다음 그림에서 두 원 O, O'은 두 점 A, B에서 만나고 $\overrightarrow{\text{PT}}$는 원 O의 접선이다. ∠CDP=70°, ∠DCP=65°일 때, ∠APT의 크기는?

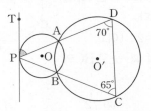

① 65°   ② 70°   ③ 75°
④ 80°   ⑤ 85°

Step 3   만점! 도전 문제

중요 17 오른쪽 그림에서 $\overleftrightarrow{\text{PQ}}$는 원 O의 접선이고 점 B는 그 접점이다. 원 O의 둘레의 길이가 15π이고 $\overline{\text{AB}}=12$일 때, $\tan x$의 값은?

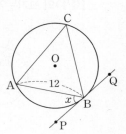

① 1   ② $\dfrac{4}{3}$

③ 2   ④ $\dfrac{8}{3}$

⑤ 3

18 다음 그림에서 $\overrightarrow{PT}$는 $\overline{BC}$가
지름인 원 O의 접선이고 점 T는
그 접점이다. 점 D는 $\overline{AT}$와 $\overline{BC}$
의 교점이고 $\overline{AC}/\!/\overrightarrow{PT}$,
∠BTP=32°일 때, ∠ADC의
크기를 구하시오.

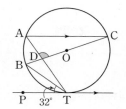

19 다음 그림에서 $\overline{PT}$는 원 O의 접선이고 점 T는 그 접
점이다. $\overline{AB}=\overline{BT}$이고 ∠P=30°일 때, ∠BCT의 크
기는?

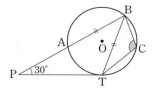

① 100° ② 110° ③ 120°
④ 130° ⑤ 140°

20 오른쪽 그림에서 $\overrightarrow{PQ}$는 점
T에서 두 원과 접하고 큰 원의
현 AB는 작은 원과 점 C에서 접
한다. ∠BAT=60°,
∠ABT=30°일 때, ∠CTE의
크기를 구하시오.

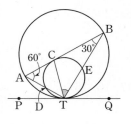

21 오른쪽 그림에서
□ABCD는 원 O에 내접하
고 $\overleftrightarrow{CT}$는 원 O의 접선이다.
$\overparen{AB}=\overparen{BC}$이고
∠ABC=80°일 때, ∠x의
크기를 구하시오.

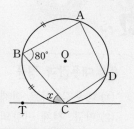

(단, 풀이 과정을 자세히 쓰시오.)

풀이 과정

답 _____

22 다음 그림에서 $\overline{BC}$는 반지름의 길이가 4 cm인 원
O의 접선이고 점 B는 그 접점이다. ∠DAB=30°
일 때, △DBC의 넓이를 구하시오.

(단, 풀이 과정을 자세히 쓰시오.)

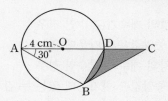

풀이 과정

답 _____

대푯값

① 대푯값과 평균

(1) 대푯값: 자료 전체의 중심 경향이나 특징을 대표적으로 나타내는 값

(2) 평균: 전체 변량의 총합을 변량의 개수로 나눈 값

➡ (평균) = $\dfrac{(\text{변량의 총합})}{(\text{변량의 개수})}$ ← 자료를 수량으로 나타낸 것

예 자료 2, 3, 7, 8의 평균 ➡ $\dfrac{2+3+7+8}{4}=5$

> 참고 대푯값으로 평균을 가장 많이 사용한다.

예제 1 다음 자료는 학생 5명의 수학 점수이다. 이 자료에 대하여 물음에 답하시오.

(단위: 점)

> 65, 70, 95, 80, 85

(1) 수학 점수의 총합을 구하시오.

(2) 수학 점수의 평균을 구하시오.

② 중앙값과 최빈값

(1) 중앙값: 자료의 변량을 작은 값에서부터 크기순으로 나열할 때, 한가운데 있는 값

① 변량의 개수가 홀수인 경우

➡ 중앙값은 한가운데 있는 값

② 변량의 개수가 짝수인 경우

➡ 중앙값은 한가운데 있는 두 값의 평균

(2) 최빈값: 자료의 변량 중에서 가장 많이 나타난 값

> 참고 최빈값은 자료에 따라 두 개 이상일 수도 있다.

* **자료의 중앙값 구하기**

자료의 변량이 n개이고, 이 자료의 변량을 작은 값에서부터 크기순으로 나열할 때

① n이 홀수이면 중앙값은

➡ $\dfrac{n+1}{2}$번째에 있는 변량

② n이 짝수이면 중앙값은

➡ $\dfrac{n}{2}$번째와 $\left(\dfrac{n}{2}+1\right)$번째에 있는 변량의 평균

* **적절한 대푯값 찾기**

① 자료의 변량 중에 매우 크거나 매우 작은 값, 즉 극단적인 값이 포함된 경우에는 평균보다 중앙값이 자료 전체의 중심적인 경향을 잘 나타낸다.

② 수량으로 나타나지 않는 자료 또는 변량의 개수가 많거나 중복된 변량이 많은 자료는 최빈값이 대푯값으로 많이 쓰인다.

예제 2 다음 자료의 중앙값을 구하시오.

(1) 8, 5, 17, 7, 10, 8, 12   (2) 10, 20, 19, 17, 16, 15

예제 3 다음 표는 어느 도시의 일주일 동안의 하루 최고 기온을 조사하여 나타낸 것이다. 이 자료의 최빈값을 구하시오.

요일	월	화	수	목	금	토	일
최고 기온(℃)	20	16	19	20	17	18	20

핵심 유형 익히기

1 다음 표는 학생 10명의 통학 시간을 조사하여 나타낸 것이다. 통학 시간의 평균을 구하시오.

통학 시간(분)	10	20	30	40	합계
학생 수(명)	2	4	3	1	10

2 6개의 수 14, 12, 8, 2, x, 16의 평균이 11일 때, x의 값을 구하시오.

3 다음 자료는 어느 반 학생 10명의 수면 시간이다. 이 자료의 중앙값과 최빈값을 각각 구하시오.

(단위: 시간)

> 8, 11, 2, 5, 5, 8, 5, 8, 3, 7

● 중앙값과 최빈값 구하기
(1) 중앙값 구하기
❶ 변량을 작은 값에서부터 크기순으로 나열한다.
❷ 변량의 개수가 짝수인지 홀수인지를 판단하여 중앙값을 구한다.
(2) 최빈값 구하기
❶ 자료에서 중복된 변량의 개수를 각각 구한다.
❷ ❶에서 가장 많이 나타나는 값을 찾는다.

4 오른쪽과 같이 크기순으로 나열한 6개 변량의 중앙값이 21일 때, x의 값을 구하시오.

> 14, 17, x, 23, 25, 26

5 다음 자료는 학생 8명이 겨울방학 동안 읽은 책의 수이다. 물음에 답하시오.

(단위: 권)

> 3, 1, 3, 4, 2, 100, 4, 3

(1) 겨울방학 동안 읽은 책의 수의 평균과 중앙값을 각각 구하시오.
(2) (1)에서 구한 평균과 중앙값 중 이 자료의 중심 경향을 더 잘 나타내어 주는 것을 말하시오.

기초를 좀 더 다지려면~! 62쪽 》》

강 산포도

① 산포도와 편차

(1) **산포도**: 자료의 변량이 흩어져 있는 정도를 하나의 수로 나타낸 값
  ① 변량들이 대푯값을 중심으로 모여 있을수록 산포도는 작아진다.
  ② 변량들이 대푯값에서 멀리 흩어져 있을수록 산포도는 커진다.
(2) **편차**: 각 변량에서 평균을 뺀 값 ➡ (편차)＝(변량)－(평균)
  ① 편차의 합은 항상 0이다.
  ② 편차의 절댓값이 클수록 그 변량은 평균에서 멀리 떨어져 있고, 편차의
    절댓값이 작을수록 그 변량은 평균에 가까이 있다.
  참고 편차는 주어진 자료와 같은 단위를 쓴다.

> **＊ 평균과 편차 사이의 관계**
> 변량이 평균보다 크면 편차는 양수이고, 변량이 평균보다 작으면 편차는 음수이다.
> (편차)＝(변량)－(평균)에서
> ① (편차)＝0이면 (변량)＝(평균)
> ② (편차)＞0이면 (변량)＞(평균)
> ③ (편차)＜0이면 (변량)＜(평균)

예제 1 다음 표는 학생 6명의 키에 대한 편차를 나타낸 것이다. 학생들의 키의 평균이 163 cm일 때, 학생 D의 키를 구하시오.

학생	A	B	C	D	E	F
편차(cm)	−3	5	2		−1	0

② 분산과 표준편차

(1) **분산**: 편차의 제곱의 합을 변량의 개수로 나눈 값, 즉 편차의 제곱의 평균

$$\text{(분산)}＝\frac{\{\text{(편차)}^2\text{의 합}\}}{\text{(변량의 개수)}}$$

(2) **표준편차**: 분산의 음이 아닌 제곱근

$$\text{(표준편차)}＝\sqrt{\text{(분산)}}$$

  주의 표준편차는 주어진 자료와 같은 단위를 쓰고, 분산은 단위를 쓰지 않는다.

> **＊ 분산과 표준편차를 구하는 순서**
> ❶ 자료의 평균 구하기
> ❷ 각 변량의 편차 구하기
>   ➡ (편차)＝(변량)－(평균)
> ❸ (편차)²의 합 구하기
> ❹ ❸의 값을 변량의 개수로 나누어 분산 구하기
> ❺ 표준편차 구하기
>   ➡ (표준편차)＝$\sqrt{\text{(분산)}}$

> **＊ 자료의 분포와 산포도의 관계**
> ① 분산 또는 표준편차가 작다.
>   ➡ 변량들이 평균을 중심으로 가까이 모여 있다.
>   ➡ 자료의 분포 상태가 고르다.
> ② 분산 또는 표준편차가 크다.
>   ➡ 변량들이 평균에서 멀리 흩어져 있다.
>   ➡ 자료의 분포 상태가 고르지 않다.

예제 2 다음 자료의 분산과 표준편차를 각각 구하시오.

> 2, 4, 3, 5, 6

예제 3 아래 표는 학생 수가 같은 A, B, C, D, E 다섯 반의 중간고사 점수의 평균과 표준편차를 나타낸 것이다. 다음을 구하시오.

반	A	B	C	D	E
평균(점)	73	65	68	70	67
표준편차(점)	12	7	9	15	20

(1) 평균이 가장 높은 반
(2) 점수가 가장 고른 반

> **발전** 두 집단 전체의 평균과 표준편차
> 평균이 같은 두 집단 A, B의 표준편차와 변량의 개수가 다음과 같을 때,
>
> | 집단 | A | B |
> |------|----|----|
> | 표준편차 | x | y |
> | 변량의 개수 | a | b |
>
> ➡ (A, B 두 집단 전체의 표준편차)
> $$＝\sqrt{\frac{\{\text{(편차)}^2\text{의 합}\}}{\text{(변량의 총 개수)}}}$$
> $$＝\sqrt{\frac{ax^2+by^2}{a+b}}$$

정답과 해설 22쪽

1 다음은 어느 농구 선수가 최근 6경기에서 얻은 점수이다. 이 자료의 편차가 될 수 없는 것은?

(단위: 점)

12, 18, 14, 16, 19, 17

① −2점　　　　② −1점　　　　③ 0점
④ 1점　　　　⑤ 2점

2 오른쪽 표는 학생 5명이 쪽지 시험에서 받은 점수의 편차를 나타낸 것이다. 이 자료의 평균이 90점일 때, 학생 C의 점수를 구하시오.

학생	A	B	C	D	E
편차(점)	−3	7		−2	2

3 오른쪽 표는 지연이의 네 과목에 대한 시험 점수를 조사하여 나타낸 것이다. 이 자료의 분산을 구하시오.

과목	국어	영어	수학	과학
점수(점)	80	85	95	80

4 5개의 수 4, 10, x, y, 5의 평균이 6이고 표준편차가 $\sqrt{4.4}$일 때, x^2+y^2의 값은?

① 60　　　　② 61　　　　③ 62
④ 63　　　　⑤ 64

• 평균과 분산을 이용하여 식의 값 구하기
변량 x, y, z의 평균을 m, 분산을 s^2이라고 하면

① $\dfrac{x+y+z}{3}=m$이므로
$x+y+z=3m$

② $\dfrac{(x-m)^2+(y-m)^2+(z-m)^2}{3}$
$=s^2$이므로
$(x-m)^2+(y-m)^2+(z-m)^2$
$=3s^2$

5 오른쪽 표는 학생 수가 같은 A, B 두 반의 국어 성적의 평균과 표준편차를 나타낸 것이다. 다음 보기에서 이 자료에 대한 설명으로 옳은 것을 모두 고르시오.

반	A	B
평균(점)	72	73
표준편차(점)	12.1	9.3

　• 보기 •
ㄱ. 국어 성적이 가장 우수한 학생은 B반 학생이다.
ㄴ. B반의 국어 성적이 A반의 국어 성적보다 더 고르다.
ㄷ. A반의 국어 성적이 B반의 국어 성적보다 평균을 중심으로 더 흩어져 있다.

기초를 좀 더 다지려면~! 63쪽 >>

10강 **대푯값**

1 다음 자료의 평균, 중앙값, 최빈값을 각각 구하시오.

(1) 6, 3, 5, 6, 4

(2) 15, 9, 11, 9, 9

(3) 13, 30, 18, 35, 24, 30

(4) 4, 6, 7, 10, 4, 5, 6

(5) 15, 13, 18, 16, 15, 13

2 다음 줄기와 잎 그림으로 나타낸 자료에서 평균, 중앙값, 최빈값을 각각 구하시오.

(1)

동호회 회원 나이 (1|2는 12세)

줄기	잎
1	2 4 7
2	0 1 3 3 8
3	0 2

(2)

봉사 활동 시간 (1|0는 10시간)

줄기	잎
0	5 6 7 8
1	0 4 5 5
2	0 2 4
3	4

3 다음 자료의 평균이 [ ] 안의 수일 때, x의 값을 구하시오.

(1) 6, 3, x [6]

(2) 10, x, 7, 9 [7]

(3) x, 30, 26, 20 [24]

(4) 5, x, 11, 10, 9 [9]

(5) 4, 13, 1, x, 19, 11 [12]

4 다음은 자료의 변량을 작은 값에서부터 크기순으로 나열한 것이다. 이 자료의 중앙값이 [ ] 안의 수일 때, x의 값을 구하시오.

(1) 2, x, 7, 16 [5]

(2) 3, 5, x, 14 [8]

(3) 12, x, 19, 20 [16]

(4) 4, 7, 11, x, 14, 21 [12]

(5) 7, 15, x, 27, 30, 32 [25]

11강 산포도

5 주어진 자료의 평균이 다음과 같을 때, x의 값과 그 학생의 점수를 각각 구하시오.

(1) (평균)=6점

학생	A	B	C	D
편차(점)	-1	2	x	3

(2) (평균)=12점

학생	A	B	C	D	E
편차(점)	1	-4	x	6	-2

(3) (평균)=30점

학생	A	B	C	D	E
편차(점)	-5	2	-3	x	7

(4) (평균)=50점

학생	A	B	C	D	E	F
편차(점)	5	x	-2	0	-8	3

(5) (평균)=84점

학생	A	B	C	D	E	F
편차(점)	3	5	-2	-4	x	1

6 다음 자료의 분산과 표준편차를 각각 구하시오.

(1)
> 7, 15, 9, 13, 6

(2)
> 11, 13, 20, 12, 14

(3)
> 23, 20, 21, 21, 15, 20

(4)
> 13, 18, 15, 12, 11, 20, 16

족집게 문제

Step 1 반드시 나오는 문제

중요 1 3개의 수 a, b, c의 평균이 8일 때, 5개의 수 4, a, b, 7, c의 평균을 구하시오.

2 오른쪽 줄기와 잎 그림은 수연이네 반 학생 12명의 한 달 동안의 봉사 활동 시간을 조사하여 그린 것이다. 이 자료의 중앙값을 a시간, 최빈값을 b시간이라고 할 때, $b-a$의 값은?

봉사 활동 시간 (1|0은 10시간)

줄기			잎	
0	1	2	8	
1	0	3	5	7	7
2	1	1	1	6

① 2   ② 3   ③ 4
④ 5   ⑤ 6

아차! 물다리 문제

3 두 자연수 a, b에 대하여 5개의 수 1, 5, a, b, 10의 중앙값이 7이고, 4개의 수 10, a, b, 14의 중앙값이 9일 때, $a+b$의 값을 구하시오. (단, $a<b$)

4 다음 자료의 최빈값이 4일 때, 중앙값을 구하시오.

$$2, \quad 1, \quad 4, \quad a, \quad 8, \quad 5$$

5 다음 자료 중 대푯값으로 평균을 사용하기에 가장 적절하지 않은 것은?

① 1, 2, 3, 4, 5   ② 1, 1, 3, 3, 3
③ 2, 3, 5, 4, 3   ④ 4, 3, 7, 5, 8
⑤ 5, 7, 8, 6, 100

6 다음 중 옳지 않은 것을 모두 고르면? (정답 2개)

① 대푯값에는 평균, 중앙값, 최빈값 등이 있다.
② 자료 전체의 특징을 대표하는 값을 산포도라고 한다.
③ 편차는 변량에서 평균을 뺀 값이다.
④ 편차의 평균으로 자료가 흩어져 있는 정도를 알 수 있다.
⑤ 표준편차가 작을수록 자료는 고르게 분포되어 있다.

중요 7 다음 표는 학생 5명의 일주일 동안의 인터넷 사용 시간에 대한 편차를 나타낸 것이다. 인터넷 사용 시간의 평균이 10시간일 때, 아래의 설명 중 옳지 않은 것은?

학생	A	B	C	D	E
편차(시간)	2	7	-3	x	-4

① 편차의 합은 항상 0이다.
② 학생 B의 인터넷 사용 시간이 가장 많다.
③ 학생 C의 인터넷 사용 시간은 7시간이다.
④ x의 값은 -2이다.
⑤ 평균보다 인터넷 사용 시간이 적은 학생은 2명이다.

8 다음 표는 학생 5명의 키에 대한 편차를 나타낸 것이다. 이 자료의 분산은?

학생	A	B	C	D	E
편차(cm)	-2	x	2	-4	5

① $\sqrt{10}$ ② $2\sqrt{3}$ ③ 10
④ 12   ⑤ 14

9 다음 자료는 핸드볼 동아리 선수 6명이 득점한 점수이다. 이 자료의 평균이 5점일 때, 득점한 점수의 표준편차는?

(단위: 점)

$$2, \quad 7, \quad 6, \quad 8, \quad x, \quad 4$$

① 2점
② $\dfrac{\sqrt{38}}{3}$점
③ $\dfrac{2\sqrt{10}}{3}$점

④ $\dfrac{\sqrt{42}}{3}$점
⑤ $\sqrt{5}$점

주요 10 다음 표는 학생 5명의 한 달 동안의 수면 시간의 평균과 표준편차를 나타낸 것이다. 수면 시간이 가장 불규칙한 학생은?

학생	A	B	C	D	E
평균(시간)	7	6	5	9	8
표준편차(시간)	0.8	3	1.9	2.7	4

① A
② B
③ C
④ D
⑤ E

11 다음 막대그래프는 학생 수가 같은 A, B 두 반의 수학 쪽지 시험 점수를 각각 나타낸 것이다. 아래 보기에서 옳은 것을 모두 고른 것은?

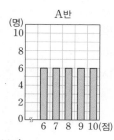

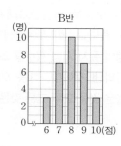

• 보기 •
ㄱ. A반과 B반의 평균은 서로 같다.
ㄴ. A반의 점수가 B반의 점수보다 더 고르다.
ㄷ. B반의 점수의 분산이 A반의 점수의 분산보다 작다.

① ㄱ
② ㄴ
③ ㄱ, ㄴ
④ ㄱ, ㄷ
⑤ ㄱ, ㄴ, ㄷ

12 다음 표는 학생 20명의 일주일 동안의 인터넷 강의 시청 시간을 조사하여 나타낸 것이다. 이 자료의 평균이 3.5시간일 때, ab의 값을 구하시오.

시청 시간(시간)	1	2	3	4	5	합계
학생 수(명)	2	a	4	5	b	20

13 현빈이네 반 학생 30명의 몸무게의 평균은 51 kg이었다. 그런데 한 학생이 전학 온 후 이 반 학생의 몸무게의 평균이 51.5 kg이 되었다. 전학 온 학생의 몸무게는?

① 65 kg
② 65.5 kg
③ 66 kg
④ 66.5 kg
⑤ 67 kg

14 다음 자료의 평균과 최빈값이 같을 때, x의 값을 구하시오.

$$38, \quad 24, \quad 35, \quad 43, \quad x$$

15 석진이가 75점, 82점, x점, 78점을 받은 네 번의 시험 점수의 중앙값은 80점이고 평균은 80점 미만이다. x의 값이 될 수 있는 가장 작은 자연수를 a, 가장 큰 자연수를 b라고 할 때, $b-a$의 값은?

① 0
② 1
③ 2
④ 3
⑤ 4

16 다음 표는 학생 5명의 일주일 동안의 TV 시청 시간과 편차를 각각 나타낸 것이다. 이때 $a+b+c$의 값을 구하시오.

학생	A	B	C	D	E
TV시청 시간(시간)	17	a	22	b	15
편차(시간)	-3	c	2	7	-5

17 5개의 수 10, 11, a, b, 13의 평균이 10이고 분산이 4일 때, ab의 값은?

① 54   ② 57   ③ 60
④ 63   ⑤ 65

중요 18 오른쪽 막대그래프는 빛나네 반 학생 35명의 과학 성적을 조사하여 나타낸 것이다. 이 반 학생들의 과학 성적의 표준편차를 구하시오.

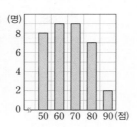

19 아래 표는 4개의 반 학생들의 수학 점수의 평균과 표준편차를 나타낸 것이다. 다음 중 이 표에 대한 설명으로 옳은 것을 모두 고르면? (정답 2개)

반	1	2	3	4
평균(점)	68	68	71	75
표준편차(점)	7.8	5.2	2.3	4

① 4반의 평균 점수가 가장 높다.
② 4반의 학생 수가 3반의 학생 수보다 많다.
③ 수학 점수가 가장 높은 학생은 4반 학생이다.
④ 1반과 2반 학생들의 수학 점수의 총합은 서로 같다.
⑤ 3반 학생의 점수가 평균값을 중심으로 가장 고르게 분포되어 있다.

20 다음 그림과 같은 과녁에 A, B, C 세 사람이 각각 10발의 화살을 쏘았다. A, B, C 세 사람의 점수의 평균이 모두 8점일 때, 표준편차가 가장 작은 사람을 말하시오.

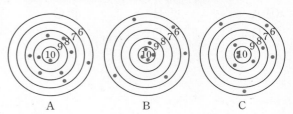

A   B   C

21 오른쪽 꺾은선그래프는 어느 중학교 3학년 여학생과 남학생의 쪽지 시험 점수를 조사하여 나타낸 것이다. 다음 보기에서 옳은 것을 모두 고른 것은?

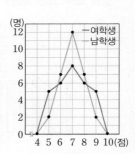

┌─ 보기 ─
ㄱ. 여학생과 남학생의 점수의 평균은 같다.
ㄴ. 남학생의 점수의 최빈값은 6점, 8점이다.
ㄷ. 남학생의 점수가 여학생의 점수보다 더 고르게 분포되어 있다.
└

① ㄱ   ② ㄱ, ㄴ   ③ ㄱ, ㄷ
④ ㄴ, ㄷ   ⑤ ㄱ, ㄴ, ㄷ

≫ 91쪽 다시 보는 핵심 문제로
자신의 실력을 확인하세요!

Step 3 만점! 도전 문제

22 길이가 $4a$ cm, 8 cm, 12 cm, $4b$ cm인 철사 4개로 각각 정사각형을 만들면 네 정사각형의 넓이의 평균이 7.5 cm^2라고 한다. 철사 4개의 길이의 평균이 10 cm일 때, 두 자연수 a, b에 대하여 $2a+b$의 값을 구하시오.

(단, $a>b$)

23 다음 자료는 학생 8명의 듣기 평가 점수이다. 이 자료의 중앙값이 14점, 최빈값이 12점일 때, $a+b+c$의 값을 구하시오.

(단위: 점)

12, 18, 20, 10, 18, a, b, c

24 4개의 변량 a, b, c, d의 평균이 6이고 표준편차가 5일 때, 4개의 변량 $a+3$, $b+3$, $c+3$, $d+3$의 평균과 표준편차를 각각 구하시오.

25 오른쪽 표는 소율이네 반의 남학생과 여학생의 학생 수와 영어 점수의 표준편차를 나타낸 것이다.

학생	남학생	여학생
학생 수(명)	12	8
표준편차(점)		$\sqrt{7}$

이 학급 전체의 영어 점수의 표준편차가 2점일 때, 남학생의 영어 점수의 표준편차는?

(단, 남학생과 여학생의 평균은 같다.)

① $\sqrt{2}$점 ② 2점 ③ $2\sqrt{2}$점
④ 3점 ⑤ 4점

서술형 문제

26 오른쪽 막대그래프는 지유네 반 학생 20명이 여름방학 동안 읽은 책의 수를 조사하여 나타낸 것이다. 이 자료의 평균, 중앙값, 최빈값을 각각 a권, b권, c권이라고 할 때, $a-b+c$의 값을 구하시오. (단, 풀이 과정을 자세히 쓰시오.)

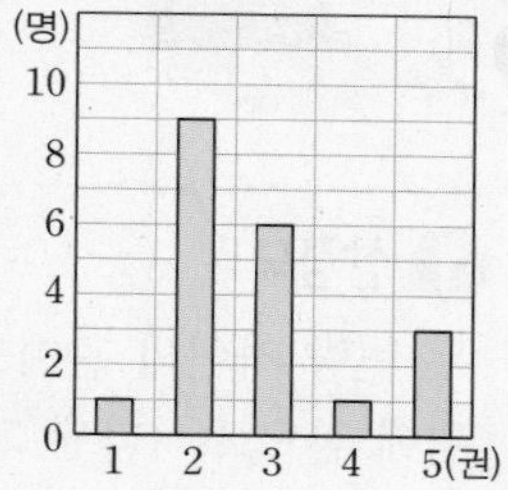

풀이 과정

답

27 4개의 변량 4, a, b, 6에서 두 변량 4, 6을 각각 7, 3으로 잘못 보고 평균과 분산을 구하였더니 평균은 5이고 분산은 15이었다. 이때 원래의 변량에 대한 분산을 구하시오. (단, 풀이 과정을 자세히 쓰시오.)

풀이 과정

답

12강 상관관계

❶ 산점도

두 변량 사이의 관계를 알기 위해 두 변량 x, y의 순서쌍 (x, y)를 좌표평면 위에 점으로 나타낸 그림을 산점도라고 한다.

참고 두 변량 사이의 크기는 기준이 되는 보조선을 그어 비교한다.
① 이상 또는 이하 문제
➡ 가로선, 세로선 긋기
② 두 변량의 비교 문제
➡ 대각선 긋기

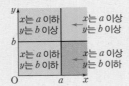

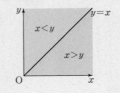

* 산점도에서 조건이 주어질 때 변량 구하기
(1) 두 변량의 합이 $2a$ 이상(이하)인 경우

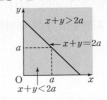

(2) 두 변량의 차가 a 이상인 경우

예제 1 오른쪽 그림은 어느 반 학생 8명의 스마트폰 이용 시간과 수면 시간에 대한 산점도이다. 다음을 구하시오.

(1) 스마트폰 이용 시간이 4시간 이상인 학생 수
(2) 수면 시간이 7시간 미만인 학생 수

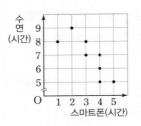

❷ 상관관계

두 변량 x, y에 대하여 x의 값이 변함에 따라 y의 값이 변하는 경향이 있을 때, 이 두 변량 x, y 사이의 관계를 상관관계라고 한다.

(1) 양의 상관관계: x의 값이 증가함에 따라 y의 값도 대체로 증가한다.
(2) 음의 상관관계: x의 값이 증가함에 따라 y의 값이 대체로 감소한다.
(3) 상관관계가 없다.: x의 값이 증가함에 따라 y의 값이 증가하는지 감소하는지 분명하지 않을 때, 두 변량 x, y 사이에는 상관관계가 없다고 한다.

* 산점도와 상관관계
두 변량 사이에 양 또는 음의 상관관계가 있는 산점도에서 점들이 한 직선에 가까이 모여 있을수록 상관관계가 강하다고 하고, 흩어져 있을수록 상관관계가 약하다고 한다.

양의 상관관계	음의 상관관계	상관관계가 없다.
〈강한 경우〉 〈약한 경우〉	〈강한 경우〉 〈약한 경우〉	

예제 2 아래 보기의 산점도에 대하여 다음을 구하시오.

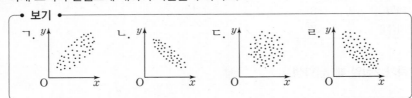

(1) 양의 상관관계가 있는 것
(2) 가장 강한 음의 상관관계가 있는 것
(3) 상관관계가 없는 것

핵심 유형 익히기

1 오른쪽 그림은 어느 반 학생 15명의 수학 성적과 영어 성적에 대한 산점도이다. 다음 물음에 답하시오.

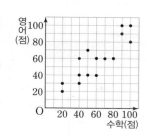

(1) 수학 성적과 영어 성적이 모두 80점 이상인 학생 수를 구하시오.

(2) 수학 성적과 영어 성적이 같은 학생 수를 구하시오.

(3) 수학 성적이 영어 성적보다 높은 학생 수를 구하시오.

● 이상, 이하: 기준선 위의 점을 포함한다.
초과, 미만: 기준선 위의 점을 포함하지 않는다.

2 오른쪽 그림은 학생 15명이 두 번의 쪽지 시험에서 받은 점수를 조사하여 나타낸 산점도이다. 다음 물음에 답하시오.

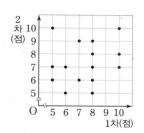

(1) 1차와 2차 점수의 합이 16점 이상인 학생은 전체의 몇 %인지 구하시오.

(2) 1차와 2차 점수의 차가 2점인 학생 수를 구하시오.

3 다음 중 두 변량에 대한 산점도를 그렸을 때, 오른쪽 그림과 같은 모양이 되는 것은?

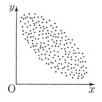

① 도시의 인구와 교통량   ② 택시 운행 거리와 요금

③ 용돈 액수와 성적   ④ 운동량과 비만도

⑤ 눈의 크기와 시력

4 오른쪽 그림은 어느 학교 학생들의 키와 몸무게에 대한 산점도이다. 다음 물음에 답하시오.

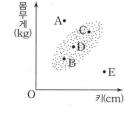

(1) 키와 몸무게 사이의 상관관계를 말하시오.

(2) 학생 D보다 키가 큰 학생을 구하시오.

(3) A, B, C, D, E 중에서 키에 비해 몸무게가 가장 많이 나가는 학생을 구하시오.

족집게 문제

내공 쌓는

[1~3] 오른쪽 그림은 창연이네 반 학생 24명의 미술과 음악 실기 평가 점수에 대한 산점도이다. 다음 물음에 답하시오.

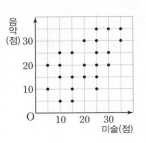

1 미술과 음악 실기 평가 점수가 같은 학생 수는?

① 1명　　　　② 2명　　　　③ 3명
④ 4명　　　　⑤ 5명

2 미술 점수가 20점 이상 30점 미만인 학생 수를 구하시오.

3 두 과목의 점수가 모두 30점 이상인 학생 수는?

① 2명　　　　② 3명　　　　③ 5명
④ 6명　　　　⑤ 10명

[4~6] 오른쪽 그림은 지희네 반 학생 15명이 일 년 동안 읽은 책의 수와 국어 성적에 대한 산점도이다. 다음 물음에 답하시오.

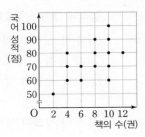

4 책을 가장 많이 읽은 학생의 국어 성적은?

① 50점　　　　② 60점　　　　③ 70점
④ 80점　　　　⑤ 90점

5 국어 성적이 90점 이상인 학생은 전체의 몇 %인지 구하시오.

6 국어 성적이 가장 높은 학생이 읽은 책의 수와 가장 낮은 학생이 읽은 책의 수의 차는?

① 2권　　　　② 4권　　　　③ 6권
④ 8권　　　　⑤ 10권

7 오른쪽 그림은 학생 10명의 하루 동안의 인터넷 사용 시간과 공부 시간에 대한 산점도이다. 다음 중 옳은 것은?

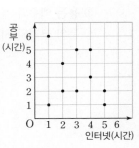

① 공부 시간이 가장 많은 학생의 인터넷 사용 시간은 6시간이다.
② 공부 시간이 2시간인 학생은 3명이다.
③ 공부 시간과 인터넷 사용 시간이 같은 학생은 없다.
④ 인터넷 사용 시간이 4시간 이상인 학생은 전체의 50 %이다.
⑤ 공부 시간이 가장 많은 학생과 가장 적은 학생의 공부 시간의 차는 4시간이다.

전국 중학교의 기출문제와 새로운 교육과정의 문제를
종합, 분석하여 핵심 문제만을 모았습니다.

[8~10] 오른쪽 그림은 세희네 반 학생 20명의 던지기 점수와 멀리뛰기 점수에 대한 산점도이다. 다음 물음에 답하시오.

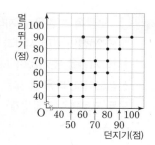

8 던지기 점수와 멀리뛰기 점수의 차가 가장 큰 학생의 점수의 차를 구하시오.

9 던지기와 멀리뛰기 중 적어도 한 번은 90점 이상을 받은 학생 수를 구하시오.

^{중요}**10** 던지기 점수와 멀리뛰기 점수의 합이 120점 이하인 학생은 전체의 몇 %인가?

① 30 %   ② 35 %   ③ 40 %
④ 45 %   ⑤ 50 %

11 오른쪽 그림은 어느 체조 대회에 참가한 선수 20명의 자유 종목과 규정 종목의 점수에 대한 산점도이다. 자유 종목 점수가 6점인 선수들의 규정 종목 점수의 평균을 구하시오.

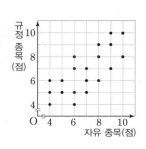

12 다음 산점도 중 가장 강한 양의 상관관계를 나타내는 것은?

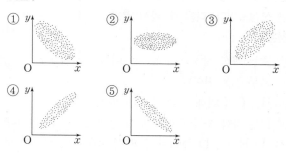

^{중요}**13** 산의 높이를 x m, 그 높이에서의 온도를 y °C라고 할 때, 다음 보기에서 x, y 사이의 상관관계를 나타낸 산점도로 알맞은 것을 고르시오.

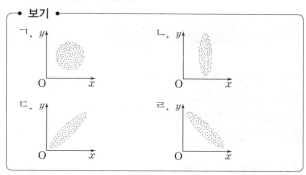

14 다음 중 두 변량 사이의 상관관계가 오른쪽 그림과 같은 모양이 되는 것을 모두 고르면? (정답 2개)

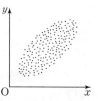

① 키와 발의 크기
② 물건의 가격과 판매량
③ 수면 시간과 나이
④ 기온과 아이스크림 판매량
⑤ 겨울철 기온과 난방비

15 오른쪽 그림은 어느 학교 학생들의 수학 성적과 과학 성적에 대한 산점도이다. 다음 중 옳지 <u>않은</u> 것은?

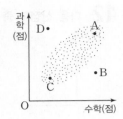

① A는 과학 성적과 수학 성적이 모두 좋은 편이다.

② B는 C에 비해 수학 성적이 좋다.

③ D는 과학 성적에 비해 수학 성적이 우수한 편이다.

④ A, B, C, D 중에서 수학 성적과 과학 성적이 모두 낮은 학생은 C이다.

⑤ 수학 성적과 과학 성적 사이에는 양의 상관관계가 있다.

Step 2 자주 나오는 문제

[16~17] 오른쪽 그림은 12명의 양궁 선수들의 1차, 2차에 걸쳐 얻은 점수에 대한 산점도이다. 다음 물음에 답하시오.

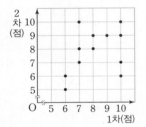

16 1차와 2차에 얻은 점수의 평균이 8점인 선수는 몇 명인지 구하시오.

아차! 돌다리 문제

17 1차와 2차에서 얻은 점수의 차가 3점 이상인 선수는 전체의 몇 %인지 구하시오.

중요 18 오른쪽 그림은 은지네 반 학생 20명의 수면 시간과 TV 시청 시간을 조사하여 나타낸 산점도이다. 다음 중 옳은 것을 모두 고르면? (정답 2개)

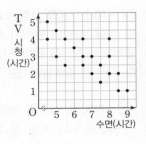

① 수면 시간이 6시간 미만인 학생은 7명이다.

② TV 시청 시간이 3시간 이상인 학생은 전체의 50 %이다.

③ 수면 시간이 8시간인 학생과 5시간인 학생 수의 차는 1명이다.

④ TV 시청 시간이 2시간 이하인 학생의 수면 시간은 적어도 7시간 이상이다.

⑤ 수면 시간이 긴 학생은 대체로 TV 시청 시간도 길다.

---

19 오른쪽 그림은 어느 반 학생들의 전 과목 평균 점수와 수학 점수에 대한 산점도이다. 이 산점도에 대한 설명으로 옳은 것을 다음 보기에서 모두 고르시오.

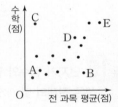

• 보기 •

ㄱ. A, B, C, D, E 중에서 전 과목 평균 점수와 수학 점수가 모두 낮은 학생은 A이다.

ㄴ. A, B, C, D, E 중에서 전 과목 평균 점수와 수학 점수의 차가 가장 큰 학생은 C이다.

ㄷ. 전 과목 평균 점수와 수학 점수 사이에는 음의 상관관계가 있다.

ㄹ. A, B, C, D, E 중에서 전 과목 평균 점수에 비해 수학 점수가 가장 낮은 학생은 B이다.

서술형 문제

Step 3   만점! 도전 문제

20 오른쪽 그림은 태원이네 반 학생 20명의 중간고사와 기말고사 국어 점수에 대한 산점도이다. 다음 조건을 모두 만족시키는 학생들은 전체의 몇 %인지 구하시오.

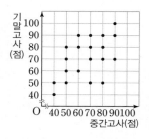

● 조건 ●
㈎ 기말고사 점수가 중간고사 점수보다 향상되었다.
㈏ 중간고사와 기말고사 점수의 차가 20점 이상이다.
㈐ 중간고사와 기말고사 점수의 평균이 60점 이상이다.

21 다음 그림은 어느 날 A, B 두 지역의 20일 동안의 미세 먼지 농도와 호흡기 질환으로 병원을 찾은 환자 수에 대한 산점도이다. 미세 먼지 상태가 '나쁨'인 날의 A, B 두 지역의 환자 수의 평균의 차를 구하시오.

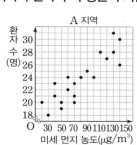   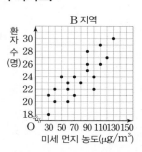

미세 먼지 상태	미세 먼지 농도(μg/m³)
좋음	0 이상 30 미만
보통	30 이상 80 미만
나쁨	80 이상 150 미만

22 오른쪽 그림은 영미네 반 학생 20명이 일 년 동안 전시회와 박물관을 다녀온 방문 횟수에 대한 산점도이다. 다녀온 횟수의 합이 상위 15 % 이내에 드는 학생에게 문화활동상을 수여하였을 때, 상을 받은 학생의 방문 횟수의 합은 최소 몇 회인지 구하시오.

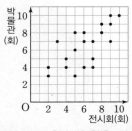

23 오른쪽 그림은 어느 회사의 입사 지원자 20명의 두 번에 걸친 면접 점수에 대한 산점도이다. 1차와 2차의 면접 점수가 모두 8점 이상인 사람을 합격시킨다고 할 때, 합격자는 전체의 몇 %인지 구하시오.
(단, 풀이 과정을 자세히 쓰시오.)

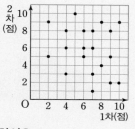

풀이 과정

답

24 오른쪽 그림은 두 변량 x와 y에 대한 산점도인데 얼룩이 져서 일부가 보이지 않는다. 얼룩진 부분의 자료가 다음 표와 같을 때, 두 변량 x와 y 사이의 산점도를 그리고, 상관관계를 말하시오. (단, 풀이 과정을 자세히 쓰시오.)

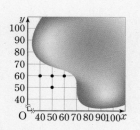

x	80	90	90	80	60	70
y	70	90	100	90	70	80

풀이 과정

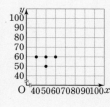

답

다시 보는

핵심 문제

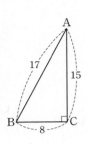

다시 보는 핵심 문제 1~2강

1 오른쪽 그림과 같이 ∠C＝90°인 직각삼각형 ABC에서 다음 중 옳지 <u>않은</u> 것은?

① $\sin A = \dfrac{8}{17}$ ② $\tan A = \dfrac{8}{15}$

③ $\sin B = \dfrac{15}{17}$ ④ $\cos B = \dfrac{8}{15}$

⑤ $\tan B = \dfrac{15}{8}$

2 오른쪽 그림과 같이 ∠B＝90°인 직각삼각형 ABC에서 $\overline{AC}=12$이고 $\cos A = \dfrac{\sqrt{3}}{3}$일 때, $\sin A$의 값은?

① $\dfrac{\sqrt{2}}{3}$ ② $\dfrac{\sqrt{3}}{3}$

③ $\dfrac{2}{3}$ ④ $\dfrac{\sqrt{5}}{3}$

⑤ $\dfrac{\sqrt{6}}{3}$

3 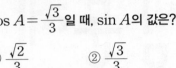 $\tan A = \dfrac{3}{2}$일 때, $\cos A$의 값은? (단, $0° < A < 90°$)

① $\dfrac{2}{13}$ ② $\dfrac{3}{13}$ ③ $\dfrac{\sqrt{13}}{13}$

④ $\dfrac{2\sqrt{13}}{13}$ ⑤ $\dfrac{3\sqrt{13}}{13}$

4 오른쪽 그림과 같은 직각삼각형 ABC에서 $\overline{AH} \perp \overline{BC}$이고 $\overline{AB}=9$, $\overline{AC}=12$일 때, $\sin x + \sin y$의 값을 구하시오.

5 오른쪽 그림과 같은 직각삼각형 ABC에서 ∠ADE＝∠ACB일 때, $\sin B + \sin C$의 값을 구하시오.

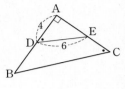

6 오른쪽 그림과 같은 직육면체에서 ∠BHF＝x일 때, $\sin x + \cos x$의 값을 구하시오.

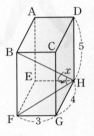

7 오른쪽 그림과 같이 직선 $3x-5y+15=0$이 x축과 이루는 예각의 크기를 a라고 할 때, $\tan a$의 값은?

① $\dfrac{3}{5}$ ② $\dfrac{\sqrt{5}}{3}$

③ $\dfrac{5}{3}$ ④ 3

⑤ 5

8 다음 보기에서 옳은 것을 모두 고른 것은?

• 보기 •
ㄱ. $\cos 30° + \sin 60° = 1$
ㄴ. $\cos 45° \times \tan 45° = \sin 45°$
ㄷ. $\sin 30° - \cos 60° = 1$
ㄹ. $\tan 30° = \dfrac{1}{\tan 60°}$

① ㄱ, ㄴ   ② ㄱ, ㄷ   ③ ㄴ, ㄹ
④ ㄱ, ㄷ, ㄹ   ⑤ ㄴ, ㄷ, ㄹ

9 $\sin(2x-30°)=\dfrac{\sqrt{3}}{2}$일 때, $\sin x+\cos x$의 값은?

(단, $15°<x<60°$)

① 0   ② $\sqrt{2}$ ③ $\sqrt{3}$

④ 2   ⑤ $2\sqrt{2}$

10 오른쪽 그림과 같은 두 직각삼각형 ABC와 BCD에서 $\angle A=60°$, $\angle D=45°$이고 $\overline{CD}=\sqrt{6}$일 때, $\overline{AB}$의 길이를 구하시오.

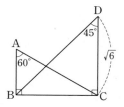

11 오른쪽 그림과 같이 x절편이 -1인 직선이 x축과 이루는 예각의 크기가 $60°$일 때, 이 직선의 방정식은?

① $y=x+\sqrt{3}$

② $y=x+3$

③ $y=\sqrt{3}x+\sqrt{3}$

④ $y=\sqrt{3}x+3$

⑤ $y=3x+\sqrt{3}$

12 오른쪽 그림과 같이 반지름의 길이가 1인 사분원에서 다음 중 옳지 않은 것은?

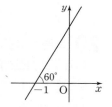

① $\sin x=\overline{BC}$

② $\cos x=\overline{AB}$

③ $\sin y=\overline{AC}$

④ $\cos y=\overline{BC}$

⑤ $\tan x=\overline{DE}$

13 오른쪽 그림은 반지름의 길이가 1인 사분원을 좌표평면 위에 나타낸 것이다. $\tan 48°-\cos 42°$의 값은?

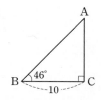

① 0.0740   ② 0.3016

③ 0.3309   ④ 0.3675

⑤ 0.4415

14 다음 삼각비의 값 중 가장 큰 것은?

① $\sin 30°$ ② $\cos 45°$ ③ $\cos 0°$

④ $\sin 90°$ ⑤ $\tan 60°$

15 $0°\le A\le 90°$일 때, 다음 중 옳지 않은 것은?

① A의 크기가 커지면 $\sin A$의 값은 커진다.

② A의 크기가 커지면 $\cos A$의 값은 작아진다.

③ A의 크기가 커지면 $\tan A$의 값은 커진다.

④ $\cos A$의 값 중 가장 작은 값은 0이고, 가장 큰 값은 1이다.

⑤ $\tan A$의 값 중 가장 작은 값은 0이고, 가장 큰 값은 1이다.

16 오른쪽 그림의 직각삼각형 ABC에서 다음 삼각비의 표를 이용하여 $\overline{AC}$의 길이를 구하시오.

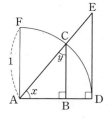

각도	사인(sin)	코사인(cos)	탄젠트(tan)
45°	0.7071	0.7071	1.0000
46°	0.7193	0.6947	1.0355
47°	0.7314	0.6820	1.0724
48°	0.7431	0.6691	1.1106

서술형 문제

17 오른쪽 그림과 같이 ∠B=90°인 직각삼각형 ABC에서 $\overline{AC}=9$이고 $\sin A=\dfrac{\sqrt{5}}{3}$일 때, △ABC의 넓이를 구하시오. (단, 풀이 과정을 자세히 쓰시오.)

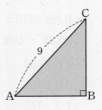

풀이 과정 |

답 |

18 다음 그림과 같이 ∠A=90°인 직각삼각형 ABC에서 $\overline{BC}\perp\overline{ED}$이고 $\overline{AB}=12$, $\overline{AC}=5$일 때, $\sin x$의 값을 구하시오. (단, 풀이 과정을 자세히 쓰시오.)

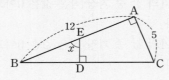

풀이 과정 |

답 |

19 오른쪽 그림과 같이 모든 모서리의 길이가 6인 정사각뿔에서 $\overline{BC}$, $\overline{DE}$의 중점을 각각 M, N이라고 하자. ∠AMN=x일 때, $\sin x$, $\cos x$, $\tan x$의 값을 각각 구하시오. (단, 풀이 과정을 자세히 쓰시오.)

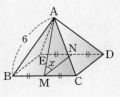

풀이 과정 |

답 |

20 오른쪽 그림과 같이 반지름의 길이가 1인 사분원에서 ∠AOB=60°이고 $\overline{AB}\perp\overline{OC}$, $\overline{DC}\perp\overline{OC}$일 때, □ABCD의 넓이를 구하시오. (단, 풀이 과정을 자세히 쓰시오.)

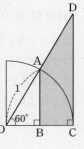

풀이 과정 |

답 |

1 오른쪽 그림과 같이 ∠C=90°인 직각삼각형에서 $\overline{BC}$의 길이를 나타내는 것은?

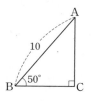

① $10\sin40°$　　② $10\cos40°$

③ $10\tan50°$　　④ $\dfrac{10}{\sin50°}$

⑤ $\dfrac{10}{\tan40°}$

2 오른쪽 그림과 같이 ∠B=90°인 직각삼각형 ABC에서 ∠A=25°, $\overline{AC}=6$일 때, $x+y$의 값은?

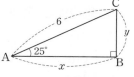

(단, $\sin65°=0.91$, $\cos65°=0.42$로 계산한다.)

① 1.33　　② 2.52　　③ 2.94

④ 5.46　　⑤ 7.98

3 오른쪽 그림과 같이 밑면의 반지름의 길이가 9 cm인 원뿔에서 ∠ABO=60°일 때, 이 원뿔의 부피는?

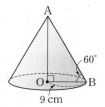

① $81\pi\,\text{cm}^3$　　② $81\sqrt{3}\pi\,\text{cm}^3$

③ $243\pi\,\text{cm}^3$　　④ $243\sqrt{3}\pi\,\text{cm}^3$

⑤ $486\pi\,\text{cm}^3$

4 오른쪽 그림과 같이 나무로부터 10 m 떨어진 A 지점에서 민재가 나무의 꼭대기 C 지점을 올려다본 각의 크기가 35°이었다. 민재의 눈높이가 1.5 m일 때, 이 나무의 높이를 구하시오. (단, $\tan35°=0.7$로 계산한다.)

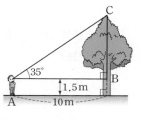

5 오른쪽 그림과 같이 거리가 20 m 떨어진 두 건물 (가), (나)가 있다. (가) 건물의 옥상에서 (나) 건물을 올려다본 각의 크기는 30°이고 내려다본 각의 크기는 60°일 때, (나) 건물의 높이를 구하시오.

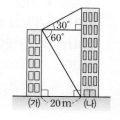

6 오른쪽 그림과 같이 지면 위의 세 지점 A, B, C가 있다. C 지점에서 풍선을 띄우고 B 지점으로부터 200 m 떨어진 A 지점에서 풍선을 올려다본 각의 크기가 45°이었다. ∠CAB=30°, ∠CBA=60°일 때, 풍선의 높이는?

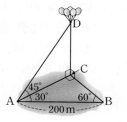

① $100\,\text{m}$　　② $100\sqrt{2}\,\text{m}$　　③ $100\sqrt{3}\,\text{m}$

④ $200\,\text{m}$　　⑤ $200\sqrt{2}\,\text{m}$

7 오른쪽 그림과 같은 △ABC에서 $\overline{AB}=4$ cm, $\overline{BC}=5$ cm이고 ∠B=60°일 때, $\overline{AC}$의 길이는?

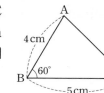

① $2\,\text{cm}$　　② $4\,\text{cm}$

③ $3\sqrt{2}\,\text{cm}$　　④ $\sqrt{21}\,\text{cm}$

⑤ $4\sqrt{3}\,\text{cm}$

8 오른쪽 그림과 같이 강의 양쪽에 있는 두 지점 A, B 사이의 거리를 구하기 위해 B 지점에서 100 m 떨어진 곳에 C 지점을 정하였다. ∠B=75°, ∠C=45°일 때, 두 지점 A, B 사이의 거리를 구하시오.

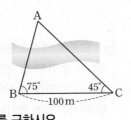

9 오른쪽 그림과 같이 100 m 떨어진 두 지점 B, C에서 산꼭대기 A 지점을 올려다본 각의 크기가 각각 30°, 45°일 때, 산의 높이 $\overline{AD}$를 구하시오.

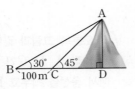

10 오른쪽 그림과 같은 △ABC에서 $\overline{BC}$=20 cm, ∠B=60°이고 △ABC=$60\sqrt{3}$ cm²일 때, $\overline{AB}$의 길이는?

① 12 cm　　② $12\sqrt{3}$ cm　　③ 14 cm
④ 20 cm　　⑤ $20\sqrt{3}$ cm

11 오른쪽 그림에서 $\overline{AE}$∥$\overline{DC}$이고 ∠B=45°, $\overline{AB}$=10 cm, $\overline{BC}$=14 cm일 때, □ABED의 넓이를 구하시오.

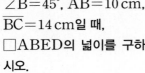
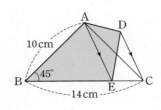

12 오른쪽 그림과 같은 □ABCD의 넓이를 구하시오.

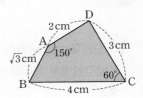

13 오른쪽 그림과 같이 원 O에 내접하는 정육각형의 넓이가 $54\sqrt{3}$ cm²일 때, 원 O의 반지름의 길이는?

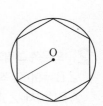

① 4 cm　　② 6 cm
③ 8 cm　　④ 10 cm
⑤ 12 cm

14 오른쪽 그림과 같이 $\overline{AD}$=6 cm, $\overline{CD}$=4cm인 평행사변형 ABCD의 넓이가 $12\sqrt{3}$ cm²일 때, ∠B의 크기를 구하시오. (단, 0°< ∠B< 90°)

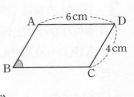

15 오른쪽 그림과 같은 □ABCD의 넓이는?

① $\frac{\sqrt{3}}{5}$ cm²　　② $\frac{5\sqrt{3}}{8}$ cm²

③ $14\sqrt{3}$ cm²　　④ $21\sqrt{3}$ cm²

⑤ $24\sqrt{3}$ cm²

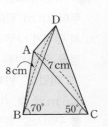

서술형 문제

16 오른쪽 그림과 같은 평행사변형 ABCD에서 대각선 BD의 길이를 구하시오. (단, 풀이 과정을 자세히 쓰시오.)

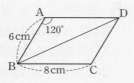

풀이 과정 |

답 |

17 오른쪽 그림과 같은 △ABC의 꼭짓점 A에서 $\overline{BC}$에 내린 수선의 발을 H라고 할 때, $\overline{AH}$의 길이를 구하시오. (단, 풀이 과정을 자세히 쓰시오.)

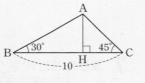

풀이 과정 |

답 |

18 오른쪽 그림과 같은 □ABCD의 넓이를 구하시오. (단, 풀이 과정을 자세히 쓰시오.)

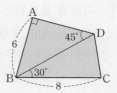

풀이 과정 |

답 |

19 오른쪽 그림과 같은 평행사변형 ABCD에서 $\overline{AC}$, $\overline{BD}$의 교점을 O라고 하자. $\overline{AD}=6$ cm, $\overline{CD}=4$ cm이고 ∠BCD=60°일 때, △ABO의 넓이를 구하시오. (단, 풀이 과정을 자세히 쓰시오.)

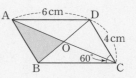

풀이 과정 |

답 |

1 다음 중 옳지 <u>않은</u> 것은?

① 원에서 가장 긴 현은 그 원의 지름이다.

② 현의 수직이등분선은 그 원의 중심을 지난다.

③ 원의 중심에서 현에 내린 수선은 그 현을 수직이등분한다.

④ 원의 중심으로부터 같은 거리에 있는 두 현의 길이는 같다.

⑤ 원 밖의 한 점에서 그을 수 있는 접선은 무수히 많다.

2 오른쪽 그림의 원 O에서 $\overline{AB} \perp \overline{OM}$이고 $\overline{AB}=8\,cm$, $\overline{OM}=3\,cm$일 때, 원 O의 넓이는?

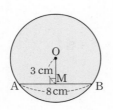

① $9\pi\,cm^2$ ② $16\pi\,cm^2$

③ $25\pi\,cm^2$ ④ $36\pi\,cm^2$

⑤ $49\pi\,cm^2$

3 오른쪽 그림의 원 O에서 $\overline{AB} \perp \overline{OC}$이고 $\overline{BC}=15$, $\overline{CM}=9$일 때, x의 값은?

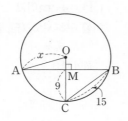

① 12 ② $\dfrac{25}{2}$

③ 13 ④ $\dfrac{27}{2}$

⑤ 14

4 오른쪽 그림에서 $\widehat{AB}$는 원의 일부분이다. $\overline{CM}$이 $\overline{AB}$의 수직이등분선이고 $\overline{AB}=12\,cm$, $\overline{CM}=4\,cm$일 때, 이 원의 반지름의 길이를 구하시오.

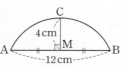

5 오른쪽 그림과 같이 원 모양의 종이를 $\overline{AB}$를 접는 선으로 하여 $\widehat{AB}$가 원의 중심 O를 지나도록 접었다. $\overline{AB}=6\sqrt{3}$일 때, 원 O의 반지름의 길이는?

① $4\sqrt{2}$ ② 6 ③ $2\sqrt{10}$

④ $4\sqrt{3}$ ⑤ 7

6 오른쪽 그림과 같이 점 O를 중심으로 하고 반지름의 길이가 각각 3 cm, 5 cm인 두 원에서 작은 원에 접하는 직선이 큰 원과 만나는 두 점을 A, B라고 하자. 이때 $\overline{AB}$의 길이를 구하시오.

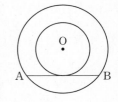

7 오른쪽 그림의 원 O에서 $\overline{AB} \perp \overline{OM}$, $\overline{CD} \perp \overline{ON}$이고 $\overline{OM}=\overline{ON}=3$, $\overline{AB}=6$일 때, x의 값은?

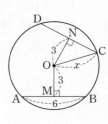

① 3 ② 4

③ $3\sqrt{2}$ ④ 5

⑤ $3\sqrt{3}$

8 오른쪽 그림의 원 O에서 $\overline{AB} \perp \overline{OM}$, $\overline{AC} \perp \overline{ON}$이고 $\overline{OM}=\overline{ON}$이다. $\angle A=40°$일 때, $\angle MOH$의 크기는?

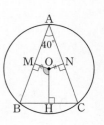

① $60°$ ② $80°$

③ $110°$ ④ $120°$

⑤ $140°$

9 오른쪽 그림의 원 O에서 $\overline{AB}\perp\overline{OP}$, $\overline{AC}\perp\overline{OQ}$이고 $\overline{OP}=\overline{OQ}$이다. $\overline{AB}=8\sqrt{3}$, $\angle A=60°$일 때, 원 O의 반지름의 길이는?

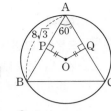

① 2   ② 4   ③ 6

④ 8   ⑤ 10

10 오른쪽 그림에서 $\overline{PA}$, $\overline{PB}$는 원 O의 접선이고 두 점 A, B는 그 접점이다. $\overline{OA}=5$ cm, $\angle AOB=120°$일 때, $\overline{PO}$의 길이는?

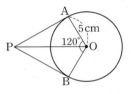

① 7 cm   ② 8 cm   ③ 10 cm

④ 12 cm   ⑤ 13 cm

11 오른쪽 그림에서 두 점 A, B는 점 P에서 원 O에 그은 두 접선의 접점일 때, □APBO의 둘레의 길이를 구하시오.

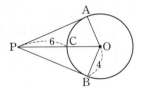

12 오른쪽 그림에서 $\overrightarrow{AD}$, $\overrightarrow{AE}$, $\overleftrightarrow{BC}$는 원 O의 접선이고 세 점 D, E, F는 그 접점이다. $\overline{AB}=6$, $\overline{BC}=5$, $\overline{CA}=7$일 때, $\overline{AD}$의 길이는?

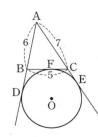

① 7   ② 8

③ 9   ④ 10

⑤ 13

13 오른쪽 그림에서 △ABC는 원 O에 외접하고 세 점 D, E, F는 그 접점이다. △ABC의 세 변의 길이의 합이 30 cm일 때, $\overline{AF}$의 길이를 구하시오.

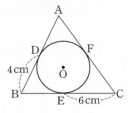

14 다음 그림에서 원 O는 $\angle C=90°$인 직각삼각형 ABC의 내접원이고 세 점 D, E, F는 그 접점이다. $\overline{BE}=6$ cm, $\overline{CE}=2$ cm일 때, $\overline{AC}$의 길이는?

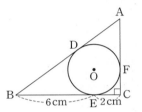

① 4 cm   ② 5 cm   ③ 6 cm

④ 7 cm   ⑤ 8 cm

15 다음 그림과 같이 직사각형 ABCD의 세 변 AB, BC, AD에 접하는 원 O가 있다. $\overline{DE}$는 원 O의 접선이고 $\overline{DE}=5$, $\overline{CD}=4$일 때, $\overline{AD}$의 길이를 구하시오.

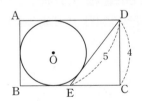

16 다음 그림과 같이 서로 외접하는 두 원 O, O'이 각각 △ABC, △ACD에 내접할 때, $\overline{AD}$의 길이를 구하시오.

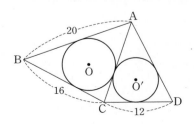

17 오른쪽 그림의 원 O에서 $\overline{AB} \perp \overline{CD}$이고 $\overline{CD}=20$ cm, $\overline{DM}=2$ cm일 때, $\overline{AB}$의 길이를 구하시오.

(단, 풀이 과정을 자세히 쓰시오.)

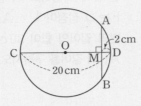

풀이 과정 |

답 |

19 오른쪽 그림에서 $\overline{AD}$, $\overline{BC}$, $\overline{CD}$는 $\overline{AB}$를 지름으로 하는 반원 O의 접선이고 세 점 A, B, E는 그 접점이다. $\overline{AD}=4$ cm, $\overline{BC}=9$ cm일 때, $\square ABCD$의 넓이를 구하시오.

(단, 풀이 과정을 자세히 쓰시오.)

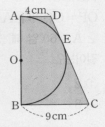

풀이 과정 |

답 |

18 오른쪽 그림에서 두 점 T, T′은 점 P에서 원 O에 그은 두 접선의 접점이다. $\angle TPT'=70°$, $\overline{OT}=12$ cm일 때, $\overparen{TT'}$의 길이를 구하시오. (단, 풀이 과정을 자세히 쓰시오.)

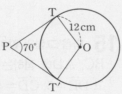

풀이 과정 |

답 |

20 오른쪽 그림에서 $\square ABCD$는 원 O에 외접하고 네 점 E, F, G, H는 접점이다. $\overline{AH}=2$, $\overline{BF}=6$, $\overline{CD}=9$일 때, $\square ABCD$의 둘레의 길이를 구하시오.

(단, 풀이 과정을 자세히 쓰시오.)

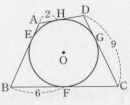

풀이 과정 |

답 |

다시 보는 핵심 문제

1 오른쪽 그림의 원 O에서
∠AOB＝130°일 때, ∠x의 크기는?

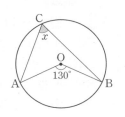

① 60° ② 65°

③ 70° ④ 75°

⑤ 80°

2 오른쪽 그림의 원 O에서
∠BAO＝64°, ∠AOC＝108°
일 때, ∠x의 크기는?

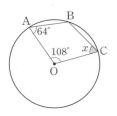

① 56° ② 58°

③ 60° ④ 62°

⑤ 64°

3 오른쪽 그림과 같이 반지름의 길
이가 12 cm인 원 O에서
∠APB＝60°일 때, △OAB의
넓이는?

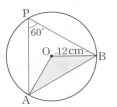

① 18√2 cm² ② 18√3 cm²

③ 36 cm² ④ 36√2 cm²

⑤ 36√3 cm²

4 오른쪽 그림에서 두 점 A,
B는 점 P에서 원 O에 그은 두
접선의 접점이다.
∠APB＝76°일 때, ∠x의
크기는?

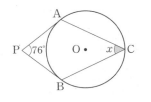

① 50° ② 52° ③ 54°

④ 56° ⑤ 58°

5 오른쪽 그림에서 ∠AEB＝70°,
∠CBD＝25°일 때, ∠x의 크기는?

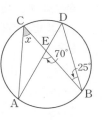

① 25° ② 35°

③ 45° ④ 55°

⑤ 70°

6 오른쪽 그림의 원 O에서
∠AQC＝60°, ∠BOC＝70°일
때, ∠x의 크기는?

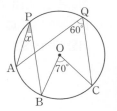

① 20° ② 25°

③ 30° ④ 35°

⑤ 40°

7 오른쪽 그림과 같이 $\overline{AB}$를 지
름으로 하는 원 O에서
∠APC＝31°일 때, ∠CQB의
크기를 구하시오.

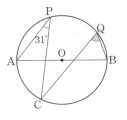

8 오른쪽 그림에서 $\overline{AC}$는 원 O의
중심을 지나고 ∠ABD＝56°,
∠DEC＝80°일 때, ∠y－∠x의
크기를 구하시오.

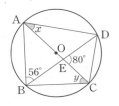

9 오른쪽 그림과 같이 $\overline{AB}$를 지름으로 하는 반원 O에서 ∠DOE=52°일 때, ∠C의 크기는?

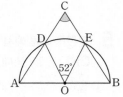

① 52°　　② 56°
③ 60°　　④ 64°
⑤ 68°

10 오른쪽 그림과 같이 원 O에 내접하는 △ABC에서 ∠A=60°, $\overline{BC}=2\sqrt{3}$일 때, 원 O의 지름의 길이를 구하시오.

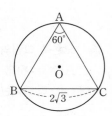

11 오른쪽 그림에서 $\overline{AB}$는 원 O의 지름이고 $\overparen{CD}=\overparen{BD}$, ∠BAD=28°일 때, ∠$x$의 크기는?

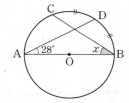

① 34°　　② 36°
③ 38°　　④ 40°
⑤ 42°

12 다음 그림의 원에서 $\overparen{AB}$, $\overparen{CD}$의 길이가 각각 원주의 $\dfrac{1}{6}$, $\dfrac{1}{4}$일 때, ∠P의 크기는?

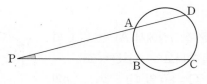

① 12°　　② 15°　　③ 18°
④ 20°　　⑤ 25°

13 오른쪽 그림과 같은 원에서 $\overparen{BC}=4\pi$이고 ∠ABD=20°, ∠BPC=65°일 때, 이 원의 둘레의 길이를 구하시오.
(단, 풀이 과정을 자세히 쓰시오.)

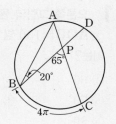

풀이 과정 |

답 |

14 오른쪽 그림의 원에서 $\overparen{AB}:\overparen{BC}:\overparen{CA}=2:5:2$일 때, ∠BAC의 크기를 구하시오.
(단, 풀이 과정을 자세히 쓰시오.)

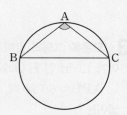

풀이 과정 |

답 |

8강

다시 보는 핵심 문제

1 다음 중 네 점 A, B, C, D가 한 원 위에 있는 것은?

①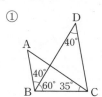

②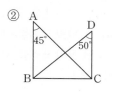

③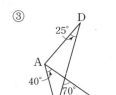

④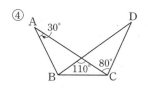

⑤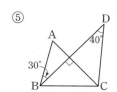

2 오른쪽 그림에서 네 점 A, B, C, D가 한 원 위에 있도록 하는 ∠x의 크기를 구하시오.

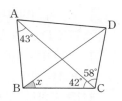

3 오른쪽 그림에서 □ABCD는 원에 내접하고 ∠CAD=48°, ∠ACD=50°일 때, ∠x의 크기는?

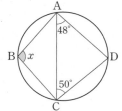
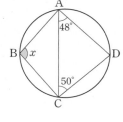

① 82°   ② 86°

③ 88°   ④ 90°

⑤ 98°

4 오른쪽 그림과 같은 원에서 $\overparen{ABC}$의 길이는 원의 둘레의 길이의 $\frac{1}{3}$이고, $\overparen{BCD}$의 길이는 원의 둘레의 길이의 $\frac{2}{5}$일 때, ∠A+∠B의 크기를 구하시오.

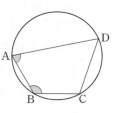

5 오른쪽 그림의 원에서 ∠ABC=110°, ∠CAD=35°일 때, ∠AED의 크기를 구하시오.

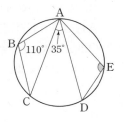

6 오른쪽 그림에서 □ABCD는 원 O에 내접하고 ∠BOD=126°일 때, ∠x의 크기는?

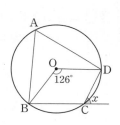

① 60°   ② 63°

③ 66°   ④ 69°

⑤ 72°

7 오른쪽 그림과 같이 원에 내접하는 □ABCD에서 $\overline{AD}$와 $\overline{BC}$의 연장선의 교점을 P라고 하자. ∠ABP=72°, ∠BCD=60°일 때, ∠P의 크기를 구하시오.

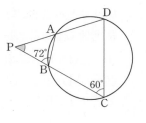

8 오른쪽 그림과 같이 원 O에 내접하는 오각형 ABCDE에서 ∠ABC=130°, ∠AED=80° 일 때, ∠COD의 크기는?

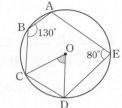

① 45°　　② 50°
③ 55°　　④ 60°
⑤ 65°

9 오른쪽 그림과 같이 원에 내접하는 □ABCD에서 $\overline{AD}$, $\overline{BC}$의 연장선의 교점을 P, $\overline{AB}$, $\overline{CD}$의 연장선의 교점을 Q라고 하자. ∠P=40°, ∠Q=32°일 때, ∠x의 크기는?

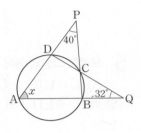

① 54°　　② 60°　　③ 64°
④ 68°　　⑤ 72°

10 다음 그림과 같이 두 원 O, O′이 두 점 C, D에서 만나고 ∠A=85°일 때, ∠E의 크기를 구하시오.

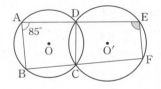

11 오른쪽 그림에서 점 O는 △ABC의 세 꼭짓점에서 대변에 내린 수선의 교점이다. 다음 사각형 중 원에 내접하지 <u>않는</u> 것은?

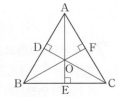

① □ADOF　② □ABEF
③ □ADEF　④ □DBCF
⑤ □OECF

12 오른쪽 그림에서 네 점 A, B, C, D가 한 원 위에 있을 때, ∠D의 크기를 구하시오. (단 풀이 과정을 자세히 쓰시오.)

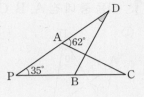

풀이 과정 |

답 |

13 오른쪽 그림에서 □ABCD는 원 O에 내접하고 ∠ADB=20°, ∠OCB=40°일 때, ∠x의 크기를 구하시오. (단, 풀이 과정을 자세히 쓰시오.)

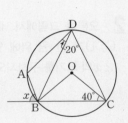

풀이 과정 |

답 |

1 오른쪽 그림에서 $\overleftrightarrow{PT}$는 원 O 의 접선이고 점 P는 그 접점이다. $\angle ABP=40°$, $\angle BPT=70°$ 일 때, $\angle x$의 크기는?

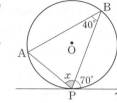

① 70°　　② 75°
③ 80°　　④ 85°
⑤ 90°

2 오른쪽 그림에서 $\overleftrightarrow{AT}$는 원 O 의 접선이고 점 A는 그 접점이다. $\angle AOB=120°$일 때, $\angle BAT$의 크기는?

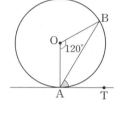

① 50°　　② 55°
③ 60°　　④ 65°
⑤ 70°

3 오른쪽 그림에서 $\overleftrightarrow{AT}$는 원 O 의 접선이고 점 A는 그 접점이다. $\overline{AB}=8\,cm$, $\overline{BC}=4\,cm$이고 $\angle CAT=60°$일 때, $\triangle ABC$ 의 넓이는?

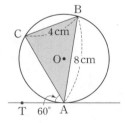

① $8\,cm^2$　　② $8\sqrt{3}\,cm^2$
③ $16\,cm^2$　　④ $16\sqrt{3}\,cm^2$
⑤ $32\,cm^2$

4 오른쪽 그림에서 $\overleftrightarrow{AT}$는 원 O 의 접선이고 점 A는 그 접점이다. $\overgroup{AB}:\overgroup{BC}:\overgroup{CA}=3:5:4$일 때, $\angle CAT$의 크기를 구하시오.

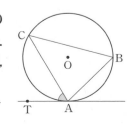

5 오른쪽 그림에서 $\overleftrightarrow{PQ}$는 $\overline{AC}$ 를 지름으로 하는 원 O의 접선이 고 점 D는 그 접점이다. $\angle CBD=50°$, $\angle BDP=70°$ 일 때, $\angle x$의 크기는?

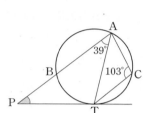

① 20°　　② 25°
③ 30°　　④ 35°
⑤ 40°

6 오른쪽 그림에서 $\overrightarrow{PT}$는 원의 접선이고 점 T는 그 접 점이다. $\angle BAT=39°$, $\angle ACT=103°$일 때, $\angle BPT$의 크기를 구하시오.

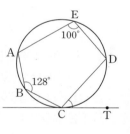

7 오른쪽 그림과 같이 원에 내 접하는 오각형 ABCDE에서 $\angle B=128°$, $\angle E=100°$이다. $\overrightarrow{CT}$가 원의 접선이고 점 C가 그 접점일 때, $\angle DCT$의 크기 는?

① 45°　　② 48°　　③ 50°
④ 52°　　⑤ 55°

8 오른쪽 그림에서 $\overrightarrow{PT}$는 원 O의 접선이고 점 A는 그 접점이다. $\angle BAT=70°$일 때, $\angle x$의 크기 는?

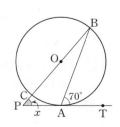

① 52°　　② 50°
③ 48°　　④ 46°
⑤ 45°

9 오른쪽 그림에서 $\overleftrightarrow{PT}$는 $\overline{AB}$를 지름으로 하는 원 O의 접선이고 점 T는 그 접점이다. $\angle BPT=30°$, $\overline{AB}=6$일 때, $\triangle APT$의 넓이를 구하시오.

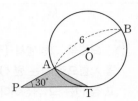

10 다음 그림에서 점 A, B는 점 P에서 원에 그은 두 접선의 접점이다. $\angle APB=30°$, $\overparen{AQ}:\overparen{QB}=3:2$일 때, $\angle x$의 크기를 구하시오.

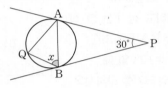

11 오른쪽 그림에서 원 O는 $\triangle ABC$의 내접원이면서 $\triangle DEF$의 외접원이고 세 점 D, E, F는 접점이다. $\angle BAC=58°$, $\angle EFD=54°$일 때, $\angle ABC$의 크기를 구하시오.

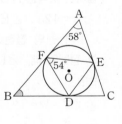

12 오른쪽 그림에서 $\overrightarrow{PT}$는 두 원의 공통인 접선이고 점 T는 그 접점이다. $\angle BDT=75°$일 때, $\angle x$, $\angle y$의 크기를 각각 구하시오.

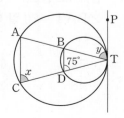

13 오른쪽 그림에서 $\overleftrightarrow{EF}$는 원 O의 접선이고 점 C는 그 접점이다. $\angle BAD=96°$, $\angle CBD=34°$일 때, $\angle BCE$의 크기를 구하시오. (단, 풀이 과정을 자세히 쓰시오.)

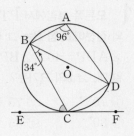

풀이 과정 |

답 |

14 다음 그림에서 $\overleftrightarrow{PQ}$는 두 원의 공통인 접선이고 점 T는 그 접점이다. $\angle ACT=80°$, $\angle TBD=60°$일 때, $\angle x$의 크기를 구하시오.

(단, 풀이 과정을 자세히 쓰시오.)

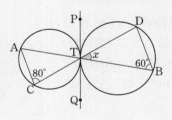

풀이 과정 |

답 |

1 4개의 수 a, b, c, d의 평균이 10일 때, 6개의 수 4, a, b, c, d, 16의 평균은?

① 10　　　　② 11　　　　③ 12
④ 13　　　　⑤ 14

2 정인이네 반 남학생의 몸무게의 평균은 62 kg이고 여학생의 몸무게의 평균은 50 kg이다. 반 전체의 몸무게의 평균이 55 kg이고 남학생의 수가 10명일 때, 정인이네 반 여학생의 수는?

① 11명　　　　② 12명　　　　③ 13명
④ 14명　　　　⑤ 15명

3 오른쪽 줄기와 잎 그림은 학생 10명의 공던지기 기록을 조사하여 그린 것이다. 공던지기 기록의 평균, 중앙값, 최빈값을 각각 a m, b m, c m라고 할 때, a, b, c의 대소 관계로 옳은 것은?

공던지기 기록

(1 | 6은 16 m)

줄기	잎
1	6　8
2	0　1　2　5　7
3	4　4
4	3

① $a<b<c$　　② $a<c<b$　　③ $b<a<c$
④ $b<c<a$　　⑤ $c<a<b$

4 다음 자료는 민주네 반 학생 7명의 하루 수면 시간이다. 이 자료의 평균과 최빈값이 같을 때, x의 값은?

(단위: 시간)

8,　7,　9,　6,　8,　8,　x

① 9　　　　② 10　　　　③ 11
④ 12　　　　⑤ 13

5 다음 조건을 모두 만족시키는 두 자연수 a, b에 대하여 $a+b$의 값은?

• 조건 •
㈎ 변량 1, 3, 6, a, b의 중앙값은 5이다.
㈏ 변량 2, 8, a, b, 10의 최빈값은 8이다.

① 10　　　　② 11　　　　③ 12
④ 13　　　　⑤ 14

6 다음 자료는 학생 8명이 1년 동안 관람한 영화의 편수이다. 영화의 편수의 중앙값이 7편일 때, x의 값이 될 수 있는 가장 작은 값과 가장 큰 값의 합을 구하시오.

(단위: 편)

5,　8,　x,　7,　6,　9,　7,　12

7 다음 보기에서 옳은 것을 모두 고른 것은?

• 보기 •
ㄱ. 산포도에는 평균과 표준편차 등이 있다.
ㄴ. 편차의 합은 항상 0이다.
ㄷ. 분산이 커질수록 표준편차는 커진다.
ㄹ. 표준편차는 분산의 음이 아닌 제곱근이다.
ㅁ. 표준편차가 클수록 자료는 고르게 분포되어 있다.

① ㄱ, ㄷ　　　② ㄴ, ㅁ　　　③ ㄱ, ㄷ, ㄹ
④ ㄴ, ㄷ, ㄹ　　⑤ ㄴ, ㄷ, ㅁ

8 아래 표는 몸무게의 평균이 $56\,\mathrm{kg}$인 학생 5명의 편차를 나타낸 것이다. 다음 설명 중 옳지 <u>않은</u> 것은?

학생	A	B	C	D	E
편차(kg)	x	-7	10	4	-1

① 편차의 합은 0이다.

② x의 값은 -6이다.

③ 학생 B의 몸무게가 가장 적게 나간다.

④ 학생 D의 몸무게는 $52\,\mathrm{kg}$이다.

⑤ 평균보다 몸무게가 많이 나가는 학생은 2명이다.

9 다음 자료 중 가장 고르게 분포되어 있는 것은?

① 2, 4, 8, 15, 26

② 5, 7, 10, 14, 19

③ 7, 9, 11, 13, 15

④ 8, 8, 12, 12, 15

⑤ 10, 11, 11, 11, 12

10 다음 표는 학생 5명의 키에 대한 편차를 나타낸 것이다. 이 자료의 분산을 구하시오.

학생	A	B	C	D	E
편차(cm)	-2	-3	x	7	6

11 다음 표는 지영이네 반 학생 18명의 수행 평가 점수를 조사하여 나타낸 것이다. 이 자료의 평균과 표준편차를 차례로 구한 것은?

점수(점)	5	6	7	8	9	10
학생 수(명)	3	4	5	3	2	1

① 6점, $\sqrt{2}$점 ② 6점, 2점 ③ 7점, $\sqrt{2}$점

④ 7점, 2점 ⑤ 7점, 4점

12 다음 중 주어진 10개 변량에 대한 설명으로 옳지 <u>않은</u> 것은?

> 9, 10, 9, 8, 10, 10, 7, 8, 9, 10

① 평균은 9이다.

② 분산은 1이다.

③ 표준편차는 1이다.

④ 편차의 합은 0이다.

⑤ 편차의 제곱의 합은 0이다.

13 오른쪽 꺾은선그래프는 A, B 두 반 남학생들의 턱걸이 횟수를 조사하여 나타낸 것이다. 다음 보기에서 옳은 것을 모두 고른 것은?

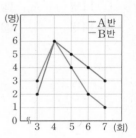

---• 보기 •---

ㄱ. B반의 턱걸이 횟수의 최빈값은 4회이다.

ㄴ. A반과 B반의 턱걸이 횟수의 평균은 같다.

ㄷ. A반의 턱걸이 횟수의 표준편차는 $\sqrt{1.5}$회이다.

① ㄱ ② ㄱ, ㄴ ③ ㄱ, ㄷ

④ ㄴ, ㄷ ⑤ ㄱ, ㄴ, ㄷ

14 오른쪽 표는 A, B 두 반 학생들의 음악 실기 점수의 평균과 표준편차를 나타낸 것이다. 다음 설명 중 옳은 것은?

반	A	B
평균(점)	60	64
표준편차(점)	5.8	12.7

① A반의 점수가 더 고르게 분포되어 있다.

② A반의 점수의 분산이 B반의 점수의 분산보다 크다.

③ A, B 두 반의 학생 수는 서로 같다.

④ A, B 두 반의 학생들의 점수의 총합은 서로 같다.

⑤ 점수가 가장 높은 학생은 B반에 있다.

15 다음 7개의 변량의 평균이 2이고 $a-b=-3$일 때, 이 자료의 중앙값을 구하시오.

(단, 풀이 과정을 자세히 쓰시오.)

$$-2, \ 3, \ a, \ -1, \ b, \ 5, \ -4$$

풀이 과정 |

답 |

16 다음 표는 어느 온라인 게시판에 일주일 동안 올라온 글의 수의 편차를 나타낸 것이다. 이 자료의 평균이 13개일 때, 토요일에 올라온 글의 수를 구하시오.

(단, 풀이 과정을 자세히 쓰시오.)

요일	월	화	수	목	금	토	일
편차(개)	−9	−4	2	6	6		10

풀이 과정 |

답 |

17 5개의 수 $a, b, c, 2, 4$의 평균이 3이고, 표준편차가 $\sqrt{7}$일 때, 3개의 수 a, b, c의 평균과 표준편차를 각각 구하시오. (단, 풀이 과정을 자세히 쓰시오.)

풀이 과정 |

답 |

18 오른쪽 꺾은선그래프는 A, B 두 독서반 회원 20명이 한 달 동안 도서관에서 대여한 책의 권수를 조사하여 나타낸 것이다. 두 반 중 어느 반의 자료의 분포가 더 고르다고 할 수 있는지 말하시오.

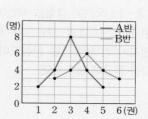

풀이 과정 |

답 |

다시 보는 핵심 문제

12강

1 오른쪽 그림은 지연이네 반 학생 20명의 수학 점수와 과학 점수에 대한 산점도이다. 다음 중 옳지 <u>않은</u> 것을 모두 고르면? (정답 2개)

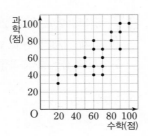

① 수학 점수가 80점 이상인 학생은 6명이다.

② 과학 점수가 50점 미만인 학생은 5명이다.

③ 수학 점수가 40점 이상 60점 미만인 학생은 8명이다.

④ 수학 점수와 과학 점수가 모두 90점 이상인 학생은 4명이다.

⑤ 수학 점수보다 과학 점수가 높은 학생은 8명이다.

[2~3] 오른쪽 그림은 해민이네 반 학생 15명의 1차, 2차 멀리 던지기 기록에 대한 산점도이다. 다음 물음에 답하시오.

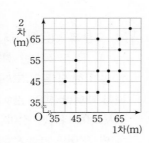

2 1차와 2차 중 적어도 한 번은 던지기 기록이 55 m 이상인 학생 수를 구하시오.

3 던지기 기록이 40 m 이상 50 m 이하인 학생은 1차와 2차 중 어느 쪽에 많은지 구하시오.

4 오른쪽 그림은 창민이네 반 학생 30명의 중간고사와 기말고사의 국어 점수에 대한 산점도이다. 중간고사와 기말고사의 국어 점수의 평균이 70점 이상인 학생 수를 구하시오.

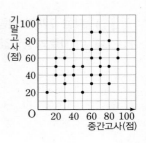

[5~7] 오른쪽 그림은 세인이네 반 학생들의 1학기와 2학기 동안 영화를 관람한 편수에 대한 산점도이다. 다음 물음에 답하시오.
(단, 중복되는 점은 없다.)

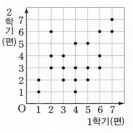

5 세인이네 반 학생 수는?

① 18명 ② 19명 ③ 20명

④ 21명 ⑤ 22명

6 1학기와 2학기 동안 관람한 영화의 편수의 차가 가장 큰 학생이 2학기 동안 관람한 영화의 편수를 구하시오.

7 1학기와 2학기 동안 관람한 영화의 편수의 차가 2편인 학생은 전체의 몇 %인지 구하시오.

8 오른쪽 산점도에 대한 설명으로 다음 중 옳지 <u>않은</u> 것은?

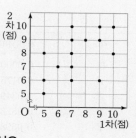

① 순서쌍 (x, y)를 좌표평면 위에 점으로 나타내어 그린 것이다.

② 두 변량 x, y 사이의 상관관계를 알 수 있다.

③ 학습 시간과 성적 사이의 상관관계를 나타낼 수 있다.

④ 음의 상관관계를 나타낸다.

⑤ x의 값이 커질수록 y의 값은 대체로 작아진다.

9 두 변량 사이에 대체로 양의 상관관계가 있는 것을 모두 고르면? (정답 2개)

① 키와 지능지수

② 성인의 나이와 근육량

③ 도시 인구수와 물 소비량

④ 가방의 무게와 수학 성적

⑤ 여행객 수와 기념품 판매량

10 오른쪽 그림은 어느 반 학생들의 수학 성적과 영어 성적에 대한 산점도이다. 다음 보기에서 옳은 것을 모두 고른 것은?

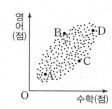

• 보기 •

ㄱ. 수학 성적과 영어 성적 사이에 음의 상관관계가 있다.

ㄴ. A, B, C, D 4명의 학생 중에서 수학 성적이 가장 우수한 학생은 D이다.

ㄷ. B는 수학 성적에 비해 영어 성적이 우수하다.

ㄹ. C는 B에 비해 영어 성적이 우수하다.

ㅁ. A는 수학 성적과 영어 성적이 모두 낮다.

① ㄱ, ㄴ ② ㄴ, ㅁ ③ ㄷ, ㄹ

④ ㄱ, ㄷ, ㄹ ⑤ ㄴ, ㄷ, ㅁ

서술형 문제

11 오른쪽 그림은 민희네 반 학생 15명의 1차, 2차 영어 듣기 평가 점수에 대한 산점도이다. 1차 듣기 평가 점수보다 2차 듣기 평가 점수가 향상된 학생들의 1차 듣기 평가 점수의 평균을 구하시오.

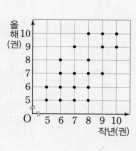

풀이 과정 |

답 |

12 오른쪽 그림은 지빈이네 반 학생 20명의 작년과 올해 읽은 책의 권수에 대한 산점도이다. 작년에 읽은 책이 올해 읽은 책보다 1권이 많은 학생은 전체의 몇 %인지 구하시오.

풀이 과정 |

답 |

각도	사인(sin)	코사인(cos)	탄젠트(tan)	각도	사인(sin)	코사인(cos)	탄젠트(tan)
0°	0.0000	1.0000	0.0000	45°	0.7071	0.7071	1.0000
1°	0.0175	0.9998	0.0175	46°	0.7193	0.6947	1.0355
2°	0.0349	0.9994	0.0349	47°	0.7314	0.6820	1.0724
3°	0.0523	0.9986	0.0524	48°	0.7431	0.6691	1.1106
4°	0.0698	0.9976	0.0699	49°	0.7547	0.6561	1.1504
5°	0.0872	0.9962	0.0875	50°	0.7660	0.6428	1.1918
6°	0.1045	0.9945	0.1051	51°	0.7771	0.6293	1.2349
7°	0.1219	0.9925	0.1228	52°	0.7880	0.6157	1.2799
8°	0.1392	0.9903	0.1405	53°	0.7986	0.6018	1.3270
9°	0.1564	0.9877	0.1584	54°	0.8090	0.5878	1.3764
10°	0.1736	0.9848	0.1763	55°	0.8192	0.5736	1.4281
11°	0.1908	0.9816	0.1944	56°	0.8290	0.5592	1.4826
12°	0.2079	0.9781	0.2126	57°	0.8387	0.5446	1.5399
13°	0.2250	0.9744	0.2309	58°	0.8480	0.5299	1.6003
14°	0.2419	0.9703	0.2493	59°	0.8572	0.5150	1.6643
15°	0.2588	0.9659	0.2679	60°	0.8660	0.5000	1.7321
16°	0.2756	0.9613	0.2867	61°	0.8746	0.4848	1.8040
17°	0.2924	0.9563	0.3057	62°	0.8829	0.4695	1.8807
18°	0.3090	0.9511	0.3249	63°	0.8910	0.4540	1.9626
19°	0.3256	0.9455	0.3443	64°	0.8988	0.4384	2.0503
20°	0.3420	0.9397	0.3640	65°	0.9063	0.4226	2.1445
21°	0.3584	0.9336	0.3839	66°	0.9135	0.4067	2.2460
22°	0.3746	0.9272	0.4040	67°	0.9205	0.3907	2.3559
23°	0.3907	0.9205	0.4245	68°	0.9272	0.3746	2.4751
24°	0.4067	0.9135	0.4452	69°	0.9336	0.3584	2.6051
25°	0.4226	0.9063	0.4663	70°	0.9397	0.3420	2.7475
26°	0.4384	0.8988	0.4877	71°	0.9455	0.3256	2.9042
27°	0.4540	0.8910	0.5095	72°	0.9511	0.3090	3.0777
28°	0.4695	0.8829	0.5317	73°	0.9563	0.2924	3.2709
29°	0.4848	0.8746	0.5543	74°	0.9613	0.2756	3.4874
30°	0.5000	0.8660	0.5774	75°	0.9659	0.2588	3.7321
31°	0.5150	0.8572	0.6009	76°	0.9703	0.2419	4.0108
32°	0.5299	0.8480	0.6249	77°	0.9744	0.2250	4.3315
33°	0.5446	0.8387	0.6494	78°	0.9781	0.2079	4.7046
34°	0.5592	0.8290	0.6745	79°	0.9816	0.1908	5.1446
35°	0.5736	0.8192	0.7002	80°	0.9848	0.1736	5.6713
36°	0.5878	0.8090	0.7265	81°	0.9877	0.1564	6.3138
37°	0.6018	0.7986	0.7536	82°	0.9903	0.1392	7.1154
38°	0.6157	0.7880	0.7813	83°	0.9925	0.1219	8.1443
39°	0.6293	0.7771	0.8098	84°	0.9945	0.1045	9.5144
40°	0.6428	0.7660	0.8391	85°	0.9962	0.0872	11.4301
41°	0.6561	0.7547	0.8693	86°	0.9976	0.0698	14.3007
42°	0.6691	0.7431	0.9004	87°	0.9986	0.0523	19.0811
43°	0.6820	0.7314	0.9325	88°	0.9994	0.0349	28.6363
44°	0.6947	0.7193	0.9657	89°	0.9998	0.0175	57.2900
45°	0.7071	0.7071	1.0000	90°	1.0000	0.0000	

13 3개의 수 a, b, c의 평균이 8일 때, 5개의 수 4, a, b, c, 7의 평균은?

① 5   ② 6   ③ 7

④ 8   ⑤ 9

14 다음 중 옳지 <u>않은</u> 것은? (정답 2개)

① 자료 전체의 특징을 대표하는 값을 대푯값이라고 한다.

② 중앙값은 항상 주어진 자료 중에 존재한다.

③ 최빈값은 자료 중에서 가장 많이 나타나는 변량의 값이다.

④ 편차의 평균으로 자료가 흩어져 있는 정도를 알 수 있다.

⑤ 분산이 클수록 자료는 평균을 중심으로 넓게 흩어져 있다.

15 오른쪽 막대그래프는 어느 지역의 6월 한 달 동안의 최저 기온을 조사하여 나타낸 것이다. 이 자료의 분산이 $\dfrac{48}{a}$일 때, a의 값은?

① 2   ② 5

③ 7   ④ 9

⑤ 11

16 오른쪽 그림은 네 반 학생 20명의 수학 점수와 과학 점수에 대한 산점도이다. 다음 중 옳지 <u>않은</u> 것은?

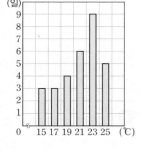

① 수학 점수가 70점 이상인 학생은 10명이다.

② 과학 점수가 50점 미만인 학생은 5명이다.

③ 수학 점수가 60점 이상 80점 이하인 학생은 10명이다.

④ 수학 점수와 과학 점수가 모두 90점 이상인 학생은 2명이다.

⑤ 과학 점수보다 수학 점수가 높은 학생은 6명이다.

17 다음 중 두 변량이 오른쪽 그림과 같은 산점도를 나타내는 것을 모두 고르면? (정답 2개)

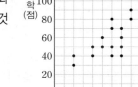

① 국어 성적과 독서량

② 몸무게와 앉은키

③ 하루 중 낮의 길이와 밤의 길이

④ 자동차의 속력과 목적지까지 남은 거리

⑤ 청력과 충치 개수

18 오른쪽 그림은 어느 회사 직원들의 월급과 월 저축액에 대한 산점도이다. 다음 보기에서 이 산점도에 대한 설명으로 옳은 것을 모두 고른 것은?

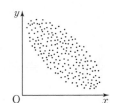

• 보기 •
ㄱ. 월급이 많은 직원이 월 저축액도 많은 편이다.
ㄴ. A, B, C, D 네 직원 중 월 저축액이 가장 많은 직원은 C이다.
ㄷ. A, B, C, D 네 직원 중 월급에 비해 월 저축액이 가장 적은 직원은 B이다.

① ㄱ   ② ㄴ   ③ ㄱ, ㄴ

④ ㄱ, ㄷ   ⑤ ㄴ, ㄷ

주관식

19 오른쪽 그림과 같이 반지름의 길이가 6인 반원에 내접하는 △ABC에서 ∠ABC=30°일 때, △ABC의 둘레의 길이를 구하시오.

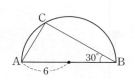

20 오른쪽 그림에서 $\overline{PQ}$는 $\overline{AB}$가 지름인 원 O와 접하고 점 T는 그 접점이다. ∠BTQ=62°일 때, $\angle x$의 크기를 구하시오.

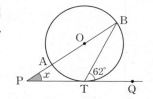

21 다음 6개 변량의 평균, 중앙값, 최빈값을 각각 a, b, c라고 할 때, $3a+2b-c$의 값을 구하시오.

| 10, | 4, | 7, | 10, | 12, | 9 |

서술형

22 오른쪽 그림에서 □ABCD가 원에 내접할 때, $\angle x$의 크기를 구하시오. (단, 풀이 과정을 자세히 쓰시오.) [6점]

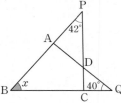

풀이 과정 |

답 |

23 3개의 수 1, $a+1$, $2a+1$의 표준편차가 $3\sqrt{6}$일 때, 양수 a의 값을 구하시오. (단, 풀이 과정을 자세히 쓰시오.) [7점]

풀이 과정 |

답 |

기말고사 대비 실전 모의고사 제2회

이름		점수
		/100점

객관식 각 4점 | 주관식 각 5점 | 서술형 각 6, 7점

1 오른쪽 그림과 같은 원 O에서 ∠BAC=58°일 때, ∠x의 크기는?

① 26°   ② 28°
③ 30°   ④ 32°
⑤ 34°

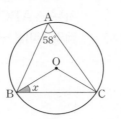

2 오른쪽 그림의 원 O에서 ∠AOB의 크기는?

① 25°   ② 50°
③ 75°   ④ 90°
⑤ 100°

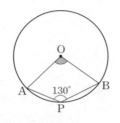

3 오른쪽 그림에서 두 점 A, B는 점 P에서 원 O에 그은 두 접선의 접점이다. ∠APB=40°일 때, ∠x의 크기는?

① 105°   ② 110°
③ 115°   ④ 120°
⑤ 125°

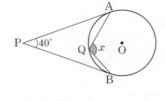

4 오른쪽 그림에서 ∠APB=22°, ∠BQC=40°일 때, ∠x의 크기는?

① 60°   ② 62°
③ 64°   ④ 68°
⑤ 70°

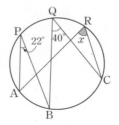

5 오른쪽 그림에서 $\overline{BD}$는 원 O의 지름이고 ∠BAC=30°, ∠BCA=40°일 때, ∠x+∠y의 크기는?

① 120°   ② 125°
③ 130°   ④ 135°
⑤ 140°

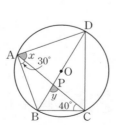

6 오른쪽 그림에서 점 P는 $\overline{AD}$, $\overline{BC}$의 연장선의 교점이고 $\overset{\frown}{AB}$, $\overset{\frown}{CD}$의 길이가 각각 원주의 $\frac{1}{3}$, $\frac{1}{9}$일 때, ∠CPD의 크기는?

① 25°   ② 30°
③ 35°   ④ 40°
⑤ 45°

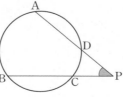

7 오른쪽 그림에서 ∠PAC=115°, ∠BPC=40°이고 네 점 A, B, C, D가 한 원 위에 있을 때, ∠x의 크기는?

① 15°   ② 20°
③ 25°   ④ 30°
⑤ 35°

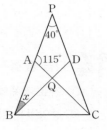

8 오른쪽 그림에서 □ABCD는 원에 내접하고 $\overline{AD}=\overline{BD}$, ∠ADB=46°일 때, ∠BCD의 크기는?

① 96°   ② 100°
③ 105°   ④ 108°
⑤ 113°

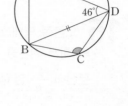

9 오른쪽 그림에서 오각형 ABCDE가 원 O에 내접하고 ∠A=110°, ∠D=100°일 때, ∠x의 크기는?

① 60°   ② 65°
③ 70°   ④ 75°
⑤ 80°

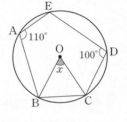

10 오른쪽 그림과 같이 □ABCD가 원에 내접하고, ∠A=70°, ∠D=105°일 때, ∠x, ∠y의 크기를 각각 구하면?

① ∠x=70°, ∠y=75°
② ∠x=70°, ∠y=105°
③ ∠x=75°, ∠y=70°
④ ∠x=75°, ∠y=75°
⑤ ∠x=75°, ∠y=105°

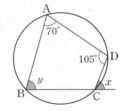

11 다음 중 □ABCD가 원에 내접하는 것을 모두 고르면? (정답 2개)

① 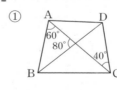   ② 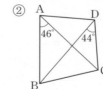   ③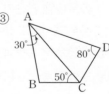

④ 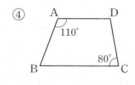   ⑤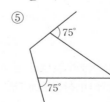

12 오른쪽 그림에서 $\overleftrightarrow{AT}$는 원 O의 접선이고 점 A는 그 접점이다. ∠BAT=68°일 때, ∠x+∠y의 크기는?

① 136°   ② 154°
③ 186°   ④ 204°
⑤ 234°

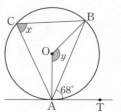

13 다음 표는 우리나라에 있는 7개 산의 높이를 조사하여 나타낸 것이다. 산의 높이의 중앙값은?

산	한라산	설악산	오대산	지리산	내장산	월악산	소백산
높이(m)	1950	1708	1563	1915	763	1097	1439

① 1439 m   ② 1501 m   ③ 1563 m
④ 1635.5 m   ⑤ 1708 m

14 다음 표는 학생 5명의 키에 대한 편차를 나타낸 것이다. 5명의 키의 평균이 168 cm일 때, 학생 B의 키는?

학생	A	B	C	D	E
편차(cm)	10	x	-5	-1	3

① 160 cm   ② 161 cm   ③ 162 cm
④ 175 cm   ⑤ 180 cm

15 다음 표는 학생 수가 모두 같은 다섯 학급 A, B, C, D, E의 수학 시험 점수의 평균과 표준편차를 조사하여 나타낸 것이다. 점수가 가장 고르게 분포된 학급은?

학급	A	B	C	D	E
평균(점)	62	72	65	68	70
표준편차(점)	10	5	7	6	15

① A   ② B   ③ C
④ D   ⑤ E

16 오른쪽 그림은 현지네 반 학생 30명의 중간고사와 기말고사의 국어 점수에 대한 산점도이다. 중간고사와 기말고사의 국어 점수의 평균이 70점 이상인 학생은 몇 명인가?

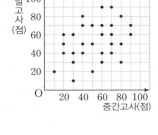

① 5명   ② 6명
③ 7명   ④ 8명
⑤ 9명

17 다음 중 두 변량에 대한 산점도를 그렸을 때, 오른쪽 그림과 같은 모양이 되는 것은?

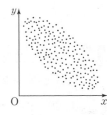

① 운동량과 비만도   ② 택시 운행 거리와 요금
③ 시력과 눈의 크기   ④ 용돈 금액과 성적
⑤ 도시의 인구 수와 교통량

18 오른쪽 그림은 지민이네 학교 학생들의 키와 몸무게에 대한 산점도이다. 다음 중 옳지 <u>않은</u> 것은?

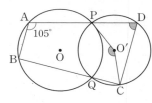

① A는 키에 비해 몸무게가 많이 나가는 편이다.
② B는 C보다 키가 크다.
③ 키와 몸무게 사이에는 양의 상관관계가 있다.
④ A, B, C, D 네 학생 중 키에 비해 몸무게가 가장 적게 나가는 학생은 D 이다.
⑤ A, B, C, D 네 학생 중 키도 크고 몸무게도 많이 나가는 학생은 A이다.

주관식

19 오른쪽 그림에서 $\overline{AB}$가 원 O의 지름일 때, $\angle x$의 크기를 구하시오.

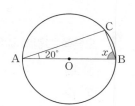

20 오른쪽 그림에서 $\triangle ABC$는 원 O에 내접하고 $\overparen{AB} : \overparen{BC} : \overparen{CA} = 5 : 3 : 4$일 때, $\angle A$의 크기를 구하시오.

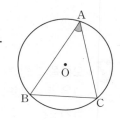

21 다음 7개 변량의 평균과 최빈값이 같을 때, x의 값을 구하시오.

9,	10,	x,	13,	10,	7,	10

서술형

22 오른쪽 그림에서 두 점 P, Q는 두 원 O, O′의 교점이다. $\angle BAP = 105°$일 때, $\angle PDC + \angle PO′C$의 크기를 구하시오.
(단, 풀이 과정을 자세히 쓰시오.) [6점]

풀이 과정 |

답 |

23 5개의 수 3, x, y, 5, 8의 평균이 4이고 분산이 6일 때, $x^2 + y^2$의 값을 구하시오. (단, 풀이 과정을 자세히 쓰시오.) [7점]

풀이 과정 |

답 |

기말고사 대비 실전 모의고사 제**1**회

이름

점수

/100점

객관식 각 4점 | 주관식 각 5점 | 서술형 각 6, 7점

1 오른쪽 그림과 같은 원 O에서 ∠x의 크기는?

① 15°　　　　② 30°
③ 45°　　　　④ 60°
⑤ 70°

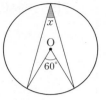

2 오른쪽 그림에서 두 점 A, B는 점 P에서 원 O에 그은 두 접선의 접점이다. ∠P=72°일 때, ∠x의 크기는?

① 54°　　　　② 58°
③ 62°　　　　④ 66°
⑤ 70°

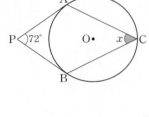

3 오른쪽 그림에서 ∠DAC=18°, ∠APB=68°일 때, ∠y−∠x의 크기는?

① 28°　　　　② 30°
③ 32°　　　　④ 34°
⑤ 36°

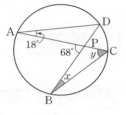

4 오른쪽 그림에서 $\overline{AB}$는 원 O의 지름이고 ∠ACD=65°일 때, ∠x의 크기는?

① 24°　　　　② 25°
③ 26°　　　　④ 27°
⑤ 28°

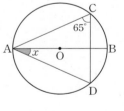

5 오른쪽 그림과 같이 원 O에 내접하는 △ABC에서 ∠A=60°, $\overline{BC}=2\sqrt{3}$일 때, 원 O의 지름의 길이는?

① $\sqrt{15}$　　　　② 4
③ $2\sqrt{5}$　　　　④ $2\sqrt{6}$
⑤ 5

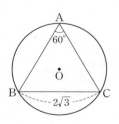

6 오른쪽 그림의 원 O에서 $\overset{\frown}{AB}=\overset{\frown}{BC}$이고 ∠AOC=84°일 때, ∠$x$의 크기는?

① 18°　　　　② 21°
③ 24°　　　　④ 27°
⑤ 30°

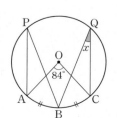

7 오른쪽 그림에서 네 점 A, B, C, D가 한 원 위에 있을 때, ∠x의 크기는?

① 40°　　　　② 50°
③ 60°　　　　④ 70°
⑤ 80°

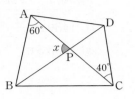

8 오른쪽 그림과 같이 □ABCD가 원 O에 내접하고 ∠ABC=70°일 때, ∠y−∠x의 크기는?

① 30°　　　　② 35°
③ 40°　　　　④ 45°
⑤ 50°

9 오른쪽 그림과 같이 원에 내접하는 □ABCD에서 $\overline{AB}$, $\overline{CD}$의 연장선의 교점을 P, $\overline{AD}$, $\overline{BC}$의 연장선의 교점을 Q라고 하자. ∠P=32°, ∠Q=38°일 때, ∠x의 크기는?

① 45°　　　　② 48°
③ 50°　　　　④ 52°
⑤ 55°

10 다음 □ABCD 중 원에 내접하는 것은?

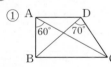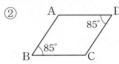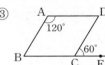
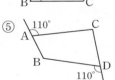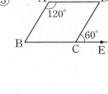

11 오른쪽 그림에서 $\overset{\leftrightarrow}{AT}$는 원 O의 접선이고 점 A는 그 접점일 때, ∠x의 크기는?

① 40°　　　　② 50°
③ 60°　　　　④ 70°
⑤ 80°

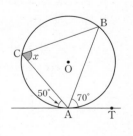

12 오른쪽 그림에서 $\overset{\leftrightarrow}{ST}$는 점 P에서 접하는 두 원의 공통인 접선이고 ∠BAP=55°, ∠CDP=60°일 때, ∠CPD의 크기는?

① 50°　　　　② 55°
③ 60°　　　　④ 65°
⑤ 70°

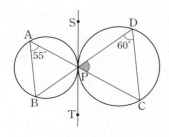

- 5 -

13 오른쪽 그림의 원 O에서 $\overline{AB}\perp\overline{OC}$이고 $\overline{AM}=4$, $\overline{CM}=2$일 때, x의 값은?

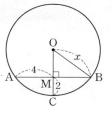

① 4
② 5
③ 6
④ $4\sqrt{3}$
⑤ $5\sqrt{3}$

14 오른쪽 그림의 원 O에서 $\overline{AB}\perp\overline{OM}$, $\overline{AC}\perp\overline{ON}$이고 $\overline{OM}=\overline{ON}$이다. $\angle A=46°$일 때, $\angle B$의 크기는?

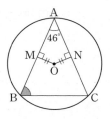

① 50°
② 54°
③ 62°
④ 67°
⑤ 70°

15 오른쪽 그림에서 두 점 A, B는 점 P에서 원 O에 그은 두 접선의 접점이다. $\overline{OA}=6$ cm, $\angle APB=50°$일 때, 색칠한 부분의 넓이는?

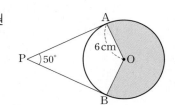

① 16π cm²
② 21π cm²
③ 23π cm²
④ 25π cm²
⑤ 27π cm²

16 오른쪽 그림과 같이 $\overline{AB}$를 지름으로 하는 반원 O에서 $\overline{AD}$, $\overline{BC}$, $\overline{CD}$는 반원 O에 접하고 세 점 A, B, E는 그 접점이다. $\overline{AD}=6$ cm, $\overline{BC}=10$ cm일 때, $\overline{AB}$의 길이는?

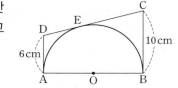

① 13 cm
② $6\sqrt{5}$ cm
③ $8\sqrt{3}$ cm
④ 14 cm
⑤ $4\sqrt{15}$ cm

17 오른쪽 그림에서 원 O는 △ABC의 내접원이고 세 점 D, E, F는 그 접점이다. $\overline{AC}=8$, $\overline{BC}=7$, $\overline{BD}=4$일 때, x의 값은?

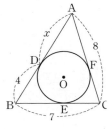

① 2
② 3
③ 4
④ 5
⑤ 6

18 오른쪽 그림에서 원 O는 직사각형 ABCD의 세 변과 접하고 $\overline{DE}$는 원 O의 접선이다. $\overline{CD}=4$ cm, $\overline{DE}=5$ cm일 때, $\overline{BE}$의 길이는?

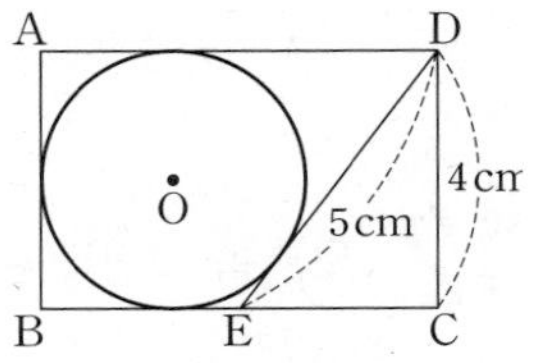

① 3 cm
② $\dfrac{7}{2}$ cm
③ 4 cm
④ $\dfrac{9}{2}$ cm
⑤ 5 cm

주관식

19 오른쪽 그림과 같이 반지름의 길이가 1인 사분원에서 색칠한 부분의 넓이를 구하시오.

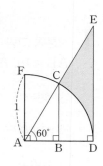

20 오른쪽 그림과 같이 한 모서리의 길이가 10 cm인 정육면체에서 △BGD의 넓이를 구하시오.

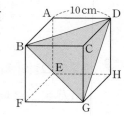

21 오른쪽 그림에서 $\overline{AB}$는 원 O의 지름이고 $\overline{AB}\perp\overline{CD}$이다. $\overline{OP}=3$ cm, $\overline{CD}=8$ cm일 때, 원 O의 반지름의 길이를 구하시오.

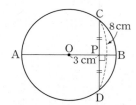

서술형

22 오른쪽 그림의 △ACH에서 $\angle A=15°$, $\angle HBC=30°$, $\overline{AB}=10$일 때, $\tan 15°$의 값을 구하시오.
(단, 풀이 과정을 자세히 쓰시오.) [6점]

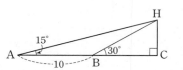

풀이 과정 |

답 |

23 오른쪽 그림과 같이 반지름의 길이가 14 cm인 원 O를 $\overline{AB}$를 접는 선으로 하여 $\overparen{AB}$가 원의 중심을 지나도록 접었을 때, $\overline{AB}$의 길이를 구하시오.
(단, 풀이 과정을 자세히 쓰시오.) [7점]

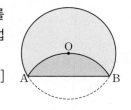

풀이 과정 |

답 |

중간고사 대비 실전 모의고사 제2회

이름 | 점수 | /100점

객관식 각 4점 | 주관식 각 5점 | 서술형 각 6, 7점

1 오른쪽 그림과 같이 ∠C=90°인 직각삼각형 ABC에서 $\overline{AB}=10$, $\overline{AC}=8$일 때, 다음 중 옳은 것은?

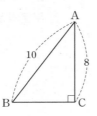

① $\sin A = \dfrac{4}{5}$ ② $\cos A = \dfrac{4}{5}$

③ $\sin B = \dfrac{3}{5}$ ④ $\cos B = \dfrac{4}{5}$

⑤ $\tan B = \dfrac{3}{5}$

2 오른쪽 그림의 직각삼각형 ABC에서 $\overline{AC}=8$이고 $\tan B = \dfrac{2}{3}$일 때, $\overline{BC}$의 길이는?

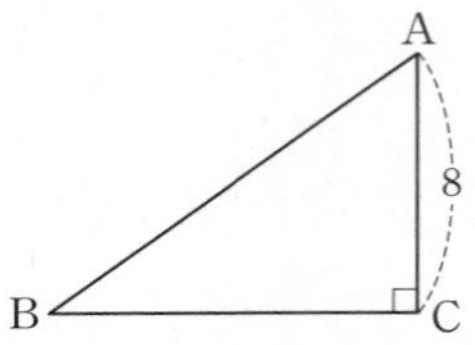

① 9   ② 10

③ 11   ④ 12

⑤ 13

3 $0° < A < 90°$이고 $\cos A = \dfrac{4}{5}$일 때, $\sin A + \tan A$의 값은?

① $\dfrac{27}{20}$ ② $\dfrac{3}{2}$ ③ $\dfrac{3}{5}$

④ $\dfrac{4}{5}$ ⑤ $\dfrac{31}{20}$

4 오른쪽 그림과 같은 직각삼각형 ABC에서 $\overline{AH} \perp \overline{BC}$이고 $\overline{AB}=3\,cm$, $\overline{AC}=4\,cm$일 때, $\sin x + \cos y$의 값은?

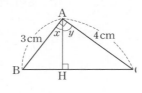

① $\dfrac{2}{5}$ ② $\dfrac{1}{2}$

③ $\dfrac{3}{5}$ ④ $\dfrac{3}{4}$

⑤ $\dfrac{6}{5}$

5 오른쪽 그림과 같은 직각삼각형 ABC에서 $\overline{AE}=2\sqrt{5}$, ∠ADE=∠ACB일 때, $\sin B$의 값은?

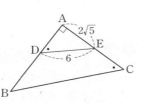

① $\dfrac{2}{3}$ ② 1

③ $\dfrac{3}{2}$ ④ 2

⑤ $\dfrac{5}{2}$

6 오른쪽 그림과 같이 y절편이 6이고 기울기가 양수인 직선 이 x축과 이루는 예각의 크기가 45°인 직선의 방정식은?

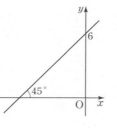

① $y = x + 6$ ② $y = x - 6$

③ $y = \sqrt{3}x + 6$ ④ $y = \sqrt{3}x - 6$

⑤ $y = \dfrac{\sqrt{3}}{3}x + 6$

7 다음 중 옳지 않은 것은?

① $\sin 0° \times \cos 0° = 0$

② $(1 - \tan 0°)(1 + \tan 45°) = 2$

③ $\cos 90° - \tan 45° + \sin 0° = 1$

④ $(\sin 0° + \sin 45°)(\cos 90° - \cos 45°) = -\dfrac{1}{2}$

⑤ $\sin 90° - \tan 30° \times \tan 60° + \cos 0° = 1$

8 다음 중 $A=70°$일 때, $\sin A$, $\cos A$, $\tan A$의 대소 관계로 옳은 것은?

① $\sin A < \cos A < \tan A$

② $\sin A < \tan A < \cos A$

③ $\cos A < \sin A < \tan A$

④ $\cos A < \tan A < \sin A$

⑤ $\tan A < \cos A < \sin A$

9 오른쪽 그림과 같이 ∠C=90°인 직각삼각형 ABC에서 다음 중 $\overline{AC}$의 길이를 나타내는 것은?

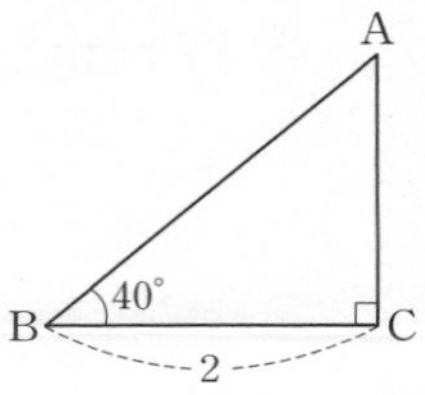

① $2\sin 40°$ ② $2\cos 40°$

③ $\dfrac{2}{\tan 40°}$ ④ $\dfrac{2}{\cos 50°}$

⑤ $\dfrac{2}{\tan 50°}$

10 연정이는 어느 산 중턱에서 '현재 위치는 해발 100 m'라는 글과 함께 오른쪽과 같은 그림이 있는 안내문을 보았다. 이 산의 해발 높이는?

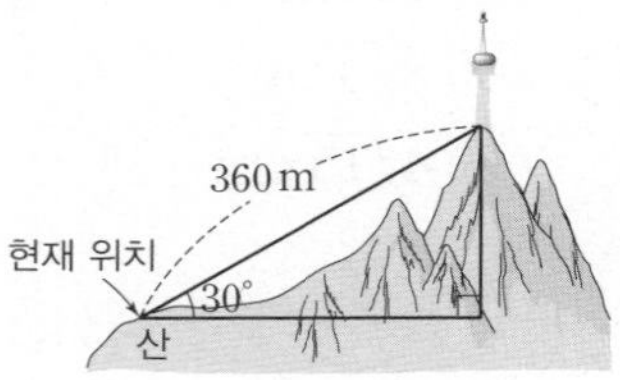

① 180 m   ② 240 m

③ 280 m   ④ 300 m

⑤ $280\sqrt{3}$ m

11 오른쪽 그림과 같은 △ABC에서 $\overline{AB}=8\,cm$, $\overline{BC}=6\sqrt{3}\,cm$이고 ∠B=30°일 때, $\overline{AC}$의 길이는?

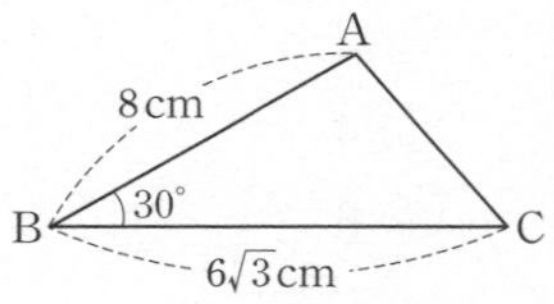

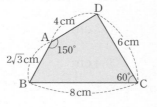

① 4 cm   ② $2\sqrt{5}$ cm

③ $2\sqrt{7}$ cm   ④ $3\sqrt{5}$ cm

⑤ $5\sqrt{3}$ cm

12 오른쪽 그림과 같은 사각형 ABCD의 넓이는?

① $9\sqrt{3}$ cm²   ② $12\sqrt{2}$ cm²

③ $12\sqrt{3}$ cm²   ④ $16\sqrt{2}$ cm²

⑤ $14\sqrt{3}$ cm²

13 오른쪽 그림의 원 O에서 $\overline{AB}\perp\overline{OH}$이고 $\overline{AB}=16$, $\overline{OA}=10$일 때, $\overline{OH}$의 길이는?

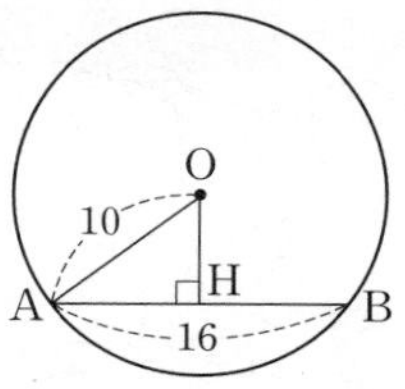

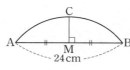

① 4 　　　　② 5
③ 6 　　　　④ 7
⑤ 8

14 오른쪽 그림에서 $\overset{\frown}{AB}$는 반지름의 길이가 15 cm인 원의 일부분이다. $\overline{AB}\perp\overline{CM}$이고 $\overline{AM}=\overline{BM}$, $\overline{AB}=24$ cm일 때, $\overline{CM}$의 길이는?

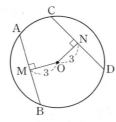

① $\dfrac{9}{2}$ cm 　　② 5 cm 　　③ $\dfrac{11}{2}$ cm
④ 6 cm 　　⑤ $\dfrac{13}{2}$ cm

15 오른쪽 그림의 원 O에서 $\overline{OM}\perp\overline{AB}$, $\overline{ON}\perp\overline{CD}$이고 $\overline{OM}=\overline{ON}=3$이다. 원 O의 반지름의 길이가 5일 때, $\overline{AB}+\overline{CD}$의 길이는?

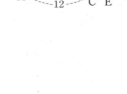

① 15 　　　　② 16
③ 17 　　　　④ 18
⑤ 19

16 오른쪽 그림에서 $\overrightarrow{AD}$, $\overrightarrow{AE}$, $\overrightarrow{BC}$는 원 O의 접선이고 세 점 D, E, F는 그 접점이다. $\overline{AB}=10$, $\overline{BC}=8$, $\overline{AC}=12$일 때, $\overline{BD}$의 길이는?

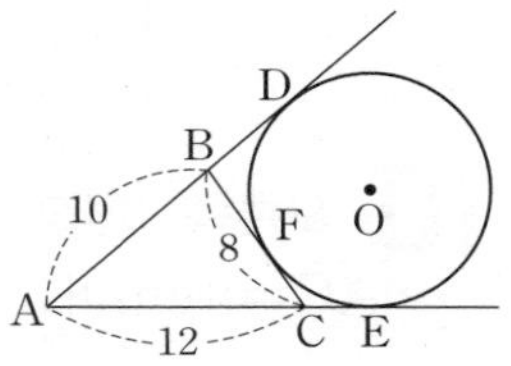

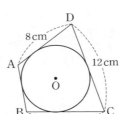

① 3 　　　　② 4
③ 5 　　　　④ 6
⑤ 7

17 오른쪽 그림과 같이 점 O를 중심으로 하는 두 원의 반지름의 길이가 각각 3, 6이고 큰 원의 현 AB가 작은 원의 접선일 때, $\overline{AB}$의 길이는?

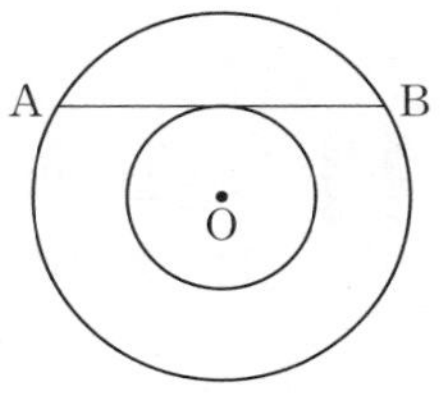

① 8 　　　　② $6\sqrt{2}$
③ 9 　　　　④ 10
⑤ $6\sqrt{3}$

18 오른쪽 그림과 같이 □ABCD가 원 O에 외접하고 $\overline{AD}=8$ cm, $\overline{BC}=10$ cm, $\overline{CD}=12$ cm일 때, $\overline{AB}$의 길이는?

① 6 cm 　　　② 7 cm
③ 8 cm 　　　④ 9 cm
⑤ 10 cm

주관식

19 다음 삼각비의 표를 이용하여 $\sin 44^\circ + \tan 46^\circ$의 값을 구하시오.

각도	사인(sin)	코사인(cos)	탄젠트(tan)
44°	0.6947	0.7193	0.9657
45°	0.7071	0.7071	1.0000
46°	0.7193	0.6947	1.0355

20 $0^\circ < x < 90^\circ$일 때, 다음 식을 간단히 하시오.

$$\sqrt{(\cos x - 1)^2} + \sqrt{(\cos x + 1)^2}$$

21 오른쪽 그림에서 원 O는 $\angle C = 90^\circ$인 직각삼각형 ABC의 내접원이고 세 점 D, E, F는 그 접점이다. $\overline{AB}=10$, $\overline{AC}=6$일 때, 원 O의 반지름의 길이를 구하시오.

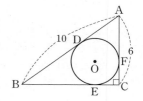

서술형

22 $(\tan 45^\circ - \sin 60^\circ) \times (2\sin 45^\circ \times \cos 45^\circ + \cos 30^\circ)$의 값을 구하시오. (단, 풀이 과정을 자세히 쓰시오.) [6점]

풀이 과정 |

답 |

23 오른쪽 그림에서 $\overline{AD}$, $\overline{BC}$, $\overline{CD}$는 반원 O의 접선이고, 세 점 A, B, E는 그 접점이다. $\overline{AD}=2$ cm, $\overline{BC}=8$ cm일 때, □ABCD의 넓이를 구하시오. (단, 풀이 과정을 자세히 쓰시오.) [7점]

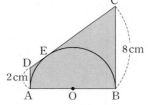

풀이 과정 |

답 |

중간고사 대비 실전 모의고사 제**1**회

이름　　　점수

/100점

객관식 각 4점 | 주관식 각 5점 | 서술형 각 6, 7점

1 오른쪽 그림의 직각삼각형 ABC에서 $\sin C$의 값은?

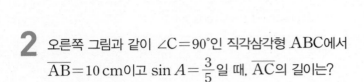

① $\dfrac{8}{17}$　　② $\dfrac{8}{15}$

③ $\dfrac{15}{17}$　　④ $\dfrac{17}{15}$

⑤ $\dfrac{15}{8}$

2 오른쪽 그림과 같이 $\angle C=90°$인 직각삼각형 ABC에서 $\overline{AB}=10\,\text{cm}$이고 $\sin A=\dfrac{3}{5}$일 때, $\overline{AC}$의 길이는?

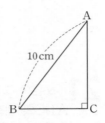

① $6\,\text{cm}$　　② $\dfrac{13}{2}\,\text{cm}$

③ $7\,\text{cm}$　　④ $\dfrac{15}{2}\,\text{cm}$

⑤ $8\,\text{cm}$

3 $\sin A=\dfrac{3}{5}$일 때, $\cos A+\tan A$의 값은? (단, $0°\le A\le 90°$)

① $\dfrac{15}{8}$　　② $\dfrac{31}{20}$　　③ $\dfrac{7}{5}$

④ $\dfrac{13}{10}$　　⑤ $\dfrac{9}{10}$

4 오른쪽 그림과 같이 $\angle A=90°$인 직각삼각형 ABC에서 $\overline{DE}\perp\overline{BC}$일 때, $\sin x$의 값은?

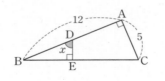

① $\dfrac{5}{13}$　　② $\dfrac{5}{12}$

③ $\dfrac{12}{13}$　　④ $\dfrac{12}{5}$

⑤ $\dfrac{13}{5}$

5 오른쪽 그림과 같은 직육면체에서 $\angle AGE=x$일 때, $\cos x$의 값은?

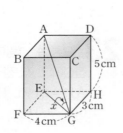

① $\dfrac{\sqrt{2}}{3}$　　② $\dfrac{1}{2}$

③ $\dfrac{\sqrt{3}}{3}$　　④ $\dfrac{\sqrt{2}}{2}$

⑤ $\dfrac{\sqrt{3}}{2}$

6 오른쪽 그림과 같이 직선 $x-2y+4=0$이 x축과 이루는 예각의 크기를 a라고 할 때, $\tan a$의 값은?

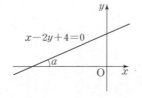

① $\dfrac{1}{3}$　　② $\dfrac{1}{2}$

③ $\dfrac{\sqrt{2}}{2}$　　④ $\dfrac{\sqrt{3}}{2}$

⑤ 1

7 오른쪽 그림과 같은 두 직각삼각형 ABC와 DBC에서 $\angle A=60°$, $\angle D=45°$이고 $\overline{CD}=2\sqrt{2}\,\text{cm}$일 때, $\overline{AB}$의 길이는?

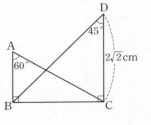

① $\dfrac{2\sqrt{2}}{3}\,\text{cm}$　　② $\dfrac{2\sqrt{6}}{3}\,\text{cm}$

③ $2\,\text{cm}$　　④ $2\sqrt{2}\,\text{cm}$

⑤ $2\sqrt{3}\,\text{cm}$

8 오른쪽 그림과 같이 반지름의 길이가 1인 사분원에서 다음 중 옳지 <u>않은</u> 것은?

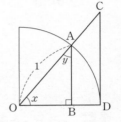

① $\sin x=\overline{AB}$　　② $\cos x=\overline{OB}$

③ $\tan x=\overline{CD}$　　④ $\sin y=\overline{OB}$

⑤ $\tan y=\overline{AB}$

9 다음 중 대소 관계가 옳은 것은?

① $\sin 20°>\cos 20°$　　② $\sin 70°<\cos 70°$　　③ $\cos 50°<\cos 60°$

④ $\tan 50°<\tan 20°$　　⑤ $\tan 50°>\cos 70°$

10 오른쪽 그림과 같은 △ABC에서 $\overline{AB}=10\,\text{cm}$, $\overline{AC}=8\,\text{cm}$이고 $\angle A=60°$일 때, $\overline{BC}$의 길이는?

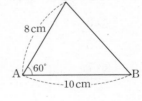

① $6\sqrt{2}\,\text{cm}$　　② $9\,\text{cm}$

③ $2\sqrt{21}\,\text{cm}$　　④ $3\sqrt{10}\,\text{cm}$

⑤ $10\,\text{cm}$

11 오른쪽 그림과 같은 △ABC에서 $\overline{AB}=4\sqrt{5}$, $\angle B=30°$이고 △ABC$=10$일 때, $\overline{BC}$의 길이는?

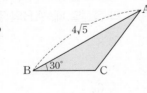

① $\sqrt{5}$　　② $2\sqrt{5}$

③ $3\sqrt{5}$　　④ $4\sqrt{3}$

⑤ $5\sqrt{3}$

12 오른쪽 그림과 같이 $\overline{AB}=4$, $\overline{BC}=6$이고 $\angle B=60°$인 평행사변형 ABCD의 넓이는?

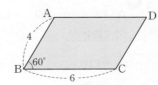

① $8\sqrt{3}$　　② $10\sqrt{3}$

③ $12\sqrt{3}$　　④ $14\sqrt{3}$

⑤ $16\sqrt{3}$

15개정 교육과정

내공의 힘

핵심만 빠르게~ 단기간에
내신 공부의 힘을 키운다

정답과 해설

중등 **수학**
3·2

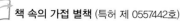
책 속의 가접 별책 (특허 제 0557442호)

정답과 해설'은 본책에서 쉽게 분리할 수 있도록 제작되었으므로
통 과정에서 분리될 수 있으나 파본이 아닌 정상제품입니다.

01강 삼각비의 값 (1)

예제
p. 6

1 (1) $\dfrac{3}{5}, \dfrac{4}{5}, \dfrac{3}{4}$ (2) $\dfrac{4}{5}, \dfrac{3}{5}, \dfrac{4}{3}$

(1) $\sin A = \dfrac{\overline{BC}}{\overline{AC}} = \dfrac{3}{5}$,

  $\cos A = \dfrac{\overline{AB}}{\overline{AC}} = \dfrac{4}{5}$,

  $\tan A = \dfrac{\overline{BC}}{\overline{AB}} = \dfrac{3}{4}$

(2) $\sin C = \dfrac{\overline{AB}}{\overline{AC}} = \dfrac{4}{5}$,

  $\cos C = \dfrac{\overline{BC}}{\overline{AC}} = \dfrac{3}{5}$,

  $\tan C = \dfrac{\overline{AB}}{\overline{BC}} = \dfrac{4}{3}$

2 (1) $\sqrt{3}$ (2) **0** (3) **1** (4) **1**

(1) $\dfrac{\sqrt{3}}{2} + \dfrac{\sqrt{3}}{2} = \sqrt{3}$

(2) $\dfrac{\sqrt{2}}{2} - \dfrac{\sqrt{2}}{2} = 0$

(3) $\dfrac{\sqrt{3}}{3} \times \sqrt{3} = 1$

(4) $\dfrac{1}{2} \times 1 \div \dfrac{1}{2} = 1$

3 (1) $x = 3,\ y = 3\sqrt{3}$

(2) $x = 2\sqrt{2},\ y = 4$

(1) $\sin 30° = \dfrac{x}{6} = \dfrac{1}{2}$

  $\therefore x = 3$

  $\cos 30° = \dfrac{y}{6} = \dfrac{\sqrt{3}}{2}$

  $\therefore y = 3\sqrt{3}$

(2) $\tan 45° = \dfrac{x}{2\sqrt{2}} = 1$

  $\therefore x = 2\sqrt{2}$

  $\cos 45° = \dfrac{2\sqrt{2}}{y} = \dfrac{\sqrt{2}}{2}$

  $\therefore y = 4$

핵심 유형 익히기
p. 7

1 ⑤

$\overline{AC} = \sqrt{13^2 - 5^2} = 12$이므로

① $\sin A = \dfrac{5}{13}$ ② $\cos A = \dfrac{12}{13}$

③ $\tan A = \dfrac{5}{12}$ ④ $\cos B = \dfrac{5}{13}$

2 ④

$\cos B = \dfrac{12}{\overline{AB}} = \dfrac{3}{4}$ $\therefore \overline{AB} = 16$

3 $\dfrac{\sqrt{5}}{3}$

$\sin A = \dfrac{2}{3}$이므로 다음 그림과 같은 직각삼각형 ABC를 생각할 수 있다.

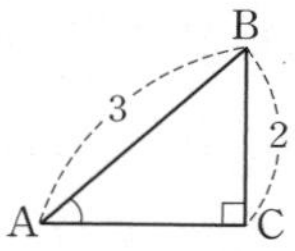

따라서 $\overline{AC} = \sqrt{3^2 - 2^2} = \sqrt{5}$이므로

$\cos A = \dfrac{\overline{AC}}{3} = \dfrac{\sqrt{5}}{3}$

4 $\dfrac{4}{5}, \dfrac{3}{5}, \dfrac{4}{3}$

△ABC에서 $\overline{BC} = \sqrt{6^2 + 8^2} = 10$

△ABC∽△DAC(AA 닮음)이므로

∠ABC = ∠DAC = x

따라서

$\sin x = \sin B = \dfrac{\overline{AC}}{\overline{BC}} = \dfrac{8}{10} = \dfrac{4}{5}$,

$\cos x = \cos B = \dfrac{\overline{AB}}{\overline{BC}} = \dfrac{6}{10} = \dfrac{3}{5}$,

$\tan x = \tan B = \dfrac{\overline{AC}}{\overline{AB}} = \dfrac{8}{6} = \dfrac{4}{3}$

5 $\dfrac{8\sqrt{3}}{3}$

△ABD에서

$\sin 45° = \dfrac{\overline{AD}}{4\sqrt{2}} = \dfrac{\sqrt{2}}{2}$이므로

$\overline{AD} = 4$

△ADC에서

$\sin 60° = \dfrac{4}{\overline{AC}} = \dfrac{\sqrt{3}}{2}$이므로

$\overline{AC} = \dfrac{8\sqrt{3}}{3}$

6 $y = \sqrt{3}x + 2$

직선의 방정식을 $y = ax + b$로 놓으면

$a = \tan 60° = \sqrt{3}$

y절편이 2이므로 $b = 2$

따라서 구하는 직선의 방정식은

$y = \sqrt{3}x + 2$

02강 삼각비의 값 (2)

예제
p. 8

1 (1) $\overline{BC}$ (2) $\overline{AC}$ (3) $\overline{DE}$

(1) $\sin A = \dfrac{\overline{BC}}{\overline{AB}} = \dfrac{\overline{BC}}{1} = \overline{BC}$

(2) $\cos A = \dfrac{\overline{AC}}{\overline{AB}} = \dfrac{\overline{AC}}{1} = \overline{AC}$

(3) $\tan A = \dfrac{\overline{DE}}{\overline{AE}} = \dfrac{\overline{DE}}{1} = \overline{DE}$

2 (1) **0** (2) **2**

(1) $\sin 0° - \cos 90° + \tan 0°$
  $= 0 - 0 + 0 = 0$

(2) $(\sin 90° + \tan 45°) \div \cos 0°$
  $= (1 + 1) \div 1 = 2$

3 (1) **0.5446** (2) **0.8480**

(3) **34°**

(1) 33°의 가로줄과 사인(sin)의 세로 줄이 만나는 칸에 적힌 수는 0.5446이므로 $\sin 33° = 0.5446$

(2) 32°의 가로줄과 코사인(cos)의 세로줄이 만나는 칸에 적힌 수는 0.8480이므로 $\cos 32° = 0.8480$

(3) $\tan 34° = 0.6745$이므로 $x = 34°$

핵심 유형 익히기
p. 9

1 ②

② ∠OAB = ∠ODC이므로

$\sin z = \sin y$

$= \dfrac{\overline{OB}}{\overline{OA}} = \dfrac{\overline{OB}}{1} = \overline{OB}$

2 (1) **0.64** (2) **0.77** (3) **0.64** (4) **0.84**

(1) $\sin 40° = \dfrac{\overline{AB}}{\overline{OA}} = \dfrac{\overline{AB}}{1} = 0.64$

(2) $\cos 40° = \dfrac{\overline{OB}}{\overline{OA}} = \dfrac{\overline{OB}}{1} = 0.77$

(3) △OAB에서

  ∠OAB $= 180° - (40° + 90°)$
    $= 50°$

  이므로

  $\cos 50° = \dfrac{\overline{AB}}{\overline{OA}} = \dfrac{\overline{AB}}{1} = 0.64$

(4) $\tan 40° = \dfrac{\overline{CD}}{\overline{OC}} = \dfrac{\overline{CD}}{1} = 0.84$

3 ④, ⑤

① $\sin 30° = \dfrac{1}{2}$, $\cos 30° = \dfrac{\sqrt{3}}{2}$이므로

  $\sin 30° < \cos 30°$

② $\sin 0° = 0$이고

  $\cos 0° = 1$이므로

  $\sin 0° \neq \cos 0°$

③ $\sin 90° = 1$, $\cos 90° = 0$이므로

  $\sin 90° > \cos 90°$

4 (1) **2.0299**　　(2) **2.939**

(1) $\sin 53° = 0.7986$,

  $\cos 55° = 0.5736$이므로

  $x = 53°$, $y = 55°$

  $\cos 53° = 0.6018$,

  $\tan 55° = 1.4281$이므로

  $\cos x + \tan y = \cos 53° + \tan 55°$

  $\qquad = 0.6018 + 1.4281$

  $\qquad = 2.0299$

(2) $\cos 54° = \dfrac{\overline{AB}}{5} = 0.5878$

  $\therefore \overline{AB} = 2.939$

내공 다지기　p. 10~11

1 (1) ① $\dfrac{\sqrt{2}}{2}$　② $\dfrac{\sqrt{2}}{2}$　③ 1

　(2) ① $\dfrac{\sqrt{21}}{5}$　② $\dfrac{2}{5}$　③ $\dfrac{\sqrt{21}}{2}$

　(3) ① $\dfrac{1}{2}$　② $\dfrac{\sqrt{3}}{2}$　③ $\dfrac{\sqrt{3}}{3}$

2 (1) $x = 3\sqrt{3}$, $y = 3$

　(2) $x = 15$, $y = 5\sqrt{5}$

　(3) $x = 6$, $y = 6\sqrt{2}$

3 (1) $x = 4\sqrt{2}$, $y = 4\sqrt{2}$

　(2) $x = 6$, $y = 3\sqrt{3}$

　(3) $x = 8$, $y = 4$

4 (1) $2\sqrt{2}$　(2) 9　(3) $6\sqrt{6}$

5 풀이 참조

6 (1) 0　(2) 1　(3) 1　(4) -2

7 (1) <　(2) <　(3) >　(4) >

　(5) <　(6) <

8 (1) 0.7193　(2) 0.6820　(3) 1.1918

　(4) 49　(5) 50　(6) 46

9 (1) 1.1472　(2) 7.265

---

1 (1) $\overline{AB} = \sqrt{3^2 + 3^2} = 3\sqrt{2}$이므로

① $\sin A = \dfrac{\overline{BC}}{\overline{AB}} = \dfrac{3}{3\sqrt{2}} = \dfrac{\sqrt{2}}{2}$

② $\cos A = \dfrac{\overline{AC}}{\overline{AB}} = \dfrac{3}{3\sqrt{2}} = \dfrac{\sqrt{2}}{2}$

③ $\tan A = \dfrac{\overline{BC}}{\overline{AC}} = \dfrac{3}{3} = 1$

(2) $\overline{AC} = \sqrt{5^2 - 2^2} = \sqrt{21}$이므로

① $\sin B = \dfrac{\overline{AC}}{\overline{AB}} = \dfrac{\sqrt{21}}{5}$

② $\cos B = \dfrac{\overline{BC}}{\overline{AB}} = \dfrac{2}{5}$

③ $\tan B = \dfrac{\overline{AC}}{\overline{BC}} = \dfrac{\sqrt{21}}{2}$

(3) $\overline{BC} = \sqrt{12^2 - 6^2} = 6\sqrt{3}$이므로

① $\sin C = \dfrac{\overline{AB}}{\overline{AC}} = \dfrac{6}{12} = \dfrac{1}{2}$

② $\cos C = \dfrac{\overline{BC}}{\overline{AC}} = \dfrac{6\sqrt{3}}{12} = \dfrac{\sqrt{3}}{2}$

③ $\tan C = \dfrac{\overline{AB}}{\overline{BC}} = \dfrac{6}{6\sqrt{3}} = \dfrac{\sqrt{3}}{3}$

2 (1) $\cos A = \dfrac{y}{6} = \dfrac{1}{2}$

  $\therefore y = 3$

  $\therefore x = \sqrt{6^2 - 3^2} = 3\sqrt{3}$

(2) $\sin B = \dfrac{10}{x} = \dfrac{2}{3}$

  $\therefore x = 15$

  $\therefore y = \sqrt{15^2 - 10^2} = 5\sqrt{5}$

(3) $\tan C = \dfrac{6}{x} = 1$

  $\therefore x = 6$

  $\therefore y = \sqrt{6^2 + 6^2} = 6\sqrt{2}$

3 (1) $\sin 45° = \dfrac{x}{8} = \dfrac{\sqrt{2}}{2}$

  $\therefore x = 4\sqrt{2}$

  $\cos 45° = \dfrac{y}{8} = \dfrac{\sqrt{2}}{2}$

  $\therefore y = 4\sqrt{2}$

(2) $\sin 30° = \dfrac{3}{x} = \dfrac{1}{2}$

  $\therefore x = 6$

  $\tan 30° = \dfrac{3}{y} = \dfrac{\sqrt{3}}{3}$

  $\therefore y = 3\sqrt{3}$

(3) $\sin 60° = \dfrac{4\sqrt{3}}{x} = \dfrac{\sqrt{3}}{2}$

  $\therefore x = 8$

  $\tan 60° = \dfrac{4\sqrt{3}}{y} = \sqrt{3}$

  $\therefore y = 4$

---

4 (1) △ABD에서

  $\sin 30° = \dfrac{\overline{AD}}{4} = \dfrac{1}{2}$

  $\therefore \overline{AD} = 2$

  △ADC에서

  $\sin 45° = \dfrac{2}{x} = \dfrac{\sqrt{2}}{2}$

  $\therefore x = 2\sqrt{2}$

(2) △ABD에서

  $\sin 60° = \dfrac{\overline{AD}}{6} = \dfrac{\sqrt{3}}{2}$

  $\therefore \overline{AD} = 3\sqrt{3}$

  △ADC에서

  $\tan 60° = \dfrac{x}{3\sqrt{3}} = \sqrt{3}$

  $\therefore x = 9$

(3) △ABD에서

  $\sin 60° = \dfrac{\overline{AD}}{12} = \dfrac{\sqrt{3}}{2}$

  $\therefore \overline{AD} = 6\sqrt{3}$

  △ADC에서

  $\cos 45° = \dfrac{6\sqrt{3}}{x} = \dfrac{\sqrt{2}}{2}$

  $\therefore x = 6\sqrt{6}$

5

A 삼각비	0°	30°	45°	60°	90°
$\sin A$	0	$\dfrac{1}{2}$	$\dfrac{\sqrt{2}}{2}$	$\dfrac{\sqrt{3}}{2}$	1
$\cos A$	1	$\dfrac{\sqrt{3}}{2}$	$\dfrac{\sqrt{2}}{2}$	$\dfrac{1}{2}$	0
$\tan A$	0	$\dfrac{\sqrt{3}}{3}$	1	$\sqrt{3}$	

6 (1) $\sin 90° - \cos 90° - \tan 45°$

  $= 1 - 0 - 1 = 0$

(2) $\sin 60° \times \tan 0° + \cos 0°$

  $= \dfrac{\sqrt{3}}{2} \times 0 + 1 = 1$

(3) $\cos 0° \div \sin 90° - \cos 45° \times \tan 0°$

  $= 1 \div 1 - \dfrac{\sqrt{2}}{2} \times 0 = 1$

(4) $\sqrt{2} \sin 45° - \sqrt{3} \tan 60° + \cos 90°$

  $= \sqrt{2} \times \dfrac{\sqrt{2}}{2} - \sqrt{3} \times \sqrt{3} + 0$

  $= 1 - 3 = -2$

7 (1) $\sin 30° = \dfrac{1}{2}$, $\cos 30° = \dfrac{\sqrt{3}}{2}$이므로

  $\sin 30° < \cos 30°$

(2) $\sin 60° = \dfrac{\sqrt{3}}{2}$, $\tan 45° = 1$이므로

  $\sin 60° < \tan 45°$

(3) $0°≤x≤90°$일 때, x의 크기가 커지면 $\cos x$의 값은 감소하므로
$\cos 40° > \cos 55°$

(4) $0°≤x≤90°$일 때, x의 크기가 커지면 $\tan x$의 값은 증가하므로
$\tan 65° > \tan 25°$

(5) $\sin 43° < \sin 45° = \dfrac{\sqrt{2}}{2}$,
$\cos 43° > \cos 45° = \dfrac{\sqrt{2}}{2}$이므로
$\sin 43° < \cos 43°$

(6) $\cos 51° < \cos 45° = \dfrac{\sqrt{2}}{2}$,
$\tan 51° > \tan 45° = 1$이므로
$\cos 51° < \tan 51°$

8 (1) 46°의 가로줄과 사인($\sin$)의 세로줄이 만나는 칸의 수는 0.7193이므로
$\sin 46° = 0.7193$

(2) 47°의 가로줄과 코사인($\cos$)의 세로줄이 만나는 칸의 수는 0.6820이므로
$\cos 47° = 0.6820$

(3) 50°의 가로줄과 탄젠트($\tan$)의 세로줄이 만나는 칸의 수는 1.1918이므로
$\tan 50° = 1.1918$

(4) $\sin 49° = 0.7547$이므로 $x = 49$

(5) $\cos 50° = 0.6428$이므로 $x = 50$

(6) $\tan 46° = 1.0355$이므로 $x = 46$

9 (1) $\sin 35° = \dfrac{x}{2} = 0.5736$
$\therefore x = 1.1472$

(2) $\tan 36° = \dfrac{x}{10} = 0.7265$
$\therefore x = 7.265$

족집게 문제 p. 12~15

1 ②	2 48	3 ⑤	4 ④
5 ⑤	6 $\dfrac{3\sqrt{10}}{10}$	7 ⑤	
8 ②	9 ②	10 −1	11 ③
12 ④	13 ①	14 ④	
15 $3\sqrt{3}\,\text{cm}^2$	16 $2-\sqrt{3}$		
17 ②	18 ③		
19 ㄱ, ㄹ, ㄷ, ㄴ, ㅁ, ㅂ			

---

20 0.8192	21 3	22 $\dfrac{\sqrt{14}}{11}$
23 $\dfrac{9\sqrt{3}}{8}$		24 $2\sin A$
25 $\dfrac{2\sqrt{2}}{9}$, 과정은 풀이 참조		
26 $\dfrac{1}{4}$, 과정은 풀이 참조		

1 $\overline{AC} = \sqrt{2^2 + (\sqrt{5})^2} = 3$
$\therefore \cos A = \dfrac{\overline{AB}}{\overline{AC}} = \dfrac{2}{3}$

2 $\tan B = \dfrac{8}{\overline{BC}} = \dfrac{2}{3}$이므로 $\overline{BC} = 12$
$\therefore \triangle ABC = \dfrac{1}{2} \times 12 \times 8 = 48$

3 $\sin A = \dfrac{1}{3}$이므로 다음 그림과 같은 직각삼각형 ABC를 생각할 수 있다.

따라서 $\overline{AB} = \sqrt{3^2 - 1^2} = 2\sqrt{2}$이므로
$\cos A = \dfrac{\overline{AB}}{\overline{AC}} = \dfrac{2\sqrt{2}}{3}$,
$\tan A = \dfrac{\overline{BC}}{\overline{AB}} = \dfrac{1}{2\sqrt{2}} = \dfrac{\sqrt{2}}{4}$
$\therefore \cos A \times \tan A = \dfrac{2\sqrt{2}}{3} \times \dfrac{\sqrt{2}}{4} = \dfrac{1}{3}$

4 $\triangle ABC \backsim \triangle HBA \backsim \triangle HAC$
(AA 닮음)
이므로 $\angle BCA = \angle BAH = x$,
$\angle ABC = \angle HAC = y$
$\triangle ABC$에서
$\overline{BC} = \sqrt{15^2 + 8^2} = 17$이므로
$\sin x = \sin C = \dfrac{15}{17}$,
$\cos y = \cos B = \dfrac{15}{17}$
$\therefore \sin x + \cos y = \dfrac{15}{17} + \dfrac{15}{17} = \dfrac{30}{17}$

5 $\triangle FGH$에서
$\overline{FH} = \sqrt{6^2 + 6^2} = 6\sqrt{2}$이므로
$\triangle BFH$에서
$\overline{BH} = \sqrt{(6\sqrt{2})^2 + 6^2} = 6\sqrt{3}$
$\therefore \cos x = \dfrac{6\sqrt{2}}{6\sqrt{3}} = \dfrac{\sqrt{6}}{3}$

6 직선 $3x - y + 6 = 0$과 x축, y축의 교점을 각각 A, B라고 하자.

$3x - y + 6 = 0$에 $x = 0$, $y = 0$을 각각 대입하면
A$(-2, 0)$, B$(0, 6)$
따라서 $\overline{OA} = 2$, $\overline{OB} = 6$이므로
$\overline{AB} = \sqrt{2^2 + 6^2} = 2\sqrt{10}$
$\therefore \sin a = \dfrac{\overline{BO}}{\overline{AB}} = \dfrac{6}{2\sqrt{10}} = \dfrac{3\sqrt{10}}{10}$

7 ① $\sqrt{2} \times \dfrac{\sqrt{2}}{2} - 1 = 0$
② $\dfrac{\sqrt{2}}{2} + \dfrac{\sqrt{2}}{2} = \sqrt{2}$
③ $\dfrac{1}{2} \times 1 \div \dfrac{1}{2} = 1$
④ $\dfrac{\sqrt{2}}{2} \times \dfrac{\sqrt{2}}{2} - 2 \times \dfrac{1}{2} = -\dfrac{1}{2}$
⑤ $\dfrac{1}{2} \div \dfrac{\sqrt{2}}{2} - \dfrac{\sqrt{3}}{2} - \dfrac{\sqrt{3}}{2} = \dfrac{\sqrt{2}}{2} - \sqrt{3}$
따라서 옳지 않은 것은 ⑤이다.

8 $5° < x < 50°$에서
$0° < 2x - 10° < 90°$이고
$\sin 30° = \dfrac{1}{2}$이므로 $2x - 10° = 30°$
$\therefore x = 20°$

9 $\triangle AOB$에서
$\angle OAB = 180° - (57° + 90°) = 33°$
이므로
① $\sin 57° = \dfrac{\overline{AB}}{\overline{OA}} = \dfrac{\overline{AB}}{1} = \overline{AB}$
③ $\cos 57° = \dfrac{\overline{OB}}{\overline{AO}} = \dfrac{\overline{OB}}{1} = \overline{OB}$
④ $\cos 33° = \dfrac{\overline{AB}}{\overline{OA}} = \dfrac{\overline{AB}}{1} = \overline{AB}$
⑤ $\tan 57° = \dfrac{\overline{CD}}{\overline{OC}} = \dfrac{\overline{CD}}{1} = \overline{CD}$
따라서 옳은 것은 ②이다.

10 (주어진 식)
$= 4 \times \dfrac{1}{2} \times 0 - \sqrt{2} \times \dfrac{\sqrt{2}}{2} \times 1 + 0 \times 0$
$= 0 - 1 + 0 = -1$

11 $45° < A < 90°$일 때,
$\cos A < \sin A < 1$이고
$\tan A > 1$이므로

$\cos A < \sin A < \tan A$

돌다리 두드리기 | 삼각비의 값의 대소 관계
- $0° \le x < 45°$일 때, $\sin x < \cos x$
- $x = 45°$일 때, $\sin x = \cos x < \tan x$
- $45° < x < 90°$일 때,
  $\cos x < \sin x < \tan x$

12 $\sin 15° = 0.2588$, $\tan 5° = 0.0875$
이므로 $x = 15°$, $y = 5°$
$\therefore \cos(x+y) = \cos 20° = 0.9397$

13 $\triangle ABD \circ \triangle HBA$(AA 닮음)이므로
$\angle BDA = \angle BAH = x$
$\triangle ABD$에서
$\overline{BD} = \sqrt{6^2 + 8^2} = 10$이므로
$\sin x = \dfrac{\overline{AB}}{\overline{BD}} = \dfrac{6}{10} = \dfrac{3}{5}$,
$\cos x = \dfrac{\overline{AD}}{\overline{BD}} = \dfrac{8}{10} = \dfrac{4}{5}$
$\therefore \cos x - \sin x = \dfrac{4}{5} - \dfrac{3}{5} = \dfrac{1}{5}$

14 $\triangle ABC \circ \triangle EDC$(AA 닮음)이므로
$\angle ABC = \angle EDC = x$
$\triangle ABC$에서 $\overline{BC} = \sqrt{6^2 + 8^2} = 10$이므로
$\sin x = \dfrac{\overline{AC}}{\overline{BC}} = \dfrac{8}{10} = \dfrac{4}{5}$,
$\cos x = \dfrac{\overline{AB}}{\overline{BC}} = \dfrac{6}{10} = \dfrac{3}{5}$
$\therefore \sin x + \cos x = \dfrac{4}{5} + \dfrac{3}{5} = \dfrac{7}{5}$

15 $\angle ECB = \angle EBC = 30°$이므로
$\triangle EBC$는 $\overline{BE} = \overline{CE}$인 이등변삼각형이다.

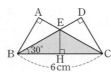

점 E에서 $\overline{BC}$에 내린 수선의 발을 H라고 하면
$\overline{BH} = \overline{CH} = \dfrac{1}{2}\overline{BC} = \dfrac{1}{2} \times 6$
$= 3 \text{(cm)}$
따라서 $\triangle EBH$에서
$\tan 30° = \dfrac{\overline{EH}}{3} = \dfrac{\sqrt{3}}{3}$이므로
$\overline{EH} = \sqrt{3} \text{(cm)}$
$\therefore \triangle EBC = \dfrac{1}{2} \times 6 \times \sqrt{3}$
$= 3\sqrt{3} \text{(cm}^2)$

16 $\triangle ADC$에서
$\sin 30° = \dfrac{2}{\overline{AD}} = \dfrac{1}{2}$이므로
$\overline{AD} = 4$
$\cos 30° = \dfrac{\overline{CD}}{4} = \dfrac{\sqrt{3}}{2}$이므로
$\overline{CD} = 2\sqrt{3}$
이때 $\triangle ABD$는 $\overline{AD} = \overline{BD}$인 이등변삼각형이므로
$\angle ABD = \angle BAD = \dfrac{1}{2}\angle ADC$
$= \dfrac{1}{2} \times 30° = 15°$
따라서 $\triangle ABC$에서
$\tan 15° = \dfrac{\overline{AC}}{\overline{BC}} = \dfrac{\overline{AC}}{\overline{BD} + \overline{CD}}$
$= \dfrac{2}{4 + 2\sqrt{3}} = 2 - \sqrt{3}$

17 직선의 방정식을 $y = ax + b$로 놓으면
$a = \tan 30° = \dfrac{\sqrt{3}}{3}$
직선 $y = \dfrac{\sqrt{3}}{3}x + b$가 점 $(-3, 0)$을 지나므로
$0 = \dfrac{\sqrt{3}}{3} \times (-3) + b$
$\therefore b = \sqrt{3}$
따라서 구하는 직선의 방정식은
$y = \dfrac{\sqrt{3}}{3}x + \sqrt{3}$

18 $\overline{AB} /\!/ \overline{CD}$이므로
$\angle OAB = \angle ODC = b$(동위각)
$\cos a = \dfrac{\overline{OB}}{\overline{OA}} = \dfrac{\overline{OB}}{1} = \overline{OB} = 0.84$
$\cos b = \dfrac{\overline{AB}}{\overline{OA}} = \dfrac{\overline{AB}}{1} = \overline{AB} = 0.54$
$\therefore \cos a + \cos b = 0.84 + 0.54$
$= 1.38$

19 $\cos 0° = 1$, $1 < \tan 50° < \tan 65°$
$0° < x < 45°$일 때,
$\sin x < \cos x$이므로
$\sin 25° < \cos 25°$
또 $\sin 25° < \sin 45°$이고
$\sin 45° = \cos 45° < \cos 25°$이므로
$\sin 25° < \sin 45° < \cos 25°$
$< \cos 0° < \tan 50° < \tan 65°$
따라서 삼각비의 값을 작은 것부터 차례로 나열하면 ㄱ, ㄹ, ㄷ, ㄴ, ㅁ, ㅂ이다.

20 $\angle AOB = x$라고 하면
$\cos x = \dfrac{\overline{OB}}{\overline{OA}} = \dfrac{\overline{OB}}{1} = \overline{OB} = 0.5736$
이므로 $x = 55°$
$\therefore \overline{AB} = \sin 55° = 0.8192$

21 점 Q에서 $\overline{AP}$에 내린 수선의 발을 H라고 하자.

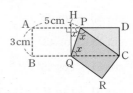

$\angle APQ = \angle CPQ = x$(접은 각),
$\angle CQP = \angle APQ = x$(엇각)
즉, $\triangle PQC$는 $\overline{CP} = \overline{CQ}$인 이등변삼각형이므로
$\overline{CQ} = \overline{CP} = \overline{AP} = 5 \text{ cm}$
또 $\overline{CR} = \overline{AB} = 3 \text{ cm}$이므로
$\triangle CQR$에서
$\overline{QR} = \sqrt{5^2 - 3^2} = 4 \text{(cm)}$
이때 $\overline{HQ} = \overline{AB} = 3 \text{ cm}$이고
$\overline{AH} = \overline{BQ} = \overline{QR} = 4 \text{ cm}$이므로
$\overline{HP} = \overline{AP} - \overline{AH} = 5 - 4 = 1 \text{(cm)}$
따라서 $\triangle HQP$에서
$\tan x = \dfrac{\overline{HQ}}{\overline{PH}} = \dfrac{3}{1} = 3$

22 $\triangle ABC$에서 $\sin x = \dfrac{6}{\overline{AC}} = \dfrac{\sqrt{2}}{3}$
$\therefore \overline{AC} = 9\sqrt{2}$
$\triangle ABC \circ \triangle EDC$(AA 닮음)이므로
$\overline{CB} : \overline{CD} = \overline{AC} : \overline{EC}$에서
$6 : \overline{CD} = 9\sqrt{2} : 6$ $\therefore \overline{CD} = 2\sqrt{2}$
$\triangle CDE$에서
$\overline{DE} = \sqrt{6^2 - (2\sqrt{2})^2} = 2\sqrt{7}$
따라서 $\triangle ADE$에서
$\tan y = \dfrac{\overline{DE}}{\overline{AD}} = \dfrac{\overline{DE}}{\overline{AC} + \overline{CD}}$
$= \dfrac{2\sqrt{7}}{9\sqrt{2} + 2\sqrt{2}} = \dfrac{\sqrt{14}}{11}$

23 $\triangle OCD$에서
$\cos 30° = \dfrac{\overline{OC}}{4} = \dfrac{\sqrt{3}}{2}$
$\therefore \overline{OC} = 2\sqrt{3}$
$\triangle OBC$에서
$\cos 30° = \dfrac{\overline{OB}}{2\sqrt{3}} = \dfrac{\sqrt{3}}{2}$
$\therefore \overline{OB} = 3$
$\triangle OAB$에서

$\cos 30° = \dfrac{\overline{OA}}{3} = \dfrac{\sqrt{3}}{2}$

$\therefore \overline{OA} = \dfrac{3\sqrt{3}}{2}$

$\sin 30° = \dfrac{\overline{AB}}{3} = \dfrac{1}{2}$

$\therefore \overline{AB} = \dfrac{3}{2}$

$\therefore \triangle OAB = \dfrac{1}{2} \times \dfrac{3\sqrt{3}}{2} \times \dfrac{3}{2}$

$\qquad\qquad = \dfrac{9\sqrt{3}}{8}$

24 $0° < A < 45°$일 때,

$0 < \sin A < \cos A$이므로

$\sin A + \cos A > 0$,

$\sin A - \cos A < 0$

$\therefore$ (주어진 식)

$\quad = (\sin A + \cos A)$

$\qquad - \{ -(\sin A - \cos A) \}$

$\quad = 2\sin A$

25 $\overline{BM} = \dfrac{1}{2}\overline{BC} = \dfrac{1}{2} \times 12 = 6$이므로

$\triangle ABM$에서 $\angle AMB = 90°$이므로

$\overline{AM} = \sqrt{12^2 - 6^2} = 6\sqrt{3}$ ···(i)

점 H가 $\triangle BCD$의 무게중심이므로

$\overline{MH} = \dfrac{1}{3}\overline{DM} = \dfrac{1}{3}\overline{AM}$

$\qquad = \dfrac{1}{3} \times 6\sqrt{3} = 2\sqrt{3}$ ···(ii)

$\triangle AMH$에서

$\overline{AH} = \sqrt{(6\sqrt{3})^2 - (2\sqrt{3})^2} = 4\sqrt{6}$ ···(iii)

이므로

$\sin x = \dfrac{\overline{AH}}{\overline{AM}} = \dfrac{4\sqrt{6}}{6\sqrt{3}} = \dfrac{2\sqrt{2}}{3}$,

$\cos x = \dfrac{\overline{MN}}{\overline{AM}} = \dfrac{2\sqrt{3}}{6\sqrt{3}} = \dfrac{1}{3}$

$\therefore \sin x \times \cos x = \dfrac{2\sqrt{2}}{3} \times \dfrac{1}{3}$

$\qquad\qquad\qquad = \dfrac{2\sqrt{2}}{9}$ ···(iv)

채점 기준	비율
(i) $\overline{AM}$의 길이 구하기	20 %
(ii) $\overline{MH}$의 길이 구하기	20 %
(iii) $\overline{AH}$의 길이 구하기	20 %
(iv) $\sin x \times \cos x$의 값 구하기	40 %

26 $\sin 45° = \dfrac{\overline{AB}}{\overline{OA}} = \dfrac{\overline{AB}}{1} = \dfrac{\sqrt{2}}{2}$이므로

$\overline{AB} = \dfrac{\sqrt{2}}{2}$ ···(i)

$\tan 45° = \dfrac{\overline{CD}}{\overline{OC}} = \dfrac{\overline{CD}}{1} = 1$이므로

$\overline{CD} = 1$ ···(ii)

$\cos 45° = \dfrac{\overline{OB}}{\overline{OA}} = \dfrac{\overline{OB}}{1} = \dfrac{\sqrt{2}}{2}$이므로

$\overline{OB} = \dfrac{\sqrt{2}}{2}$ ···(iii)

$\therefore \square ABCD$

$\quad = \triangle DOC - \triangle AOB$

$\quad = \dfrac{1}{2} \times 1 \times 1 - \dfrac{1}{2} \times \dfrac{\sqrt{2}}{2} \times \dfrac{\sqrt{2}}{2}$

$\quad = \dfrac{1}{2} - \dfrac{1}{4} = \dfrac{1}{4}$ ···(iv)

채점 기준	비율
(i) $\overline{AB}$의 길이 구하기	20 %
(ii) $\overline{CD}$의 길이 구하기	20 %
(iii) $\overline{OB}$의 길이 구하기	20 %
(iv) $\square ABCD$의 넓이 구하기	40 %

03강 삼각비의 활용(1) – 길이 구하기

예제 p. 16

1 (1) $2\sqrt{3}$ (2) 2

(1) $\overline{AB} = 4\cos 30° = 4 \times \dfrac{\sqrt{3}}{2} = 2\sqrt{3}$

(2) $\overline{BC} = 4\sin 30° = 4 \times \dfrac{1}{2} = 2$

2 (1) $2\sqrt{7}$ (2) $4\sqrt{3}$

(1) $\triangle ABH$에서

$\overline{AH} = 4\sin 60° = 4 \times \dfrac{\sqrt{3}}{2} = 2\sqrt{3}$,

$\overline{BH} = 4\cos 60° = 4 \times \dfrac{1}{2} = 2$

$\therefore \overline{CH} = \overline{BC} - \overline{BH} = 6 - 2 = 4$

따라서 $\triangle AHC$에서

$\overline{AC} = \sqrt{(2\sqrt{3})^2 + 4^2} = 2\sqrt{7}$

(2) $\triangle BCH$에서

$\overline{CH} = 6\sqrt{2}\sin 45° = 6\sqrt{2} \times \dfrac{\sqrt{2}}{2} = 6$

$\angle A = 180° - (45° + 75°) = 60°$이

므로 $\triangle AHC$에서

$\overline{AC} = \dfrac{6}{\sin 60°} = 6 \times \dfrac{2}{\sqrt{3}} = 4\sqrt{3}$

3 (1) $4(\sqrt{3}-1)$ (2) $6\sqrt{3}$

(1) $\triangle ABH$에서

$\overline{BH} = \dfrac{h}{\tan 30°} = h \times \dfrac{3}{\sqrt{3}} = \sqrt{3}h$

$\triangle AHC$에서

$\overline{CH} = \dfrac{h}{\tan 45°} = h$

이때 $\overline{BC} = \overline{BH} + \overline{CH}$이므로

$8 = \sqrt{3}h + h$, $(\sqrt{3}+1)h = 8$

$\therefore h = \dfrac{8}{\sqrt{3}+1} = 4(\sqrt{3}-1)$

(2) $\triangle ABH$에서

$\overline{BH} = \dfrac{h}{\tan 30°} = h \times \dfrac{3}{\sqrt{3}} = \sqrt{3}h$

$\triangle ACH$에서

$\overline{CH} = \dfrac{h}{\tan 60°} = \dfrac{\sqrt{3}}{3}h$

이때 $\overline{BC} = \overline{BH} - \overline{CH}$이므로

$12 = \sqrt{3}h - \dfrac{\sqrt{3}}{3}h$, $\dfrac{2\sqrt{3}}{3}h = 12$

$\therefore h = 6\sqrt{3}$

| 다른 풀이 |

(2) $\triangle ABC$에서 $\overline{AC} = \overline{BC} = 12$인 이

등변삼각형이므로 $\triangle ACH$에서

$h = \overline{AC}\sin 60°$

$\quad = 12 \times \dfrac{\sqrt{3}}{2}$

$\quad = 6\sqrt{3}$

핵심 유형 익히기 p. 17

1 $30(\sqrt{3}-1)$ m

$\triangle BCD$에서

$\overline{BC} = \dfrac{30}{\tan 30°} = 30\sqrt{3}$ (m)

$\triangle ABC$에서

$\overline{AC} = 30\sqrt{3}\tan 45° = 30\sqrt{3}$ (m)

$\therefore \overline{AD} = \overline{AC} - \overline{CD}$

$\qquad = 30\sqrt{3} - 30$

$\qquad = 30(\sqrt{3}-1)$ (m)

2 $2\sqrt{13}$

다음 그림과 같이 꼭짓점 A에서 $\overline{BC}$에

내린 수선의 발을 H라고 하면

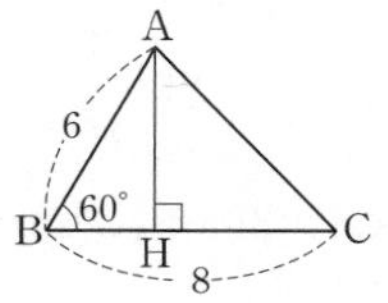

$\triangle ABH$에서

$\overline{AH} = 6\sin 60° = 3\sqrt{3}$,

$\overline{BH} = 6\cos 60° = 3$

$\therefore \overline{CH}=\overline{BC}-\overline{BH}=8-3=5$

따라서 △AHC에서

$\overline{AC}=\sqrt{(3\sqrt{3})^2+5^2}=2\sqrt{13}$

3 ②

다음 그림과 같이 꼭짓점 C에서 $\overline{AB}$ 에 내린 수선의 발을 H라고 하면

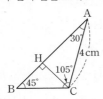

△ACH에서

$\overline{CH}=4\sin 30^\circ=2\,(\text{cm})$

$\angle B=180^\circ-(30^\circ+105^\circ)=45^\circ$

이므로 △BCH에서

$\overline{BC}=\dfrac{2}{\sin 45^\circ}=2\sqrt{2}\,(\text{cm})$

4 ①

$\overline{AH}=h$라고 하면

△ABH에서

$\overline{BH}=\dfrac{h}{\tan 60^\circ}=\dfrac{\sqrt{3}}{3}h$

△AHC에서

$\overline{CH}=\dfrac{h}{\tan 45^\circ}=h$

이때 $\overline{BC}=\overline{BH}+\overline{CH}$이므로

$18=\dfrac{\sqrt{3}}{3}h+h,\ \dfrac{\sqrt{3}+3}{3}h=18$

$\therefore h=18\times\dfrac{3}{\sqrt{3}+3}=9(3-\sqrt{3})$

5 $3(3+\sqrt{3})$ cm

$\overline{AH}=h$ cm라고 하면

△ABH에서

$\overline{BH}=\dfrac{h}{\tan 45^\circ}=h\,(\text{cm})$

△ACH에서

$\overline{CH}=\dfrac{h}{\tan 60^\circ}=\dfrac{\sqrt{3}}{3}h\,(\text{cm})$

이때 $\overline{BC}=\overline{BH}-\overline{CH}$이므로

$6=h-\dfrac{\sqrt{3}}{3}h,\ \dfrac{3-\sqrt{3}}{3}h=6$

$\therefore h=6\times\dfrac{3}{3-\sqrt{3}}=3(3+\sqrt{3})$

$\therefore \overline{AH}=3(3+\sqrt{3})\,\text{cm}$

| 다른 풀이 |

$\overline{AH}=h$ cm라고 하면

△ABH에서 $\overline{BH}=\overline{AH}=h$ cm이므로

△ACH에서

$\tan 60^\circ=\dfrac{h}{h-6}=\sqrt{3}$

$\sqrt{3}h-6\sqrt{3}=h,\ (\sqrt{3}-1)h=6\sqrt{3}$

$\therefore h=\dfrac{6\sqrt{3}}{\sqrt{3}-1}=3(3+\sqrt{3})$

$\therefore \overline{AH}=3(3+\sqrt{3})\,\text{cm}$

04강 삼각비의 활용(2)
— 넓이 구하기

예제 p. 18

1 (1) $12\sqrt{3}$ (2) **22**

(1) $\triangle ABC=\dfrac{1}{2}\times 6\times 8\times\sin 60^\circ$

$=\dfrac{1}{2}\times 6\times 8\times\dfrac{\sqrt{3}}{2}$

$=12\sqrt{3}$

(2) $\triangle ABC$

$=\dfrac{1}{2}\times 8\times 11\times\sin(180^\circ-150^\circ)$

$=\dfrac{1}{2}\times 8\times 11\times\sin 30^\circ$

$=\dfrac{1}{2}\times 8\times 11\times\dfrac{1}{2}$

$=22$

2 (1) $10\sqrt{2}$ (2) $20\sqrt{3}$

(1) $\square ABCD=4\times 5\times\sin 45^\circ$

$=4\times 5\times\dfrac{\sqrt{2}}{2}$

$=10\sqrt{2}$

(2) $\square ABCD$

$=\dfrac{1}{2}\times 8\times 10\times\sin(180^\circ-120^\circ)$

$=\dfrac{1}{2}\times 8\times 10\times\sin 60^\circ$

$=\dfrac{1}{2}\times 8\times 10\times\dfrac{\sqrt{3}}{2}$

$=20\sqrt{3}$

핵심 유형 익히기 p. 19

1 ②

$\angle B=180^\circ-(100^\circ+35^\circ)=45^\circ$

$\therefore \triangle ABC$

$=\dfrac{1}{2}\times 3\sqrt{2}\times 7\times\sin 45^\circ$

$=\dfrac{21}{2}\,(\text{cm}^2)$

---

2 ⑤

$\triangle ABC$

$=\dfrac{1}{2}\times 4\sqrt{3}\times\overline{AB}$

$\qquad\times\sin(180^\circ-135^\circ)$

$=18$

이므로 $\sqrt{6}\,\overline{AB}=18$

$\therefore \overline{AB}=3\sqrt{6}\,(\text{cm})$

3 $16\sqrt{3}\,\text{cm}^2$

$\overline{BD}$를 그으면

$\square ABCD$

$=\triangle ABD+\triangle BCD$

$=\dfrac{1}{2}\times 4\times 4\times\sin(180^\circ-120^\circ)$

$\qquad+\dfrac{1}{2}\times 4\sqrt{3}\times 4\sqrt{3}\times\sin 60^\circ$

$=4\sqrt{3}+12\sqrt{3}$

$=16\sqrt{3}\,(\text{cm}^2)$

4 $24\sqrt{3}$

$\overline{AB}\,/\!/\,\overline{DC}$이고 $\overline{AB}=\overline{DC}$이므로

$\square ABCD$는 평행사변형이다.

따라서

$\angle B=180^\circ-120^\circ=60^\circ$이므로

$\square ABCD=6\times 8\times\sin 60^\circ$

$=24\sqrt{3}$

5 **12 cm**

$\square ABCD=\dfrac{1}{2}\times\overline{AC}\times 10\times\sin 45^\circ$

$=30\sqrt{2}$

이므로

$\dfrac{5\sqrt{2}}{2}\overline{AC}=30\sqrt{2}$

$\therefore \overline{AC}=12\,(\text{cm})$

기초 내공 다지기 p. 20~21

1 (1) 3.4 (2) 12.5 (3) 21.4
  (4) 4.25 (5) 5.4 (6) 20

2 (1) $2\sqrt{21}$ cm (2) $3\sqrt{5}$ cm
  (3) $6\sqrt{2}$ cm (4) $8\sqrt{6}$ cm

3 (1) $6(\sqrt{3}-1)$ (2) $10\sqrt{3}$

4 (1) $12(3-\sqrt{3})$ m
  (2) $3(\sqrt{3}+1)$ m

5 (1) $24+4\sqrt{3}$ (2) 7
  (3) $9\sqrt{2}$ (4) 20
  (5) $27\sqrt{3}$ (6) $48\sqrt{2}$

1
(1) $x=10\sin20°=10\times0.34=3.4$
(2) $x=\dfrac{8}{\cos50°}=\dfrac{8}{0.64}=12.5$
(3) $x=10\tan65°=10\times2.14=21.4$
(4) $x=5\sin58°=5\times0.85=4.25$
(5) $x=6\cos26°=6\times0.9=5.4$
(6) $x=\dfrac{14}{\tan35°}=\dfrac{14}{0.7}=20$

2
(1) △ABH에서
$\overline{AH}=8\sin60°=4\sqrt{3}\,(cm)$,
$\overline{BH}=8\cos60°=4\,(cm)$
이므로
$\overline{CH}=\overline{BC}-\overline{BH}=10-4$
$\quad\quad=6\,(cm)$
따라서 △AHC에서
$\overline{AC}=\sqrt{(4\sqrt{3})^2+6^2}$
$\quad\quad=2\sqrt{21}\,(cm)$
(2) △ABH에서
$\overline{AH}=6\sqrt{2}\sin45°=6\,(cm)$,
$\overline{BH}=6\sqrt{2}\cos45°=6\,(cm)$이므로
$\overline{CH}=\overline{BC}-\overline{BH}=9-6=3\,(cm)$
따라서 △AHC에서
$\overline{AC}=\sqrt{6^2+3^2}=3\sqrt{5}\,(cm)$
(3) △ABC에서
$\angle A=180°-(30°+105°)$
$\quad\quad=45°$
△BCH에서
$\overline{CH}=12\sin30°=6\,(cm)$
따라서 △AHC는
$\overline{AH}=\overline{CH}=6\,cm$인 직각이등변
삼각형이므로
$\overline{AC}=\sqrt{6^2+6^2}=6\sqrt{2}\,(cm)$
(4) △ABC에서
$\angle A=180°-(60°+75°)=45°$
△BCH에서
$\overline{CH}=16\sin60°=8\sqrt{3}\,(cm)$
따라서 △AHC에서
$\overline{AC}=\dfrac{8\sqrt{3}}{\sin45°}=8\sqrt{6}\,(cm)$

3
(1) △ABH에서
$\overline{BH}=\dfrac{h}{\tan30°}=\sqrt{3}h\,(cm)$
△AHC에서
$\overline{CH}=\dfrac{h}{\tan45°}=h\,(cm)$
이때 $\overline{BC}=\overline{BH}+\overline{CH}$이므로
$12=\sqrt{3}h+h$, $(\sqrt{3}+1)h=12$
$\therefore h=\dfrac{12}{\sqrt{3}+1}=6(\sqrt{3}-1)$

(2) △ABH에서
$\overline{BH}=\dfrac{h}{\tan30°}=\sqrt{3}h\,(cm)$
△ACH에서
$\overline{CH}=\dfrac{h}{\tan60°}=\dfrac{\sqrt{3}}{3}h\,(cm)$
이때 $\overline{BC}=\overline{BH}-\overline{CH}$이므로
$20=\sqrt{3}h-\dfrac{\sqrt{3}}{3}h$,
$\left(\sqrt{3}-\dfrac{\sqrt{3}}{3}\right)h=20$
$\dfrac{2\sqrt{3}}{3}h=20$ $\quad\therefore h=10\sqrt{3}$

4
(1) $\overline{AH}=h\,m$라고 하면
△ABH에서
$\overline{BH}=\dfrac{h}{\tan45°}=h\,(m)$
△CAH에서
$\overline{CH}=\dfrac{h}{\tan60°}=\dfrac{\sqrt{3}}{3}h\,(m)$
이때 $\overline{BC}=\overline{BH}+\overline{CH}$이므로
$24=h+\dfrac{\sqrt{3}}{3}h$, $\dfrac{3+\sqrt{3}}{3}h=24$
$\therefore h=24\times\dfrac{3}{3+\sqrt{3}}$
$\quad\quad=12(3-\sqrt{3})$
따라서 나무의 높이는
$12(3-\sqrt{3})\,m$이다.
(2) $\overline{CH}=h\,m$라고 하면
△CAH에서
$\overline{AH}=\dfrac{h}{\tan30°}=\sqrt{3}h\,(m)$
△CBH에서
$\overline{BH}=\dfrac{h}{\tan45°}=h\,(m)$
이때 $\overline{AB}=\overline{AH}-\overline{BH}$이므로
$6=\sqrt{3}h-h$, $(\sqrt{3}-1)h=6$
$\therefore h=\dfrac{6}{\sqrt{3}-1}=3(\sqrt{3}+1)$
따라서 나무의 높이는
$3(\sqrt{3}+1)\,m$이다.

5
(1) △ABC
$=\dfrac{1}{2}\times4\sqrt{6}\times4\sqrt{3}\times\sin45°=24$
△ACD
$=\dfrac{1}{2}\times4\times4\times\sin(180°-120°)$
$=4\sqrt{3}$
$\therefore \Box ABCD$
$=△ABC+△ACD$
$=24+4\sqrt{3}$

(2) △ABD
$=\dfrac{1}{2}\times2\times\sqrt{2}\times\sin(180°-135°)$
$=1$
△BCD
$=\dfrac{1}{2}\times4\times3\sqrt{2}\times\sin45°=6$
$\therefore \Box ABCD$
$=△ABD+△BCD$
$=1+6=7$
(3) $\Box ABCD=6\times3\times\sin45°$
$\quad\quad=9\sqrt{2}$
(4) $\Box ABCD$
$=8\times5\times\sin(180°-150°)$
$=20$
(5) $\Box ABCD$
$=\dfrac{1}{2}\times12\times9\times\sin60°$
$=27\sqrt{3}$
(6) $\Box ABCD$
$=\dfrac{1}{2}\times16\times12\times\sin(180°-135°)$
$=48\sqrt{2}$

내공 쌓는 족집게 문제 p. 22~25

1 ②, ③	**2** ④	**3** $5\sqrt{3}\,cm$
4 $\dfrac{80\sqrt{6}}{3}\,m$	**5** ②	
6 $9(3+\sqrt{3})\,cm^2$	**7** ①	**8** $\sqrt{3}$
9 ④	**10** ④	**11** ②	**12** ④
13 ②	**14** ④	**15** ④	**16** ③
17 $48\sqrt{3}\,cm^2$		**18** $2\,cm^2$	
19 $32\sqrt{2}\,cm^2$		**20** ②	**21** 120°
22 $\dfrac{50\sqrt{3}}{3}\,cm^2$		**23** 4:5	**24** $9\,cm$
25 $(16\pi-12\sqrt{3})\,cm^2$			
26 $12\sqrt{3}\,m$, 과정은 풀이 참조			
27 $30\sqrt{3}$, 과정은 풀이 참조			

1
② $\cos40°=\dfrac{\overline{BC}}{10}$
$\therefore \overline{BC}=10\cos40°$
③ $\sin50°=\dfrac{\overline{BC}}{10}$
$\therefore \overline{BC}=10\sin50°$

2 $\overline{BC}=10\tan36°=10\times0.73$
$\qquad\qquad =7.3(m)$
따라서 나무의 높이는
$\qquad \overline{BD}=\overline{BC}+\overline{CD}$
$\qquad\qquad =7.3+1.6=8.9(m)$

3 다음 그림과 같이 꼭짓점 C에서 $\overline{AB}$에 내린 수선의 발을 H라고 하면

$\overline{CH}=4\sqrt6\sin45°=4\sqrt3(cm)$,
$\overline{BH}=4\sqrt6\cos45°=4\sqrt3(cm)$
$\therefore \overline{AH}=\overline{AB}-\overline{BH}$
$\qquad\quad =7\sqrt3-4\sqrt3=3\sqrt3(cm)$
따라서 $\triangle AHC$에서
$\overline{AC}=\sqrt{(4\sqrt3)^2+(3\sqrt3)^2}$
$\qquad =5\sqrt3(cm)$

돌다리 두드리기 | 삼각형에서 변의 길이를 구할 때는 30°, 45°, 60°의 삼각비의 값을 이용할 수 있도록 한 꼭짓점에서 그 대변에 수선을 그어 직각삼각형을 만든다.

4 다음 그림과 같이 꼭짓점 B에서 $\overline{AC}$에 내린 수선의 발을 H라고 하면

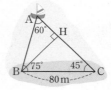

$\triangle BCH$에서
$\overline{BH}=80\sin45°=40\sqrt2(m)$
$\angle A=180°-(75°+45°)=60°$
이므로 $\triangle ABH$에서
$\overline{AB}=\dfrac{40\sqrt2}{\sin60°}=\dfrac{80\sqrt6}{3}(m)$

5 $\overline{AH}=h\,m$라고 하면
$\triangle ABH$에서
$\angle BAH=90°-50°=40°$
$\overline{BH}=h\tan40°\,m$
$\triangle ACH$에서
$\angle CAH=90°-35°=55°$
$\overline{CH}=h\tan55°\,m$
이때 $\overline{BC}=\overline{BH}+\overline{CH}$이므로
$50=h\tan40°+h\tan55°$,
$(\tan40°+\tan55°)h=50$
$\therefore h=\dfrac{50}{\tan40°+\tan55°}$

6 $\overline{AH}=h\,cm$라고 하면
$\triangle ABH$에서
$\overline{BH}=\dfrac{h}{\tan45°}=h(cm)$
$\triangle ACH$에서
$\overline{CH}=\dfrac{h}{\tan60°}=\dfrac{\sqrt3}{3}h(cm)$
이때 $\overline{BC}=\overline{BH}-\overline{CH}$에서
$6=h-\dfrac{\sqrt3}{3}h$, $\left(1-\dfrac{\sqrt3}{3}\right)h=6$
$\therefore h=6\times\dfrac{3}{3-\sqrt3}=3(3+\sqrt3)$
$\therefore \triangle ABC=\dfrac12\times6\times3(3+\sqrt3)$
$\qquad\qquad =9(3+\sqrt3)(cm^2)$

7 $\triangle ABC$가 $\overline{AB}=\overline{AC}$인 이등변삼각형이므로
$\angle A=180°-2\times75°=30°$
$\therefore \triangle ABC=\dfrac12\times8\times8\times\sin30°$
$\qquad\qquad =16(cm^2)$

8 $\dfrac12\times10\times12\times\sin A=30\sqrt3$이므로
$\sin A=\dfrac{\sqrt3}{2}$
따라서 $\angle A=60°$이므로
$\tan A=\tan60°=\sqrt3$

9 $\dfrac12\times5\times8\times\sin(180°-C)=10\sqrt2$
이므로
$\sin(180°-C)=\dfrac{\sqrt2}{2}$에서
$180°-\angle C=45°$ $\therefore \angle C=135°$

10 마름모는 네 변의 길이가 같으므로
$\overline{BC}=\overline{AB}=8\,cm$
$\therefore \square ABCD=8\times8\times\sin45°$
$\qquad\qquad =32\sqrt2(cm^2)$

11 등변사다리꼴의 두 대각선의 길이는 같으므로 $\overline{AC}=\overline{BD}=x$라고 하면
$\square ABCD$
$=\dfrac12\times\overline{AC}\times\overline{BD}\times\sin(180°-120°)$
$=\dfrac12\times x\times x\times\sin60°$
$=8\sqrt3$
즉, $\dfrac{\sqrt3}{4}x^2=8\sqrt3$, $x^2=32$
$\therefore x=4\sqrt2(\because x>0)$

돌다리 두드리기 | $\square ABCD$에서 두 대각선 AC, BD가 이루는 각의 크기가 x일 때

① x가 예각이면
$\square ABCD=\dfrac12\times\overline{AC}\times\overline{BD}\times\sin x$
② x가 둔각이면
$\square ABCD$
$=\dfrac12\times\overline{AC}\times\overline{BD}\times\sin(180°-x)$

12 $\triangle EFG$에서
$\overline{EG}=\sqrt{6^2+6^2}=6\sqrt2(cm)$
$\triangle CEG$에서
$\overline{CG}=6\sqrt2\tan30°=2\sqrt6(cm)$
$\therefore \overline{BF}=\overline{CG}=2\sqrt6\,cm$

13 $\triangle ABC$에서
$\overline{BC}=15\tan30°=5\sqrt3(m)$
$\triangle ADB$에서
$\overline{BD}=15\tan45°=15(m)$
$\therefore$ (건물 Q의 높이)
$\qquad =\overline{CD}=\overline{BC}+\overline{BD}$
$\qquad =5\sqrt3+15=5(3+\sqrt3)(m)$

14 점 A에서 $\overline{BC}$에 내린 수선의 발을 H라고 하면 $\triangle ABH$에서
$\overline{AH}=8\sin60°=4\sqrt3(cm)$,
$\overline{BH}=8\cos60°=4(cm)$
$\therefore \overline{CH}=\overline{BC}-\overline{BH}$
$\qquad\quad =12-4=8(cm)$
따라서 $\triangle AHC$에서
$\overline{AC}=\sqrt{(4\sqrt3)^2+8^2}=4\sqrt7(cm)$

확인 평행사변형에서 마주 보는 두 대각의 크기는 같다.
$\Rightarrow \angle B=\angle D=60°$

15 점 C에서 $\overline{AB}$의 연장선 위에 내린 수선의 발을 H, $\overline{CH}=h\,m$라고 하면
$\triangle CBH$에서
$\angle CBH=180°-135°=45°$이므로
$\overline{BH}=\overline{CH}=h\,m$
이때 $\tan A=\dfrac25$이므로 $\triangle CAH$에서
$\dfrac{h}{3+h}=\dfrac25$, $5h=6+2h$
$\therefore h=2$
따라서 신호등의 높이는 2 m이다.

16 $\triangle ABC=\dfrac12\times8\times10\sqrt3\times\sin60°$
$\qquad\qquad =60(cm^2)$
$\therefore \triangle GBC=\dfrac13\triangle ABC$
$\qquad\qquad =\dfrac13\times60=20(cm^2)$

확인 점 G가 △ABC의 무게중심일 때,
$$\triangle GAB = \triangle GBC = \triangle GCA$$
$$= \frac{1}{3} \triangle ABC$$

17 $\overline{AC} /\!/ \overline{DE}$이므로 $\triangle ACD = \triangle ACE$
$\therefore \square ABCD$
$$= \triangle ABC + \triangle ACD$$
$$= \triangle ABC + \triangle ACE$$
$$= \triangle ABE$$
$$= \frac{1}{2} \times 12 \times (9+7) \times \sin 60°$$
$$= 48\sqrt{3} \,(\mathrm{cm}^2)$$

18 △ADE에서
$\overline{AD} = \overline{BC} = 4\,\mathrm{cm}$이므로
$\overline{AE} = 4\sin 30° = 2\,(\mathrm{cm})$
$\angle EAD = 180° - (30° + 90°) = 60°$,
$\angle EAB = 60° + 90° = 150°$이므로
$\triangle ABE$
$$= \frac{1}{2} \times 2 \times 4 \times \sin(180° - 150°)$$
$$= 2\,(\mathrm{cm}^2)$$

19

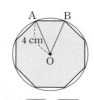

△AOB에서 $\overline{OB} = \overline{OA} = 4\,\mathrm{cm}$,
$\angle AOB = 360° \div 8 = 45°$
$\therefore$ (정팔각형의 넓이)
$$= 8\triangle AOB$$
$$= 8 \times \left(\frac{1}{2} \times 4 \times 4 \times \sin 45°\right)$$
$$= 32\sqrt{2}\,(\mathrm{cm}^2)$$

20 $\triangle AMC = \frac{1}{2}\triangle ABC$
$$= \frac{1}{2} \times \frac{1}{2} \square ABCD$$
$$= \frac{1}{4} \times (8 \times 6 \times \sin 60°)$$
$$= 6\sqrt{3}\,(\mathrm{cm}^2)$$

21 $\square ABCD$
$$= \frac{1}{2} \times 12 \times 9 \times \sin(180° - x)$$
$$= 27\sqrt{3}$$
즉, $\sin(180° - x) = \frac{\sqrt{3}}{2}$이므로
$180° - \angle x = 60°$ $\therefore \angle x = 120°$

22 다음 그림과 같이 두 종이테이프의 겹쳐진 부분을 $\square ABCD$라 하고, 점 B에서 $\overline{CD}$의 연장선에 내린 수선의 발을 H라고 하자.

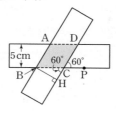

△BHC에서
$\angle BCH = \angle DCP = 60°$(맞꼭지각)이므로
$$\overline{BC} = \frac{5}{\sin 60°} = \frac{10\sqrt{3}}{3}\,(\mathrm{cm})$$
이때 $\square ABCD$는 평행사변형이므로
$$\square ABCD = \frac{10\sqrt{3}}{3} \times 5$$
$$= \frac{50\sqrt{3}}{3}\,(\mathrm{cm}^2)$$

23 △ABD와 △ADC의 높이가 같으므로
$\triangle ABD : \triangle ADC = \overline{BD} : \overline{DC}$
$\overline{AD} = a$라고 하면
$$\triangle ABD = \frac{1}{2} \times 8\sqrt{6} \times a \times \sin 45°$$
$$= 4\sqrt{3}\,a$$
$$\triangle ADC = \frac{1}{2} \times a \times 20 \times \sin 60°$$
$$= 5\sqrt{3}\,a$$
$\therefore \triangle ABD : \triangle ADC$
$$= 4\sqrt{3}\,a : 5\sqrt{3}\,a = 4 : 5$$
따라서 $\overline{BD} : \overline{DC} = 4 : 5$이다.

24 $\overline{BE} = \overline{BF} = a\,\mathrm{cm}$라고 하면
$$\triangle EBF = \frac{1}{2} \times a \times a \times \sin 30°$$
$$= 27$$
$a^2 = 108$
$\therefore a = 6\sqrt{3}$ $(\because a > 0)$
이때 $\triangle ABE \equiv \triangle CBF$(RHS 합동)이므로
$\angle ABE = \angle CBF$
$$= \frac{1}{2} \times (90° - 30°) = 30°$$
따라서 △ABE에서
$\overline{AB} = 6\sqrt{3}\cos 30° = 9\,(\mathrm{cm})$

25

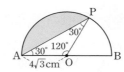

$\overline{OP}$를 그으면
△AOP에서 $\overline{OA} = \overline{OP}$이므로
$\angle OPA = \angle OAP = 30°$
$\angle AOP = 180° - 2 \times 30° = 120°$
$\therefore$ (색칠한 부분의 넓이)
$$= (\text{부채꼴 AOP의 넓이})$$
$$\quad - \triangle AOP$$
$$= \pi \times (4\sqrt{3})^2 \times \frac{120}{360}$$
$$\quad - \frac{1}{2} \times 4\sqrt{3} \times 4\sqrt{3}$$
$$\qquad \times \sin(180° - 120°)$$
$$= 16\pi - 12\sqrt{3}\,(\mathrm{cm}^2)$$

26 $\overline{AB} = 12\tan 30° = 4\sqrt{3}\,(\mathrm{m})$ $\cdots$(i)
$\overline{AC} = \dfrac{12}{\cos 30°} = 8\sqrt{3}\,(\mathrm{m})$ $\cdots$(ii)
따라서 부러지기 전 나무의 높이는
$\overline{AB} + \overline{AC} = 12\sqrt{3}\,(\mathrm{m})$ $\cdots$(iii)

채점 기준	비율
(i) $\overline{AB}$의 길이 구하기	30%
(ii) $\overline{AC}$의 길이 구하기	30%
(iii) 부러지기 전 나무의 높이 구하기	40%

27 △ABC에서
$\overline{AC} = 6\tan 60° = 6\sqrt{3}$ $\cdots$(i)
$\therefore \square ABCD$
$$= \triangle ABC + \triangle ACD$$
$$= \frac{1}{2} \times 6 \times 6\sqrt{3}$$
$$\quad + \frac{1}{2} \times 6\sqrt{3} \times 8 \times \sin 30°$$
$$= 18\sqrt{3} + 12\sqrt{3}$$
$$= 30\sqrt{3}$$ $\cdots$(ii)

채점 기준	비율
(i) $\overline{AC}$의 길이 구하기	40%
(ii) $\square ABCD$의 넓이 구하기	60%

05강 **원의 현**

예제 p. 26

1 (1) **6** (2) **4**
(1) $\overline{AB} \perp \overline{OM}$이므로
$x = \overline{AM} = 6$

(2) $\overline{AB}\perp\overline{OM}$이므로

$$x=\frac{1}{2}\overline{AB}=\frac{1}{2}\times8=4$$

2 $3\sqrt{5}$

$\overline{AB}\perp\overline{OM}$이므로

$$\overline{AM}=\frac{1}{2}\overline{AB}=\frac{1}{2}\times12=6$$

따라서 △OAM에서

$$x=\sqrt{6^2+3^2}=3\sqrt{5}$$

3 (1) **12** (2) **5**

(1) $\overline{OM}=\overline{ON}$이므로 $x=\overline{AB}=12$

(2) $\overline{AB}=\overline{CD}$이므로 $x=\overline{ON}=5$

4 **50°**

$\overline{OM}=\overline{ON}$이므로 △ABC는

$\overline{AB}=\overline{AC}$인 이등변삼각형이다.

$$\therefore\angle B=\angle C=\frac{1}{2}\times(180°-80°)$$
$$=50°$$

핵심 유형 익히기 p. 27

1 $6\sqrt{3}$

△OAM에서

$$\overline{AM}=\sqrt{6^2-3^2}=3\sqrt{3}$$

$\overline{AB}\perp\overline{OM}$이므로

$$\overline{BM}=\overline{AM}=3\sqrt{3}$$

$$\therefore\overline{AB}=\overline{AM}+\overline{BM}=6\sqrt{3}$$

2 **10**

$$\overline{AM}=\frac{1}{2}\overline{AB}=\frac{1}{2}\times16=8$$

$\overline{OA}=x$라고 하면

$\overline{OC}=\overline{OA}=x$이므로

$\overline{OM}=x-4$

△AOM에서 $8^2+(x-4)^2=x^2$

$8x=80$ $\therefore x=10$

따라서 원 O의 반지름의 길이는 10이다.

3 ①

다음 그림과 같이 원의 중심을 O라고 하면 $\overline{CD}$의 연장선은 점 O를 지나므로 원 O의 반지름의 길이를 r cm라 하고 $\overline{OA}$를 그으면

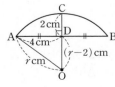

$\overline{OA}=\overline{OC}=r$ cm, $\overline{OD}=(r-2)$ cm

이므로

$4^2+(r-2)^2=r^2$, $4r=20$

$\therefore r=5$

따라서 원의 반지름의 길이는 5 cm이다.

> **확인** 현의 수직이등분선은 그 원의 중심을 지난다.

4 ③

$\overline{AM}=\frac{1}{2}\overline{AB}=9$(cm)이므로

△AOM에서

$\overline{OM}=\sqrt{15^2-9^2}=12$(cm)

이때 $\overline{AB}=\overline{CD}$이므로 $\overline{ON}=12$ cm

5 **6 cm**

$\overline{OM}=\overline{ON}$이므로 △ABC는

$\overline{AB}=\overline{AC}$인 이등변삼각형이다.

$\therefore\angle C=\angle B=60°$

따라서 △ABC는 정삼각형이므로

$\overline{BC}=\overline{AB}=2\overline{AM}=2\times3=6$(cm)

06강 원의 접선

예제 p. 28

1 $x=8$, $y=10$

$x=\overline{PB}=8$

△AOP에서 $\angle OAP=90°$이므로

$y=\sqrt{6^2+8^2}=10$

2 (1) **3 cm** (2) **2 cm**

(1) $\overline{BE}=\overline{BD}=4$ cm이므로

$\overline{CE}=\overline{BC}-\overline{BE}=7-4=3$(cm)

(2) $\overline{CF}=\overline{CE}$이므로

$$\overline{AD}=\overline{AF}=\overline{AC}-\overline{CF}$$
$$=\overline{AC}-\overline{CE}$$
$$=5-3=2(cm)$$

3 **12**

$$\overline{AB}+\overline{CD}=\overline{AD}+\overline{BC}$$
$$=5+7=12$$

핵심 유형 익히기 p. 29

1 4π cm²

$\angle PAO=\angle PBO=90°$

□AOBP에서

$\angle AOB=180°-60°=120°$

$\therefore$ (색칠한 부분의 넓이)

$$=\pi\times(2\sqrt{3})^2\times\frac{120}{360}$$
$$=4\pi(cm^2)$$

2 ③

$\overline{OC}=\overline{OB}=5$ cm이므로

$\overline{PO}=\overline{PC}+\overline{OC}=8+5=13$(cm)

△PBO에서 $\angle PBO=90°$이므로

$\overline{PB}=\sqrt{13^2-5^2}=12$(cm)

$\therefore\overline{PA}=\overline{PB}=12$ cm

3 **2 cm**

$\overline{BE}=\overline{BD}=6$ cm

$\overline{CF}=\overline{CE}=\overline{BC}-\overline{BE}$

$=10-6=4$(cm)

이때 $\overline{AD}=\overline{AF}$이고 △ABC의 둘레의 길이가 24 cm이므로

$\overline{AB}+\overline{BC}+\overline{CA}$

$=2(\overline{AD}+\overline{BE}+\overline{CF})$

$=2(\overline{AD}+6+4)=24$

$\therefore\overline{AD}=2$(cm)

4 **1**

△ABC에서 $\overline{BC}=\sqrt{4^2+3^2}=5$

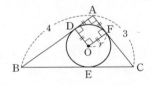

위의 그림과 같이 원 O의 반지름의 길이를 r라 하고 $\overline{OD}$, $\overline{OF}$를 그으면

□ADOF는 정사각형이므로

$\overline{AD}=\overline{AF}=\overline{OF}=r$

따라서 $\overline{BE}=\overline{BD}=4-r$,

$\overline{CE}=\overline{CF}=3-r$이므로

$\overline{BC}=\overline{BE}+\overline{CE}$에서

$5=(4-r)+(3-r)$

$2r=2$ $\therefore r=1$

| **다른 풀이** |

△ABC에서 $\overline{BC}=\sqrt{4^2+3^2}=5$

이므로

$$\frac{1}{2}\times r\times(5+3+4)=\frac{1}{2}\times4\times3$$

$6r=6$ $\therefore r=1$

5 **8**

$\overline{AB}+\overline{CD}=\overline{AD}+\overline{BC}$이므로

$x+6=5+9$

$\therefore x=8$

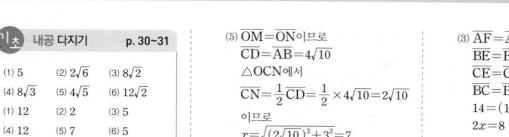

기초 내공 다지기　　　　　p. 30~31

1	(1) 5	(2) $2\sqrt{6}$	(3) $8\sqrt{2}$
	(4) $8\sqrt{3}$	(5) $4\sqrt{5}$	(6) $12\sqrt{2}$
2	(1) 12	(2) 2	(3) 5
	(4) 12	(5) 7	(6) 5
3	(1) 4	(2) 3	(3) 65
	(4) 40	(5) $5\sqrt{3}$	(6) 3
4	(1) 10	(2) 10	(3) 4
5	(1) 6	(2) 5	

1 (1) $\overline{AM}=\frac{1}{2}\overline{AB}=\frac{1}{2}\times 6=3$이므로
　　$\triangle OAM$에서 $x=\sqrt{3^2+4^2}=5$

(2) $\overline{BM}=\overline{AM}=5$이므로
　$\triangle OBM$에서
　$x=\sqrt{7^2-5^2}=2\sqrt{6}$

(3) $\triangle OBM$에서
　$\overline{BM}=\sqrt{6^2-2^2}=4\sqrt{2}$이므로
　$x=2\overline{BM}=2\times 4\sqrt{2}=8\sqrt{2}$

(4) $\overline{OA}$를 그으면
　$\overline{OA}=8$, $\overline{OM}=\frac{1}{2}\times 8=4$이므로
　$\triangle AOM$에서
　$\overline{AM}=\sqrt{8^2-4^2}=4\sqrt{3}$
　$\therefore x=2\overline{AM}=2\times 4\sqrt{3}=8\sqrt{3}$

(5) $\overline{OA}$를 그으면
　$\overline{OA}=\frac{10+2}{2}=6$,
　$\overline{OM}=6-2=4$이므로
　$\triangle AOM$에서
　$\overline{AM}=\sqrt{6^2-4^2}=2\sqrt{5}$
　$\therefore x=2\overline{AM}=2\times 2\sqrt{5}=4\sqrt{5}$

(6) $\overline{OA}$를 그으면
　$\overline{OA}=12-3=9$이므로
　$\triangle AOM$에서
　$\overline{AM}=\sqrt{9^2-3^2}=6\sqrt{2}$
　$\therefore x=2\overline{AM}=2\times 6\sqrt{2}=12\sqrt{2}$

2 (1) $\overline{OM}=\overline{ON}$이므로
　　$x=\overline{AB}=2\overline{AM}=2\times 6=12$

(2) $\overline{AB}=2\overline{AM}=2\times 4=8$이므로
　$\overline{AB}=\overline{CD}$
　$\therefore x=\overline{OM}=2$

(3) $\overline{OM}=\overline{ON}$이므로 $\overline{AC}=\overline{AB}=10$
　$\therefore x=\frac{1}{2}\overline{AC}=\frac{1}{2}\times 10=5$

(4) $\triangle OAM$에서
　$\overline{AM}=\sqrt{10^2-8^2}=6$이므로
　$\overline{AB}=2\overline{AM}=2\times 6=12$
　$\overline{OM}=\overline{ON}$이므로 $x=\overline{AB}=12$

(5) $\overline{OM}=\overline{ON}$이므로
　$\overline{CD}=\overline{AB}=4\sqrt{10}$
　$\triangle OCN$에서
　$\overline{CN}=\frac{1}{2}\overline{CD}=\frac{1}{2}\times 4\sqrt{10}=2\sqrt{10}$
　이므로
　$x=\sqrt{(2\sqrt{10})^2+3^2}=7$

(6) $\overline{CN}=\overline{DN}=12$이므로
　$\triangle OCN$에서
　$\overline{ON}=\sqrt{13^2-12^2}=5$이고
　$\overline{CD}=2\overline{DN}=2\times 12=24$
　따라서 $\overline{AB}=\overline{CD}$이므로
　$x=\overline{ON}=5$

3 (1) $\overline{PA}=\overline{PB}$이므로
　　$2x+3=11$
　　$\therefore x=4$

(2) $\overline{PA}=\overline{PB}$이므로
　$2x-1=x+2$
　$\therefore x=3$

(3) $\triangle PAB$는 $\overline{PA}=\overline{PB}$인 이등변삼각형이므로
　$\angle ABP=\frac{1}{2}\times(180°-50°)$
　　　　　$=65°$
　$\therefore x=65$

(4) $\triangle PBA$는 $\overline{PA}=\overline{PB}$인 이등변삼각형이므로
　$\angle APB=180°-(70°+70°)$
　　　　　$=40°$
　$\therefore x=40$

(5) $\triangle POB$에서 $\angle OBP=90°$이므로
　$\overline{PB}=\sqrt{10^2-5^2}=5\sqrt{3}$
　$\therefore x=\overline{PB}=5\sqrt{3}$

(6) $\overline{PA}=\overline{PB}=3\sqrt{3}$이고
　$\angle OAP=90°$이므로
　$\triangle OAP$에서
　$x=\sqrt{6^2-(3\sqrt{3})^2}=3$

4 (1) $\overline{BE}=\overline{BD}=6$,
　　$\overline{AF}=\overline{AD}=4$이고
　　$\overline{CE}=\overline{CF}=\overline{AC}-\overline{AF}$
　　　　$=8-4=4$
　　이므로
　　$x=\overline{BE}+\overline{CE}=6+4=10$

(2) $\overline{BD}=\overline{BE}=5$,
　$\overline{CF}=\overline{CE}=6$이고
　$\overline{AF}=\overline{AD}=\overline{AB}-\overline{BD}$
　　　　$=9-5=4$
　이므로
　$x=\overline{AF}+\overline{CF}=4+6=10$

(3) $\overline{AF}=\overline{AD}=x$이고
　$\overline{BE}=\overline{BD}=10-x$,
　$\overline{CE}=\overline{CF}=12-x$이므로
　$\overline{BC}=\overline{BE}+\overline{CE}$에서
　$14=(10-x)+(12-x)$
　$2x=8$　$\therefore x=4$

5 (1) $\overline{AB}+\overline{CD}=\overline{AD}+\overline{BC}$이므로
　　$10+8=x+12$
　　$\therefore x=6$

(2) $\overline{AB}+\overline{CD}=\overline{AD}+\overline{BC}$이므로
　$8+(4+x)=7+10$
　$\therefore x=5$

내공 쌓는 족집게 문제　　　　p. 32~35

1 $2\sqrt{5}$ cm	**2** ③		
3 $\frac{25}{2}$ cm	**4** $2\sqrt{13}$		
5 ⑤	**6** ④	**7** ③	**8** 5
9 12 cm	**10** ④	**11** 6π	
12 16 cm	**13** ④	**14** ②	
15 $8\sqrt{3}$ cm	**16** ①	**17** ①	
18 $(36\sqrt{3}-12\pi)$ cm²		**19** ⑤	
20 ③	**21** 80 cm²		
22 18π cm²		**23** $\frac{80\sqrt{2}}{3}$	
24 ②	**25** 5		
26 100π cm², 과정은 풀이 참조			
27 40°, 과정은 풀이 참조			

1

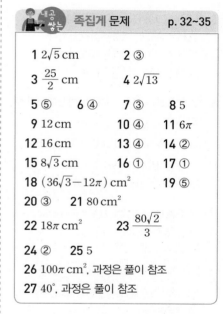

$\overline{BM}=\frac{1}{2}\overline{AB}=\frac{1}{2}\times 8=4$(cm)
$\overline{OB}$를 그으면 $\overline{OB}=6$ cm이므로
$\triangle OBM$에서
$\overline{OM}=\sqrt{6^2-4^2}=2\sqrt{5}$(cm)

2 $\overline{OD}=\frac{1}{2}\overline{CD}=\frac{1}{2}\times 20=10$(cm)
이므로
$\therefore \overline{OM}=\overline{OD}-\overline{MD}$
　　　$=10-2=8$(cm)
$\overline{OA}$를 그으면 $\overline{OA}=\overline{OD}=10$ cm
이므로 $\triangle AOM$에서
$\overline{AM}=\sqrt{10^2-8^2}=6$(cm)
$\therefore \overline{AB}=2\overline{AM}=2\times 6=12$(cm)

3 $\overline{BD}=\overline{AD}=10$ cm
$\overline{OC}=\overline{OB}=x$ cm라고 하면
$\overline{OD}=x-5$ (cm)
△ODB에서
$(x-5)^2+10^2=x^2$
$10x=125$ ∴ $x=\dfrac{25}{2}$
∴ $\overline{OB}=\dfrac{25}{2}$ cm

4 $\overline{AB}=\overline{CD}=8$이므로 $\overline{ON}=\overline{OM}=6$
$\overline{DN}=\dfrac{1}{2}\overline{CD}=\dfrac{1}{2}\times8=4$
따라서 △ODN에서
$\overline{OD}=\sqrt{6^2+4^2}=2\sqrt{13}$

5 $\overline{OP}=\overline{OQ}$이므로 △ABC는
$\overline{AB}=\overline{AC}$인 이등변삼각형이다.
따라서 ∠C=∠B=55°이므로
∠A=180°−(55°+55°)=70°

6 △PAB는 $\overline{PA}=\overline{PB}$인 이등변삼각형
이므로
$∠PBA=\dfrac{1}{2}\times(180°-52°)=64°$
이때 ∠PBO=90°이므로
∠ABO=90°−64°=26°

7 △PAB는 $\overline{PB}=\overline{PA}=6$ cm인 이등
변삼각형이므로
∠A=∠B
$=\dfrac{1}{2}\times(180°-60°)=60°$
따라서 △PAB는 정삼각형이므로
$\overline{AB}=6$ cm

8 $\overline{BD}=\overline{BE}=\overline{AE}-\overline{AB}=8-6=2$
$\overline{AF}=\overline{AE}=8$이므로
$\overline{CD}=\overline{CF}=\overline{AF}-\overline{AC}=8-5=3$
∴ $\overline{BC}=\overline{BD}+\overline{CD}=2+3=5$

9 $\overline{CE}=\overline{CB}=9$ cm,
$\overline{DE}=\overline{DA}=4$ cm이므로
$\overline{CD}=\overline{CE}+\overline{DE}=9+4=13$ (cm)
다음 그림과 같이 점 D에서 $\overline{BC}$에 내
린 수선의 발을 H라고 하면

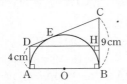

$\overline{CH}=\overline{BC}-\overline{BH}=9-4=5$ (cm)
이므로 △CDH에서
$\overline{AB}=\overline{DH}=\sqrt{13^2-5^2}=12$ (cm)

---

10 $\overline{BE}=\overline{BD}=\overline{AB}-\overline{AD}$
$=9-6=3$ (cm)
$\overline{AF}=\overline{AD}=6$ cm이므로
$\overline{CE}=\overline{CF}=\overline{AC}-\overline{AF}$
$=11-6=5$ (cm)
∴ $\overline{BC}=\overline{BE}+\overline{CE}=3+5=8$ (cm)

11 다음 그림과 같이 원 O의 반지름의 길
이를 r라 하고 $\overline{OE}$, $\overline{OF}$를 그으면

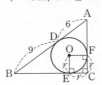

□OECF는 정사각형이므로
$\overline{CE}=\overline{CF}=\overline{OE}=r$
$\overline{AF}=\overline{AD}=6$, $\overline{BE}=\overline{BD}=9$이므로
$\overline{AC}=6+r$, $\overline{BC}=9+r$
따라서 △ABC에서
$(9+r)^2+(6+r)^2=(9+6)^2$
$r^2+15r-54=0$
$(r+18)(r-3)=0$
∴ $r=3$ (∵ $r>0$)
∴ (원 O의 둘레의 길이)
$=2\pi\times3=6\pi$

돌다리 두드리기 | ∠C=90°인 직각삼각형
ABC의 내접원 O와 $\overline{BC}$, $\overline{AC}$의 접점을
각각 E, F라고 하면 □OECF는 정사각
형이다.

12 $\overline{AB}+\overline{CD}=\overline{AD}+\overline{BC}$이므로
(□ABCD의 둘레의 길이)
$=\overline{AB}+\overline{BC}+\overline{CD}+\overline{DA}$
$=2(\overline{AB}+\overline{CD})$
$=2\times(5+3)=16$ (cm)

13 다음 그림과 같이 점 O에서 $\overline{CD}$에 내
린 수선의 발을 N이라고 하면

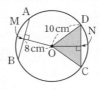

$\overline{AB}=\overline{CD}$이므로
$\overline{ON}=\overline{OM}=8$ cm
△ODN에서
$\overline{DN}=\sqrt{10^2-8^2}=6$ (cm)
따라서
$\overline{CD}=2\overline{DN}=2\times6=12$ (cm)이므로
$△OCD=\dfrac{1}{2}\times12\times8=48$ (cm²)

---

14 다음 그림과 같이 $\overline{AB}$와 작은 원의 그
접점을 M이라 하고 $\overline{OA}$, $\overline{OM}$을 그으
면

△OAM에서 $\overline{OA}=8$ cm,
$\overline{OM}=6$ cm이므로
$\overline{AM}=\sqrt{8^2-6^2}=2\sqrt{7}$ (cm)
∴ $\overline{AB}=2\overline{AM}=2\times2\sqrt{7}$
$=4\sqrt{7}$ (cm)

15 다음 그림과 같이 $\overline{OA}$를 긋고, 점 O에
서 $\overline{AB}$에 내린 수선의 발을 M이라고
하면

△OAM에서 $\overline{OA}=8$ cm,
$\overline{OM}=\dfrac{1}{2}\overline{OA}=\dfrac{1}{2}\times8=4$ (cm)
이므로
$\overline{AM}=\sqrt{8^2-4^2}=4\sqrt{3}$ (cm)
∴ $\overline{AB}=2\overline{AM}=2\times4\sqrt{3}$
$=8\sqrt{3}$ (cm)

16 다음 그림과 같이 원의 중심을 O라고
하면 $\overline{CM}$의 연장선은 점 O를 지나므
로 $\overline{OA}$를 그으면

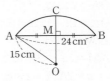

$\overline{AM}=\dfrac{1}{2}\overline{AB}=\dfrac{1}{2}\times24=12$ (cm)
이므로 △AOM에서
$\overline{OM}=\sqrt{15^2-12^2}=9$ (cm)
∴ $\overline{CM}=\overline{OC}-\overline{OM}$
$=15-9=6$ (cm)

17 $\overline{OA}$를 그으면
$△OAM≡△OAN$ (RHS 합동)
이므로
$∠OAM=\dfrac{1}{2}∠A=\dfrac{1}{2}\times60°=30°$
△OAM에서
∴ $\overline{AM}=4\cos30°=2\sqrt{3}$ (cm)

$$\therefore \overline{AB}=2\overline{AM}=2\times2\sqrt{3}$$
$$=4\sqrt{3}\,(\text{cm})$$

이때 $\overline{OM}=\overline{ON}$이므로

$$\overline{AC}=\overline{AB}=4\sqrt{3}\ \text{cm}$$

$$\therefore \triangle ABC$$
$$=\frac{1}{2}\times\overline{AB}\times\overline{AC}\times\sin60°$$
$$=\frac{1}{2}\times4\sqrt{3}\times4\sqrt{3}\times\frac{\sqrt{3}}{2}$$
$$=12\sqrt{3}\,(\text{cm}^2)$$

돌다리 두드리기 | △ABC에서 두 변의 길이 $\overline{AB}$, $\overline{AC}$와 그 끼인각 ∠A의 크기를 알 때
$$\triangle ABC=\frac{1}{2}\times\overline{AB}\times\overline{AC}\times\sin A$$

18 $\overline{PO}$를 그으면
△OPA에서 ∠OAP=90°이므로
∠APO=x라고 하면
$$\tan x=\frac{6}{6\sqrt{3}}=\frac{\sqrt{3}}{3}$$
$$\therefore x=30°$$
△APO≡△BPO(RHS 합동)
이므로
$$\angle APB=2\angle APO$$
$$=2\times30°=60°$$
$$\therefore \angle AOB=180°-60°=120°$$
∴ (색칠한 부분의 넓이)
$$=2\triangle APO$$
$$\quad-(\text{부채꼴 OAB의 넓이})$$
$$=2\times\frac{1}{2}\times6\sqrt{3}\times6$$
$$\quad-\pi\times6^2\times\frac{120}{360}$$
$$=36\sqrt{3}-12\pi\,(\text{cm}^2)$$

19 $\overline{CH}=\overline{CG}=x$ cm라고 하면
$$\overline{AF}=\overline{AH}=(10-x)\ \text{cm},$$
$$\overline{BF}=\overline{BG}=(15-x)\ \text{cm}$$
이때 $\overline{AB}=\overline{AF}+\overline{BF}$이므로
$$11=(10-x)+(15-x),\ 2x=14$$
$$\therefore x=7$$
따라서 $\overline{DP}=\overline{DH}$, $\overline{EP}=\overline{EG}$이므로
(△DEC의 둘레의 길이)
$$=2\overline{CH}$$
$$=2\times7=14\,(\text{cm})$$

20 $\overline{AC}=3\tan60°=3\sqrt{3}\,(\text{cm})$
원 O의 반지름의 길이를 r cm라고 하면 $\overline{EC}=\overline{FC}=\overline{OF}=r$ cm이므로
$$\overline{AD}=\overline{AF}=(3\sqrt{3}-r)\,\text{cm},$$
$$\overline{BD}=\overline{BE}=(3-r)\,\text{cm}$$

$\overline{AB}=\sqrt{3^2+(3\sqrt{3})^2}=6\,(\text{cm})$이므로
$\overline{AB}=\overline{AD}+\overline{BD}$에서
$$6=(3\sqrt{3}-r)+(3-r)$$
$$\therefore r=\frac{3\sqrt{3}-3}{2}$$
따라서 원 O의 반지름의 길이는
$\dfrac{3\sqrt{3}-3}{2}$ cm이다.

21 $\overline{CD}=2\times4=8\,(\text{cm})$이므로
$$\overline{AD}+\overline{BC}=\overline{AB}+\overline{CD}$$
$$=12+8=20\,(\text{cm})$$
$$\therefore \square ABCD=\frac{1}{2}\times20\times8$$
$$=80\,(\text{cm}^2)$$

22 다음 그림과 같이 $\overline{OB}$를 그어 $\overline{AC}$와 만나는 점을 M이라고 하면

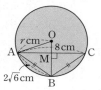

$\overline{AC}\perp\overline{OB}$이므로
$$\overline{AM}=\frac{1}{2}\overline{AC}=\frac{1}{2}\times8=4\,(\text{cm})$$
△ABM에서
$$\overline{BM}=\sqrt{(2\sqrt{6})^2-4^2}=2\sqrt{2}\,(\text{cm})$$
원 O의 반지름의 길이를 r cm라고 하면 $\overline{OA}=r$ cm, $\overline{OM}=(r-2\sqrt{2})$ cm
이므로
△OAM에서
$$4^2+(r-2\sqrt{2})^2=r^2$$
$$4\sqrt{2}r=24 \qquad \therefore r=3\sqrt{2}$$
$$\therefore (\text{원 O의 넓이})=\pi\times(3\sqrt{2})^2$$
$$=18\pi\,(\text{cm}^2)$$

23 다음 그림과 같이 $\overline{OC}$를 그으면 $\overline{OC}\perp\overline{AP}$이므로

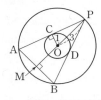

△COP에서 $\overline{CP}=\sqrt{3^2-1^2}=2\sqrt{2}$
$$\therefore \overline{AP}=2\overline{CP}=2\times2\sqrt{2}=4\sqrt{2}$$
점 P에서 $\overline{AB}$에 내린 수선의 발을 M 이라고 하면
△POC∽△PAM(AA 닮음)이므로

$3:4\sqrt{2}=1:\overline{AM}$
$$\therefore \overline{AM}=\frac{4\sqrt{2}}{3}$$
$$\therefore \overline{AB}=2\overline{AM}=2\times\frac{4\sqrt{2}}{3}=\frac{8\sqrt{2}}{3}$$

24

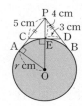

위의 그림에서 △PCD는 이등변삼각
형이므로
$$\overline{CA}=\overline{CE}=\frac{1}{2}\overline{CD}$$
$$=\frac{1}{2}\times6=3\,(\text{cm})$$
△PCE에서
$$\overline{PE}=\sqrt{5^2-3^2}=4\,(\text{cm})$$
$\overline{OA}=r$ cm라고 하면
△PAO에서
$$\overline{PA}=5+3=8\,(\text{cm}),$$
$$\overline{PO}=(r+4)\,\text{cm}$$이므로
$$8^2+r^2=(r+4)^2,\ 8r=48$$
$$\therefore r=6$$
따라서 원 O의 넓이는
$$\pi\times6^2=36\pi\,(\text{cm}^2)$$

25 $\overline{BE}=x$라고 하면
□EBCD는 원 O에 외접하므로
$$\overline{BE}+\overline{CD}=\overline{ED}+\overline{BC}$$에서
$$x+4=\overline{ED}+6,\ \overline{ED}=x-2$$
$$\therefore \overline{AE}=\overline{AD}-\overline{ED}$$
$$=6-(x-2)=8-x$$
△ABE에서
$$(8-x)^2+4^2=x^2,\ 16x=80$$
$$\therefore x=5$$
$$\therefore \overline{BE}=5$$

26 현의 수직이등분선은 그 원의 중심을 지나므로 다음 그림과 같이 원 모양의 접시의 중심을 O라고 하면 $\overline{CM}$의 연장선은 점 O를 지난다. 원 O의 반지름의 길이를 r cm라고 하고 $\overline{OA}$를 그으면

$$\overline{OA}=\overline{OC}=r\ \text{cm},$$
$$\overline{OM}=(r-4)\ \text{cm}$$이므로

△AOM에서
$(r-4)^2+8^2=r^2$ ···(i)
$8r=80$ ∴ $r=10$ ···(ii)
따라서 원래의 접시의 넓이는
$\pi \times 10^2 = 100\pi(cm^2)$ ···(iii)

채점 기준	비율
(i) 접시의 반지름에 대한 식 세우기	30 %
(ii) 접시의 반지름의 길이 구하기	30 %
(iii) 원래의 접시의 넓이 구하기	40 %

27 △RPT는 $\overline{TP}=\overline{TR}$인 이등변삼각형
이므로
$\angle TRP = \angle TPR = 50°$ ···(i)
△RPT에서
$\angle RTQ = 50°+50°=100°$ ···(ii)
또 △RTQ는 $\overline{TQ}=\overline{TR}$인 이등변삼각
형이므로
$\angle TQR = \frac{1}{2}\times(180°-100°)$
$=40°$ ···(iii)

채점 기준	비율
(i) ∠TRP의 크기 구하기	30 %
(ii) ∠RTQ의 크기 구하기	30 %
(iii) ∠TQR의 크기 구하기	40 %

07강 원주각

예제
p. 36

1 (1) **60°** (2) **140°**
(1) $\angle x = \frac{1}{2}\angle AOB = \frac{1}{2}\times 120°$
$=60°$
(2) $\angle x = 2\angle APB = 2\times 70°=140°$

2 (1) **50°** (2) **70°**
(1) $\angle x = \angle APB = 50°$
(2) $\angle ACB = 90°$이므로
$\angle x = 180°-(90°+20°)=70°$

3 (1) **30°** (2) **60°**
(1) 한 원에서 길이가 같은 호에 대한
원주각의 크기는 같으므로
$\angle x = 30°$
(2) 한 원에서 호의 길이와 원주각의 크
기는 정비례하므로
$3:9=20°:\angle x$ ∴ $\angle x = 60°$

핵심 유형 익히기
p. 37

1 ③
$\angle AOB = 360°-280°=80°$
∴ $\angle x = \frac{1}{2}\angle AOB$
$=\frac{1}{2}\times 80°=40°$

2 **65°**
$\angle PAO = \angle PBO = 90°$이므로
$\angle AOB = 180°-50°=130°$
∴ $\angle x = \frac{1}{2}\angle AOB$
$=\frac{1}{2}\times 130°=65°$

3 **34°**
$\angle ACB = 90°$이므로
$\angle BCD = \angle ACB - \angle ACD$
$=90°-56°=34°$
∴ $\angle x = \angle BCD = 34°$

4 **120°**
$\overset{\frown}{AB}=\overset{\frown}{BC}$이므로
$\angle ACB = \angle BAC = \angle BDC = 30°$
따라서 △ABC에서
$\angle ABC = 180°-(30°+30°)$
$=120°$

5 ②
△ABP에서
$\angle BAP = 70°-50°=20°$이므로
$\angle BAC : \angle ABD = \overset{\frown}{BC} : \overset{\frown}{AD}$
$20:50=5:\overset{\frown}{AD}$
∴ $\overset{\frown}{AD}=\frac{25}{2}(cm)$

기초 내공 다지기
p. 38

1 (1) 70° (2) 110° (3) 60° (4) 80°
2 (1) $\angle x = 30°$, $\angle y = 50°$
(2) $\angle x = 43°$, $\angle y = 100°$
(3) $\angle x = 90°$, $\angle y = 24°$
(4) $\angle x = 45°$, $\angle y = 45°$
3 (1) 25 (2) 4 (3) 60 (4) 50

1 (1) $\angle x = \frac{1}{2}\angle AOB = \frac{1}{2}\times 140°$
$=70°$
(2) $\angle x = 2\angle APB = 2\times 55°=110°$

(3) $\angle x = 2\angle APB = 2\times 30°=60°$
(4) $\angle x = \frac{1}{2}\times(360°-200°)=80°$

2 (1) $\angle x = \angle BAC = 30°$
$\angle y = \angle ACD = 50°$
(2) $\angle x = \angle ADB = 43°$
$\angle y = 57°+43°=100°$
(3) $\overline{AB}$가 원 O의 지름이므로
$\angle x = 90°$
$\angle y = 180°-(66°+90°)=24°$
(4) $\overline{AB}$가 원 O의 지름이므로
$\angle ACB = 90°$이고 $\overline{AC}=\overline{BC}$이므
로
$\angle x = \frac{1}{2}\times(180°-90°)=45°$
$\angle y = \angle x = 45°$

3 (1) $\overset{\frown}{AB}=\overset{\frown}{CD}$이므로
$\angle CQD = \angle APB = 25°$
∴ $x=25$
(2) $x:8=20:40$, $40x=160$
∴ $x=4$
(3) $3:9=20:x$, $3x=180$
∴ $x=60$
(4) $\overset{\frown}{AB}=\overset{\frown}{CD}$이므로
$\angle AOB = 2\angle CPD = 2\times 25°$
$=50°$
∴ $x=50$

내공 쌓는 족집게 문제
p. 39~41

1 ①	2 ①	3 100°	4 70°
5 70°	6 ③	7 $12+4\sqrt{3}$	
8 ②	9 ③	10 ③	11 9π
12 28°	13 ②	14 ③	15 ⑤
16 60°	17 66°	18 $\frac{16}{3}\pi$ cm	

19 23°, 과정은 풀이 참조
20 45°, 과정은 풀이 참조

1 $\angle AOB = 2\angle APB$
$=2\times 60°=120°$
이때 △OAB는 $\overline{OA}=\overline{OB}$인 이등변
삼각형이므로
$\angle x = \frac{1}{2}\times(180°-120°)=30°$

2 $\angle ABC = \dfrac{1}{2} \times (360° - 120°) = 120°$
이므로
□AOCB에서
$\angle x = 360° - (120° + 75° + 120°)$
$= 45°$

3 $\overline{OE}$를 그으면
$\angle AOE = 2\angle ADE$
$= 2 \times 20° = 40°$
$\angle BOE = 2\angle BCE$
$= 2 \times 30° = 60°$
$\therefore \angle x = \angle AOE + \angle BOE$
$= 40° + 60° = 100°$

4 다음 그림과 같이 $\overline{OA}$, $\overline{OB}$를 그으면

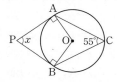

$\angle AOB = 2\angle ACB = 2 \times 55° = 110°$
$\angle PAO = \angle PBO = 90°$이므로
□PAOB에서
$\angle x = 180° - 110° = 70°$

확인
① $\angle p + \angle a = 180°$
② $\angle a = 2\angle b$

5 $\angle BDC = \angle BAC = 30°$이므로
△DPC에서
$\angle BPC = 30° + 40° = 70°$

6 $\angle ABC = 90°$이므로 △ABC에서
$\angle ACB = 180° - (35° + 90°)$
$= 55°$
$\therefore \angle x = \angle ACB = 55°$

7 반원에 대한 원주각의 크기는 90°이므
로 $\angle ACB = 90°$
△ABC에서
$\overline{AB} = 2\overline{AO} = 2 \times 4 = 8$,
$\overline{BC} = 8 \sin 30° = 4$,
$\overline{AC} = 8 \cos 30° = 4\sqrt{3}$
따라서 △ABC의 둘레의 길이는
$\overline{AB} + \overline{BC} + \overline{CA} = 8 + 4 + 4\sqrt{3}$
$= 12 + 4\sqrt{3}$

8 $\overparen{AB} = \overparen{BC}$이므로
$\angle ADB = \angle BDC = 35°$,
$\angle ACD = \angle ABD = 60°$

따라서 △ACD에서
$\angle CAD = 180° - (35° + 35° + 60°)$
$= 50°$

9 $\angle x = 2\angle ABC = 2 \times 20° = 40°$
$\angle ABC : \angle ABD = 3 : 9 = 1 : 3$
이므로
$20° : \angle y = 1 : 3$
$\therefore \angle y = 60°$
$\therefore \angle x + \angle y = 100°$

10 $\angle AOB = 2\angle ACB = 2 \times 30° = 60°$
이고 $\overline{OA} = \overline{OB}$이므로 △OAB는 정
삼각형이다.
$\therefore \overline{AB} = \overline{OA} = 10 \text{ cm}$

11 다음 그림과 같이 점 C를 지나는 지름
이 원 O와 만나는 점을 A′이라 하고
$\overline{A'C}$, $\overline{A'B}$를 그으면

△A′BC에서
$\tan A' = \tan A = 2\sqrt{2}$이므로
$\overline{A'B} = \dfrac{6\sqrt{2}}{\tan A'} = 3$
$\therefore \overline{A'C} = \sqrt{3^2 + (6\sqrt{2})^2} = 9$
따라서 원 O의 둘레의 길이는
$2\pi \times \dfrac{9}{2} = 9\pi$

돌다리 두드리기 | △ABC가 원 O에 내접
할 때, 원의 지름 A′C를 그어 원에 내접하
는 직각삼각형 A′BC를 만들면
$\angle A = \angle A'$이므로
$\sin A = \dfrac{\overline{BC}}{\overline{A'C}}$, $\cos A = \dfrac{\overline{A'B}}{\overline{A'C}}$,
$\tan A = \dfrac{\overline{BC}}{\overline{A'B}}$

12 $\overparen{PA} : \overparen{PB} = 3 : 2$이므로
$\angle PBA : \angle PAB = 3 : 2$
$\angle APB = \dfrac{1}{2} \times 220° = 110°$이므로
△PAB에서
$\angle PAB + \angle PBA = 180° - 110°$
$= 70°$
$\therefore \angle PAB = 70° \times \dfrac{2}{5} = 28°$

13 $\overline{AD}$를 그으면
$\angle ADC = 180° \times \dfrac{2}{5} = 72°$,
$\angle BAD = 180° \times \dfrac{1}{6} = 30°$
△PAD에서
$\angle APC = \angle ADP + \angle DAP$
$= 72° + 30° = 102°$

확인 길이가 원의 둘레의 길이의 $\dfrac{1}{k}$인

호에 대한 원주각의 크기는 ⇨ $180° \times \dfrac{1}{k}$

14 $\overparen{AB} : \overparen{CD} = 3 : 1$이므로
$\angle x : \angle CBD = 3 : 1$에서
$\angle CBD = \dfrac{1}{3}\angle x$
△DBP에서
$\angle x = \dfrac{1}{3}\angle x + 38°$,
$2\angle x = 114°$
$\therefore \angle x = 57°$

15

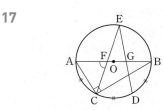

$\overline{PO'}$, $\overline{QB}$를 그으면
$\angle APO' = \angle AQB = 90°$,
$\overline{PO'} = \overline{BO'} = 6 \text{ cm}$,
$\overline{AO'} = \overline{AB} - \overline{BO'} = 24 - 6$
$= 18 \text{ (cm)}$
이므로 △AO′P에서
$\overline{AP} = \sqrt{18^2 - 6^2} = 12\sqrt{2} \text{ (cm)}$
이때 △AO′P∽△ABQ(AA 닮음)
이므로
$18 : 24 = 12\sqrt{2} : \overline{AQ}$
$\therefore \overline{AQ} = 16\sqrt{2} \text{ (cm)}$

16 $\overline{AD}$를 그으면 $\angle ADB = 90°$
△PAD에서
$\angle PAD = 90° - 60° = 30°$
$\therefore \angle x = 2\angle CAD$
$= 2 \times 30° = 60°$

17

$\overline{AC}$, $\overline{BC}$를 그으면
$\angle ACB = 90°$이고

$\overset{\frown}{AC}=\overset{\frown}{CD}=\overset{\frown}{DB}$이므로

$\angle ABC=90°\times\dfrac{1}{3}=30°$

$\overset{\frown}{AE}:\overset{\frown}{EB}=3:2$이므로

$\angle ACE:\angle ECB=3:2$

$\therefore \angle ECB=90°\times\dfrac{2}{5}=36°$

따라서 △CBF에서

$\angle AFC=36°+30°$
$\qquad=66°$

18 $\angle APD=35°+45°+20°=100°$
이므로

$\overset{\frown}{ABD}=2\pi\times6\times\dfrac{100}{180}$
$\qquad=\dfrac{20}{3}\pi(cm)$

$\therefore \overset{\frown}{PA}+\overset{\frown}{PD}$
$\qquad=2\pi\times6-\dfrac{20}{3}\pi$
$\qquad=\dfrac{16}{3}\pi(cm)$

19

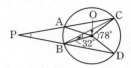

$\overline{BC}$를 그으면

$\angle ACB=\dfrac{1}{2}\angle AOB$
$\qquad=\dfrac{1}{2}\times32°=16$ ⋯(i)

$\angle CBD=\dfrac{1}{2}\angle COD$
$\qquad=\dfrac{1}{2}\times78°=39$ ⋯(ii)

따라서 △PBC에서
$\angle P=39°-16°=23°$ ⋯(iii)

채점 기준	비율
(i) ∠ACB의 크기 구하기	30 %
(ii) ∠CBD의 크기 구하기	30 %
(iii) ∠P의 크기 구하기	40 %

20 한 원에서 모든 호에 대한 원주각의 크
기의 합은 180°이므로 ⋯(i)
$\overset{\frown}{AB}:\overset{\frown}{BC}:\overset{\frown}{CA}=5:3:4$에서
$\angle A=\dfrac{3}{5+3+4}\times180°=45°$ ⋯(ii)

채점 기준	비율
(i) 호에 대한 원주각의 성질 말하기	50 %
(ii) ∠A의 크기 구하기	50 %

08강 원주각의 활용

예제
p. 42

1 (1) **60°** (2) **45°**
(1) $\angle x=\angle BAC=60°$
(2) $\angle x=\angle ADB=45°$

2 (1) $\angle x=100°$, $\angle y=80°$
(2) $\angle x=70°$, $\angle y=100°$
(1) $\angle x=180°-80°=100°$
$\quad \angle y=180°-100°=80°$
(2) $\angle x=180°-110°=70°$
$\quad \angle y=\angle D=100°$

3 (1) **110°** (2) **60°**
(1) $\angle x=180°-70°=110°$
(2) $\angle x=180°-120°=60°$

핵심 유형 익히기
p. 43

1 ④
$\angle ABD=\angle ACD=80°$이므로
△ABE에서 $\angle x+80°=110°$
$\therefore \angle x=30°$

2 **115°**
$\angle BOD=2\angle BAD=2\times65°=130°$
$\angle BCD=180°-65°=115°$
따라서 □OBCD에서
$\angle x+\angle y=360°-(130°+115°)$
$\qquad\qquad\quad=115°$

3 ④
△ABC에서
$\angle BAD=180°-(60°+45°)=75°$
따라서 □ABCD가 원에 내접하므로
$\angle x=\angle BAD=75°$

4 ③
□ABCD가 원에 내접하므로
$\angle CDQ=\angle B=65°$
△PBC에서
$\angle PCQ=\angle x+65°$이므로
△DCQ에서
$65°+(\angle x+65°)+30°=180°$
$\therefore \angle x=20°$

5 ㄴ, ㄹ
ㄴ. $\angle A+\angle BCD=125°+55°$
$\qquad\qquad\qquad\quad=180°$
이므로 □ABCD는 원에 내접한다.
ㄹ. $\angle A=\angle DCE=125°$이므로
□ABCD는 원에 내접한다.

기초 내공 다지기
p. 44~45

1 (1) 25° (2) 20° (3) 105°
(4) 25° (5) 85° (6) 25°

2 (1) $\angle x=100°$, $\angle y=70°$
(2) $\angle x=120°$, $\angle y=90°$
(3) $\angle x=125°$, $\angle y=135°$
(4) $\angle x=60°$, $\angle y=120°$
(5) $\angle x=110°$, $\angle y=70°$
(6) $\angle x=55°$, $\angle y=125°$

3 (1) $\angle x=65°$, $\angle y=130°$
(2) $\angle x=100°$, $\angle y=200°$
(3) $\angle x=70°$, $\angle y=110°$

4 (1) $\angle x=100°$, $\angle y=85°$
(2) $\angle x=85°$, $\angle y=85°$
(3) $\angle x=120°$, $\angle y=120°$

5 (1) ○ (2) × (3) ×
(4) ○ (5) × (6) ○

1 (2) $\angle BDC=\angle BAC=50°$이므로
△BCD에서
$\angle x=180°-(110°+50°)=20°$
(3) $\angle BAC=\angle BDC=35°$이므로
△ABP에서
$\angle x=35°+70°=105°$
(4) $\angle BDC=\angle BAC=45°$이므로
△CDP에서
$\angle x=70°-45°=25°$
(5) $\angle ABD=\angle ACD=35°$이므로
△ABP에서
$\angle x=50°+35°=85°$
(6) $\angle ADB=\angle ACB=40°$이므로
△ABD에서
$\angle x=180°-(115°+40°)=25°$

2 (1) $\angle x=180°-80°=100°$
$\quad \angle y=180°-110°=70°$
(2) $\angle x=180°-60°=120°$
$\quad \angle y=180°-90°=90°$
(3) $\angle x=180°-55°=125°$
$\quad \angle y=180°-45°=135°$

(4) $\angle x = 180° - (55° + 65°) = 60°$
$\angle y = 180° - 60° = 120°$
(5) $\angle x = 180° - (40° + 30°) = 110°$
$\angle y = 180° - 110° = 70°$
(6) $\angle x = 180° - (90° + 35°) = 55°$
$\angle y = 180° - 55° = 125°$

3 (1) $\angle x = 180° - 115° = 65°$
$\angle y = 2 \angle x = 2 \times 65° = 130°$
(2) $\angle x = 180° - 80° = 100°$
$\angle y = 2 \angle x = 2 \times 100° = 200°$
(3) $\angle x = \frac{1}{2} \angle BOD$
$= \frac{1}{2} \times 140° = 70°$
$\angle y = 180° - 70° = 110°$

4 (1) $\angle x = \angle A = 100°$
$\angle y = 180° - 95° = 85°$
(2) $\angle x = 180° - (40° + 55°) = 85°$
$\angle y = \angle x = 85°$
(3) $\angle x = \frac{1}{2} \times 240° = 140°$
$\angle y = \angle x = 120°$

5 (1) $\angle A + \angle C = 180°$이므로
□ABCD는 원에 내접한다.
(2) $\angle B + \angle D \neq 180°$이므로
□ABCD는 원에 내접하지 않는다.
(3) $\angle C = 180° - (50° + 60°) = 70°$
$\angle A + \angle C \neq 180°$이므로
□ABCD는 원에 내접하지 않는다.
(4) $\angle DCE = \angle A$이므로 □ABCD
는 원에 내접한다.
(5) $\angle BCD \neq \angle BAE$이므로
□ABCD는 원에 내접하지 않는다.
(6) $\angle ADB = \angle ACB = 30°$
$\angle CBE = \angle ADC = 100°$이므로
□ABCD는 원에 내접한다.

족집게 문제 p. 46~49

1 ④	2 110°	3 70°	4 ②
5 ③	6 80°	7 ④	8 ④
9 ①, ⑤	10 ④	11 ⑤	12 115°
13 ①	14 36π	15 ⑤	16 40°
17 ⑤	18 55°	19 ③	20 40°
21 60°	22 120°	23 110°	24 6개
25 3√3, 과정은 풀이 참조			
26 195°, 과정은 풀이 참조			

1 △ACD는 $\overline{AD} = \overline{CD}$인 이등변삼각형
이므로 $\angle ACD = \angle CAD = 40°$
네 점 A, B, C, D가 한 원 위에 있으
므로 $\angle ABD = \angle ACD = 40°$
따라서 △ABP에서
$\angle APB = 180° - (60° + 40°) = 80°$

2 △ABC는 $\overline{AB} = \overline{AC}$인 이등변삼각
형이므로
$\angle ABC = \frac{1}{2} \times (180° - 40°) = 70°$
따라서 □ABCD에서
$\angle x = 180° - 70° = 110°$

3 □ABCD가 원에 내접하므로
$\angle BAD = 180° - 80° = 100°$
△PAB에서 $30° + \angle ABP = 100°$
$\therefore \angle ABP = 70°$
| 다른 풀이 |
△PCD에서
$\angle D = 180° - (30° + 80°) = 70°$
□ABCD가 원 O에 내접하므로
$\angle ABP = \angle D = 70°$

4 $\angle BAD = \frac{1}{2} \times 200° = 100°$
$\therefore \angle x = \angle BAD = 100°$

5 □ABCD가 원에 내접하므로
$\angle BAD = \angle DCE = 85°$
이때 $\angle CAD = \angle CBD = 40°$이므로
$\angle BAC = 85° - 40° = 45°$

6 다음 그림과 같이 $\overline{BD}$를 그으면

□ABDE가 원 O에 내접하므로
$\angle BDE = 180° - 80° = 100°$
$\therefore \angle BDC = 140° - 100° = 40°$
$\therefore \angle BOC = 2 \times 40° = 80°$

돌다리 두드리기 | 원에 내접하는 다각형
원에 내접하는 다각형에서 각의 크기를 구
할 때는 보조선을 그어 사각형을 만든다.

➡ $\angle ABD + \angle AED = 180°$
$\angle COD = 2 \angle CBD$

7 □ABCD가 원에 내접하므로
$\angle BAQ = \angle x$
△PBC에서
$\angle PBQ = 32° + \angle x$이므로
△AQB에서
$38° + (32° + \angle x) + \angle x = 180°$
$2 \angle x = 110°$ $\therefore \angle x = 55°$

8 □ABQP와 □PQCD가 각각 원 O
와 O'에 내접하므로
$\angle A = \angle PQC = 180° - 85° = 95°$

9 ① $\angle BAC \neq \angle BDC$이므로 원에 내
접하지 않는다.
② $\angle ABD = 180° - (60° + 80°)$
$= 40°$
즉, $\angle ABD = \angle ACD$이므로 원에
내접한다.
③ $\angle B + \angle D = 180°$이므로 원에 내
접한다.
④ $\angle ABC = 180° - (48° + 12°)$
$= 120°$
즉, $\angle ABC + \angle ADC = 180°$이
므로 원에 내접한다.
⑤ $\angle BAD = 180° - 75° = 105°$
$\angle BCD = 180° - 75° = 105°$
즉, $\angle BAD + \angle BCD \neq 180°$이
므로 원에 내접하지 않는다.
따라서 원에 내접하지 않는 것은 ①,
⑤이다.

10 직사각형, 정사각형, 등변사다리꼴은
대각의 크기의 합이 180°이므로 항상
원에 내접한다.

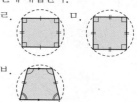

11 네 점 A, B, C, D가 한 원 위에 있으
므로 $\angle ADB = \angle ACB = 20°$
△APC에서
$\angle DAC = 45° + 20° = 65°$
따라서 △AQD에서
$\angle x = 20° + 65° = 85°$

12 $\angle ACB = 90°$이므로 △ABC에서
$\angle ABC = 180° - (25° + 90°) = 65°$
$\therefore \angle ADC = 180° - 65° = 115°$

13 $\angle BAC = \angle BDC = 45°$

□ABCD에서

$(45° + \angle x) + 95° = 180°$

$\therefore \angle x = 40°$

△ABD에서

$(45° + 40°) + \angle y + 40° = 180°$

$\therefore \angle y = 55°$

$\therefore \angle y - \angle x = 15°$

14 $\angle C = 180° - 120° = 60°$

$\overline{OD}$를 그으면 △OCD는 한 변의 길이가 6인 정삼각형이므로 $\overline{OC} = 6$

$\therefore$ (원 O의 넓이)$= \pi \times 6^2 = 36\pi$

15 $\overline{OB}$를 그으면 △OAB와 △OCB는 각각 이등변삼각형이므로

$\angle OBA = \angle OAB = 64°$,

$\angle OBC = \angle OCB = 18°$

$\therefore \angle ABC = \angle OBA - \angle OBC$

$\qquad = 64° - 18° = 46°$

따라서 □ABCD에서

$\angle ADC = 180° - 46° = 134°$

16 $\overline{OB}$를 그으면 △OAB와 △OCB는 각각 이등변삼각형이므로

$\angle OBA = \angle OAB = 30°$,

$\angle OBC = \angle OCB = \angle x$

$\therefore \angle ABC = \angle x + 30°$

□ABCD가 원 O에 내접하므로

$(\angle x + 30°) + 110° = 180°$

$\therefore \angle x = 40°$

17 다음 그림과 같이 $\overline{CF}$를 그으면 □ABCF가 원에 내접하므로

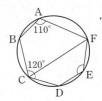

$\angle BCF = 180° - 110° = 70°$

$\therefore \angle DCF = 120° - 70° = 50°$

또 □CDEF가 원에 내접하므로

$\angle E = 180° - 50° = 130°$

18 □PQCD가 원 O′에 내접하므로

$\angle AQP = \angle D = 55°$

$\therefore \angle ABP = \angle AQP = 55°$

19 $\angle ABD = \angle ACD = 60°$이므로

네 점 A, B, C, D는 한 원 위에 있다.

따라서 $70° + (\angle x + 60°) = 180°$에서

$\angle x = 50°$

20 □ABCD가 원에 내접하려면

$\angle B + \angle ADC = 180°$이어야 하므로

$\angle B = 180° - 125° = 55°$

△ABF에서 $\angle DAE = 55° + 30° = 85°$

따라서 △ADE에서

$\angle x + 85° = 125°$ $\qquad \therefore \angle x = 40°$

돌다리 두드리기

'사각형이 원에 내접한다.'라는 조건에 있으면 사각형 위에 외접하는 사각형을 그리고 다음을 이용한다.

① 대각의 크기의 합이 180°이다.

② 한 외각의 크기는 그 외각과 이웃한 내각에 대한 대각의 크기와 같다.

③ 한 호에 대한 원주각의 크기는 같다.

21

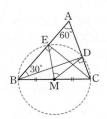

$\angle BDC = \angle BEC$이므로 네 점 B, C, D, E는 한 원 위에 있다.

$\angle BDC = 90°$이므로 $\overline{BC}$는 원의 지름이고 점 M은 원의 중심이다.

△ABD에서

$\angle ABD = 180° - (90° + 60°) = 30°$

$\therefore \angle EMD = 2\angle EBD$

$\qquad = 2 \times 30° = 60°$

22 $\angle AEC = 90°$이고

$\angle AED = 180° - 70° = 110°$이므로

$\angle DEP = \angle AED - \angle AEC$

$\qquad = 110° - 90° = 20°$

△DEP에서

$\angle EDP = 80° - 20° = 60°$

따라서 □ABDE에서

$\angle BAE = 180° - 60° = 120°$

23 $\overset{\frown}{AE} = \overset{\frown}{DE}$이므로

$\angle ABE = \angle ECD = \angle a$라고 하면

$\angle BAD = 180° - \angle BCD$

$\qquad = 180° - (70° + \angle a)$

$\qquad = 110° - \angle a$

따라서 △ABP에서

$\angle x = (110° - \angle a) + \angle a = 110°$

24 사각형이 원에 내접하기 위한 조건을 만족시키는 사각형을 찾는다.

(i) 대각의 크기의 합이 180°인 경우

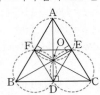

□AFOE, □BDOF, □CEOD

(ii) 한 변에 대하여 같은 쪽에 있는 두 원주각의 크기가 같은 경우

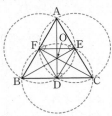

□ABDE, □BCEF, □CAFD

따라서 (i), (ii)에 의해 원에 내접하는 사각형의 개수는 6개이다.

25 □ABCD가 원에 내접하므로

$\angle ABC = 180° - 120° = 60°$ $\qquad \cdots$ (i)

$\therefore \triangle ABC = \dfrac{1}{2} \times 3 \times 4 \times \sin 60°$

$\qquad = 3\sqrt{3}$ $\qquad \cdots$ (ii)

채점 기준	비율
(i) $\angle ABC$의 크기 구하기	50 %
(ii) $\triangle ABC$의 넓이 구하기	50 %

26 $\overset{\frown}{ABC}$의 길이가 원주의 $\dfrac{1}{4}$이므로

$\angle ADC = \dfrac{1}{4} \times 180° = 45°$ $\qquad \cdots$ (i)

□ABCD가 원에 내접하므로

$\therefore \angle ABC = 180° - 45°$

$\qquad = 135°$ $\qquad \cdots$ (ii)

$\overset{\frown}{BCD}$의 길이가 원주의 $\dfrac{1}{3}$이므로

$\angle BAD = \dfrac{1}{3} \times 180° = 60°$ $\qquad \cdots$ (iii)

$\therefore \angle DCE = \angle BAD = 60°$ $\qquad \cdots$ (iv)

$\therefore \angle ABC + \angle DCE = 135° + 60°$

$\qquad = 195°$ $\qquad \cdots$ (v)

채점 기준	비율
(i) $\angle ADC$의 크기 구하기	20 %
(ii) $\angle ABC$의 크기 구하기	20 %
(iii) $\angle BAD$의 크기 구하기	20 %
(iv) $\angle DCE$의 크기 구하기	20 %
(v) $\angle ABC + \angle DCE$의 크기 구하기	20 %

09강 접선과 현이 이루는 각

예제 p. 50

1 (1) **40°** (2) **60°**
(1) $\angle x = \angle CAT = 40°$
(2) $\triangle CBA$에서
$\angle CBA = 180° - (70° + 50°)$
$= 60°$
$\therefore \angle x = \angle CBA = 60°$

2 (1) $\angle x = 40°$, $\angle y = 75°$
(2) $\angle x = 60°$, $\angle y = 60°$
(1) $\angle x = \angle BAP = 60°$
$\angle CPT = \angle DCP = 65°$
$\therefore \angle y = 180° - (40° + 65°) = 75°$
(2) $\angle x = \angle CDP = 60°$
$\angle y = \angle x = 60°$

3 ㄷ
$\angle CTQ = \angle BAD$,
$\angle CTQ = \angle CDT$이므로
$\angle BAD = \angle CDT$
$\therefore \overline{AB} /\!/ \overline{CD}$
따라서 옳지 않은 것은 ㄷ이다.

핵심 유형 익히기 p. 51

1 **74°**
$\angle ACB = \angle BAT = 32°$
$\triangle ABC$는 $\overline{CA} = \overline{CB}$인 이등변삼각형
이므로
$\angle x = \dfrac{1}{2} \times (180° - 32°) = 74°$

2 ②
$\angle x = \angle DCQ = 50°$
$\angle BCD = 180° - (45° + 50°) = 85°$
이므로 □ABCD에서
$\angle y = 180° - 85° = 95°$
$\therefore \angle x + \angle y = 50° + 95° = 145°$

3 ④
$\overline{AC}$를 그으면 $\angle BAC = 90°$,
$\angle BCA = \angle BAT = 70°$
따라서 $\triangle ABC$에서
$\angle B = 180° - (90° + 70°) = 20°$

4 **65°**
$\triangle APB$는 $\overline{PA} = \overline{PB}$인 이등변삼각형
이므로
$\angle PBA = \dfrac{1}{2} \times (180° - 50°) = 65°$
$\therefore \angle x = \angle PBA = 65°$

5 **55°**
$\angle ABP = 180° - (75° + 50°) = 65°$
$\therefore \angle CDP = \angle CPT = \angle APS$
$= \angle ABP = 55°$

기초 내공 다지기 p. 52~53

1 (1) 40° (2) 60° (3) 130°
(4) 50° (5) 20°

2 (1) $\angle x = 65°$, $\angle y = 130°$
(2) $\angle x = 50°$, $\angle y = 100°$
(3) $\angle x = 60°$, $\angle y = 60°$
(4) $\angle x = 45°$, $\angle y = 55°$
(5) $\angle x = 41°$, $\angle y = 83°$

3 (1) 18° (2) 30° (3) 60°
(4) 65° (5) 55°

4 (1) $\angle x = 50°$, $\angle y = 50°$
(2) $\angle x = 70°$, $\angle y = 60°$
(3) $\angle x = 65°$, $\angle y = 65°$
(4) $\angle x = 60°$, $\angle y = 60°$
(5) $\angle x = 70°$, $\angle y = 70°$

1 (3) $\angle x = 180° - 50° = 130°$
(4) $\angle ATB = 90°$, $\angle BAT = 40°$
이므로
$\angle x = 180° - (40° + 90°) = 50°$
(5) $\angle BAT = 110°$이므로
$\angle x = 180° - (50° + 110°) = 20°$

2 (1) $\angle x = \angle ATP = 65°$
$\angle y = 2\angle x = 2 \times 65° = 130°$
(2) $\angle x = \angle ABT = 50°$
$\angle y = 2\angle ABT = 2 \times 50° = 100°$
(3) $\angle x = \dfrac{1}{2}\angle AOT$
$= \dfrac{1}{2} \times 120° = 60°$
$\angle y = \angle ABT = 60°$
(4) $\angle x = \angle BCT = 45°$
□ABTC가 원에 내접하므로
$\angle BTC = 180° - 100° = 80°$
$\therefore \angle y = 180° - (45° + 80°) = 55°$

(5) $\angle x = \angle CTP = 41°$이므로
$\triangle BTC$에서
$\angle BTC = 180° - (41° + 42°)$
$= 97°$
□ABTC가 원에 내접하므로
$\angle y = 180° - 97° = 83°$

3 (1) $\overline{AT}$를 그으면 $\angle BAT = 72°$,
$\angle ATB = 90°$이므로
$\triangle ATB$에서
$\angle x = 180° - (72° + 90°) = 18°$
(2) $\overline{AT}$를 그으면 $\angle BAT = 60°$,
$\angle ATB = 90°$이므로
$\triangle ATB$에서
$\angle x = 180° - (90° + 60°) = 30°$
(3) $\overline{AT}$를 그으면 $\angle BAT = \angle x$,
$\angle ATB = 90°$이므로
$\triangle ATB$에서
$\angle x = 180° - (90° + 30°) = 60°$
(4) $\overline{BT}$를 그으면 $\angle ABT = \angle x$,
$\angle ATB = 90°$이므로
$\triangle ATB$에서
$\angle x = 180° - (90° + 25°) = 65°$
(5) $\overline{BT}$를 그으면 $\angle ABT = \angle x$,
$\angle ATB = 90°$이므로
$\triangle ATB$에서
$\angle x = 180° - (35° + 90°) = 55°$

4 (1) $\angle x = \angle BTQ = 50°$
$\angle DTP = \angle BTQ = 50°$(맞꼭지각)
이므로
$\angle y = \angle DTP = 50°$
(2) $\angle ATP = \angle ABT = 70°$,
$\angle CTQ = \angle ATP = 70°$(맞꼭지각)
$\therefore \angle x = \angle CTQ = 70°$
$\angle BTQ = \angle BAT = 60°$,
$\angle DTP = \angle BTQ = 60°$(맞꼭지각)
$\therefore \angle y = \angle DTP = 60°$
(3) $\triangle DTC$에서
$\angle CDT = 180° - (50° + 65°)$
$= 65°$
$\angle CTQ = \angle CDT = 65°$,
$\angle ATP = \angle CTQ = 65°$(맞꼭지각)
$\therefore \angle x = \angle ATP = 65°$
$\angle DTP = \angle DCT = 65°$,
$\angle BTQ = \angle DTP = 65°$(맞꼭지각)
$\therefore \angle y = \angle BTQ = 65°$
(4) $\angle x = \angle CTQ = 60°$
$\angle y = \angle BTQ = 60°$
(5) $\angle x = \angle CDT = 70°$
$\angle y = \angle x = 70°$

족집게 문제   p. 54~57

1 ③	**2** ③	**3** ⑤	**4** ④
5 ①	**6** ④	**7** ④	**8** ③
9 ①, ④		**10** ⑤	
11 $8\sqrt{3}\,\text{cm}^2$		**12** ②	**13** ①
14 70°	**15** 65°	**16** ②	**17** ②
18 96°	**19** ②	**20** 45°	

22 50°, 과정은 풀이 참조
23 $4\sqrt{3}\,\text{cm}^2$, 과정은 풀이 참조

1 $\angle ACB = \angle BAT = 54°$
△ABC는 $\overline{BC} = \overline{AC}$인 이등변삼각형
이므로
$\angle x = \dfrac{1}{2} \times (180° - 54°) = 63°$

2 $\overline{BT}$를 그으면 $\angle ABT = 40°$,
$\angle ATB = 90°$이므로
△ATB에서
$\angle x = 180° - (90° + 40°) = 50°$
$\angle y = \angle BAT = 50°$
∴ $\angle x + \angle y = 50° + 50° = 100°$

3 $\angle ADB = \angle BAT = 40°$
□ABCD가 원 O에 내접하므로
$\angle CDA + \angle CBA = 180°$에서
$(30° + 45°) + (50° + \angle x) = 180°$
∴ $\angle x = 55°$
△ABD에서
$\angle y = 180° - (45° + 55°) = 80°$
∴ $\angle y - \angle x = 80° - 55° = 25°$

4 $\overline{AD}$, $\overline{CD}$를 그으면
$\angle DAT = \angle DCA = \boxed{90}$°이므로
$\angle BAT = \boxed{\angle DAT} - \angle DAB$
$\qquad = 90° - \angle DAB$ ⋯(i)
$\angle BCA = \boxed{\angle DCA} - \angle DCB$
$\qquad = 90° - \angle DCB$ ⋯(ii)
$\angle DAB$, $\angle DCB$는 호 $\boxed{BD}$에 대
한 원주각이므로
$\angle DAB = \angle DCB$
따라서 (i), (ii)에 의해
$\angle BAT = \boxed{\angle BCA}$이다.

5 $\angle ACB : \angle BAC : \angle CBA$
$= \widehat{AB} : \widehat{BC} : \widehat{CA}$
$= 2 : 3 : 4$
∴ $\angle ACB = 180° \times \dfrac{2}{2+3+4} = 40°$

∴ $\angle x = \angle ACB = 40°$

돌다리 두드리기
한 원에서 모든 호에 대한 원주각의 크기의
합은 180°이므로 길이가 원주의 $\dfrac{1}{k}$인 호
에 대한 원주각의 크기는 $180° \times \dfrac{1}{k}$이다.

6 △APT는 $\overline{AP} = \overline{AT}$인 이등변삼각
형이므로
$\angle ATP = \angle APT = 36°$
또 $\angle ABT = \angle ATP = 36°$이므로
△BPT에서
$36° + 36° + (36° + \angle x) = 180°$
∴ $\angle x = 72°$

7 △PAB는 $\overline{PA} = \overline{PB}$인 이등변삼각형
이므로
$\angle PBA = \angle PAB$
$\qquad = \dfrac{1}{2} \times (180° - 48°) = 66°$
∴ $\angle ACB = \angle PBA = 66°$
$\widehat{AC} : \widehat{BC} = 2 : 1$이므로
$\angle ABC : \angle BAC = 2 : 1$
이때 $\angle BAC = \angle x$라고 하면
$\angle ABC = 2\angle x$이므로
△ACB에서
$\angle x + 66° + 2\angle x = 180°$
$3\angle x = 114°$ ∴ $\angle x = 38°$
∴ $\angle ABC = 2\angle x$
$\qquad = 2 \times 38° = 76°$

8 $\angle CPT' = \angle CAP = 65°$,
$\angle BPT' = \angle BDP = 55°$
따라서 $65° + 55° + \angle BPD = 180°$이
므로 $\angle BPD = 60°$

9 $\angle BAT = \angle BTQ = \angle CDT$(②),
$\angle ABT = \angle ATP = \angle DCT$
∴ △ABT∽△DCT(AA 닮음)(⑤)
이때 동위각의 크기가 같으므로
$\overline{AB} \,/\!/\, \overline{CD}$(③)
∴ $\overline{TA} : \overline{TB} = \overline{TD} : \overline{TC}$
따라서 옳지 않은 것은 ①, ④이다.

10 $\angle BCA = \angle BAT = 36°$
$\overline{OA}$를 그으면
$\angle BOA = 2 \times 36° = 72°$
△OAB는 $\overline{OA} = \overline{OB}$인 이등변삼각
형이므로
$\angle OBA = \dfrac{1}{2} \times (180° - 72°) = 54°$
∴ $\angle CAP = \angle CBA = 69°$

11 $\angle BAP = \angle BPT = 30°$이고
$\angle ABP = 90°$이므로 △APB에서
$\overline{AB} = 8\cos 30° = 4\sqrt{3}\,(\text{cm})$
∴ △APB $= \dfrac{1}{2} \times 8 \times 4\sqrt{3} \times \sin 30°$
$\qquad = 8\sqrt{3}\,(\text{cm}^2)$

12 다음 그림과 같이 $\overline{CE}$를 그으면

□ABCE가 원 O에 내접하므로
$\angle AEC = 180° - 128° = 52°$
∴ $\angle DCT = \angle CED$
$\qquad = \angle AED - \angle AEC$
$\qquad = 100° - 52° = 48°$

13 $\overline{AT}$를 그으면
$\angle BAT = \angle BCT = 65°$이고
$\angle BTA = 90°$이므로
$\angle ABT = 180° - (90° + 65°) = 25°$
△ATP에서
$\angle ATP = \angle ABT = 25°$이므로
$\angle x = 65° - 25° = 40°$

14 △BED는 $\overline{BD} = \overline{BE}$인 이등변삼각형
이므로
$\angle DEB = \dfrac{1}{2} \times (180° - 50°) = 65°$
∴ $\angle DFE = \angle DEB = 65°$
또 $\angle EFC = \angle EDF = 45°$이므로
$\angle x = 180° - (65° + 45°) = 70°$

15 $\angle DBP = \angle CPT' = \angle CAP = 45°$
이므로 △BDP에서
$\angle x = 110° - 45° = 65°$
| 다른 풀이 |
$\angle BDP = 180° - 110° = 70°$이므로
$\angle BPT = \angle BDP = 70°$
$\angle CPT' = \angle CAP = 45°$
∴ $\angle x = 180° - (70° + 45°) = 65°$

16 다음 그림과 같이 $\overline{AB}$를 그으면

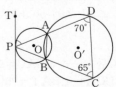

□ABCD가 원 O'에 내접하므로
$\angle ABP = \angle ADC = 70°$

$\therefore \angle APT = \angle ABP = 70°$

17 다음 그림과 같이 점 A를 지나는 지름이 원 O와 만나는 점을 D라고 하면

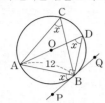

(원 O의 둘레의 길이)$= 2\pi \times \overline{AO}$
$= 15\pi$

$\therefore \overline{AO} = \dfrac{15}{2}$

즉, $\overline{AD} = 2\overline{AO} = 15$이고

$\angle ABD = 90°$이므로

$\triangle ABD$에서 $\overline{BD} = \sqrt{15^2 - 12^2} = 9$

$\therefore \tan x = \dfrac{12}{9} = \dfrac{4}{3}$

18 다음 그림과 같이 $\overline{CT}$를 그으면

$\angle BDT = \angle BTP = 32°$,
$\angle BTC = 90°$이므로
$\angle CBT = 180° - (32° + 90°) = 58°$
$\angle CAT = \angle CBT = 58°$,
$\angle ATP = \angle CAT = 58°$(엇각)
이므로
$\angle DTB = 58° - 32° = 26°$
$\therefore \angle APC = \angle BPT$
$= 180° - (58° + 26°)$
$= 96°$

19 다음 그림과 같이 $\overline{AT}$를 긋고
$\angle ATP = \angle ABT = \angle x$라고 하면

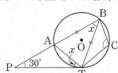

$\angle BTA = \angle BAT = 30° + \angle x$
$\triangle ATB$에서
$\angle x + (30° + \angle x) + (30° + \angle x)$
$= 180°$
$\therefore \angle x = 40°$
따라서 $\angle BAT = 70°$이고 $\square ATCB$는 원 O에 내접하므로
$\angle BCT = 180° - 70° = 110°$

20

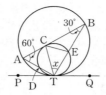

$\angle BTQ = \angle BAT = 60°$이므로
$\overline{CE}$를 그으면
$\angle ECT = \angle ETQ = 60°$
$\angle BCE = \angle CTE = \angle x$라고 하면
$\triangle CTE$에서
$60° + \angle x + (30° + \angle x) = 180°$
$\therefore \angle x = 45°$
$\therefore \angle CTE = 45°$

21 $\square ABCD$가 원 O에 내접하므로
$\angle ADC = 180° - 80° = 100°$ ···(i)
$\overline{BD}$를 그으면 $\overparen{AB} = \overparen{BC}$이므로
$\angle BDC = \angle ADB = \dfrac{1}{2} \times 100°$
$= 50°$ ···(ii)
$\therefore \angle x = \angle BDC = 50°$ ···(iii)

채점 기준	비율
(i) $\angle ADC$의 크기 구하기	30 %
(ii) $\angle BDC$의 크기 구하기	50 %
(iii) $\angle x$의 크기 구하기	20 %

22 $\triangle ABD$에서
$\overline{AD} = 2\overline{AO} = 2 \times 4 = 8(\text{cm})$,
$\angle ABD = 90°$이므로
$\overline{BD} = 8\sin 30°$
$= 8 \times \dfrac{1}{2} = 4(\text{cm})$ ···(i)
$\angle DBC = \angle DAB = 30°$이므로
$\triangle ABC$에서
$\angle ACB = 180° - (30° + 90° + 30°)$
$= 30°$
따라서 $\triangle DBC$는 $\overline{CD} = \overline{BD} = 4\text{ cm}$인 이등변삼각형이므로 ···(ii)
$\angle BDC = 180° - (30° + 30°)$
$= 120°$ ···(iii)
$\therefore \triangle DBC$
$\therefore = \dfrac{1}{2} \times 4 \times 4 \times \sin(180° - 120°)$
$\therefore = 4\sqrt{3}(\text{cm}^2)$ ···ix)

채점 기준	비율
(i) $\overline{BD}$의 길이 구하기	30 %
(ii) $\overline{CD}$의 길이 구하기	20 %
(iii) $\angle BDC$의 크기 구하기	20 %
(iv) $\triangle DBC$의 넓이 구하기	30 %

10강 대푯값

예제 · p. 58

1 (1) **395점** (2) **79점**
(1) $65 + 70 + 95 + 80 + 85 = 395$(점)
(2) (평균)$= \dfrac{395}{5} = 79$(점)

2 (1) **8** (2) **16.5**
각 자료의 변량을 작은 값에서부터 큰 기순으로 나열하면
(1) 5, 7, 8, 8, 10, 12, 17
∴ (중앙값)$= 8$
(2) 10, 15, 16, 17, 19, 20
∴ (중앙값)$= \dfrac{16 + 17}{2} = 16.5$

3 **20 ℃**
20 ℃가 세 번으로 가장 많이 나타나므로 (최빈값)$= 20$ ℃

핵심 유형 익히기 · p. 59

1 **23분**
(평균)
$= \dfrac{10 \times 2 + 20 \times 4 + 30 \times 3 + 40 \times 1}{10}$
$= \dfrac{230}{10} = 23$(분)

2 **14**
$\dfrac{14 + 12 + 8 + 2 + x + 16}{6} = 11,$
$52 + x = 66$ $\therefore x = 14$

3 **중앙값: 6시간, 최빈값: 5시간, 8시간**
변량을 작은 값에서부터 크기순으로 나열하면 2, 3, 5, 5, 5, 7, 8, 8, 8, 11 이므로
(중앙값)$= \dfrac{5 + 7}{2} = 6$(시간)
5시간과 8시간이 각각 세 번으로 가장 많이 나타나므로
(최빈값)$= 5$시간, 8시간

4 **19**
(중앙값)$= \dfrac{x + 23}{2} = 21$이므로
$x + 23 = 42$ $\therefore x = 19$

5 (1) **평균: 15권, 중앙값: 3권**
(2) **중앙값**

(1) (평균)
$$=\frac{3+1+3+4+2+100+4+3}{8}$$
$$=\frac{120}{8}=15(\text{권})$$

변량을 작은 값에서부터 크기순으로 나열하면

1, 2, 3, 3, 3, 4, 4, 100

∴ (중앙값)$=\frac{3+3}{2}=3(\text{권})$

(2) 100권과 같이 매우 큰 변량이 있으므로 평균은 자료 전체의 특징을 잘 나타내지 못한다.
따라서 이 자료의 중심 경향을 더 잘 나타내어 주는 것은 중앙값이다.

ⅠⅠ강 산포도

예제
p. 60

1 **160 cm**

학생 D의 편차를 x cm라 하면 편차의 합은 0이므로
$$-3+5+2+x+(-1)+0=0$$
$$x+3=0 \qquad \therefore x=-3$$
∴ (학생 D의 키)$=163+(-3)$
$$=160(\text{cm})$$

2 **분산: 2, 표준편차: $\sqrt{2}$**

(평균)$=\frac{2+4+3+5+6}{5}=\frac{20}{5}=4$

∴ (분산)
$$=\frac{(-2)^2+0^2+(-1)^2+1^2+2^2}{5}$$
$$=\frac{10}{5}=2$$

∴ (표준편차)$=\sqrt{2}$

3 (1) **A반** (2) **B반**

(1) 평균이 가장 높은 반은 A반이다.
(2) 점수가 가장 고른 반은 표준편차가 가장 작은 B반이다.

핵심 유형 익히기
p. 61

1 ②

(평균)
$$=\frac{12+18+14+16+19+17}{6}$$
$$=\frac{96}{6}=16(\text{점})$$

이므로 각 변량의 편차를 차례로 구하면
-4점, 2점, -2점, 0점, 3점, 1점
따라서 자료의 편차가 될 수 없는 것은 ②이다.

2 **86점**

학생 C의 편차를 x점이라 하면 편차의 합은 0이므로
$$-3+7+x+(-2)+2=0$$
$$\therefore x=-4$$
∴ (학생 C의 점수)$=90+(-4)$
$$=86(\text{점})$$

3 **37.5**

(평균)$=\frac{80+85+95+80}{4}=85(\text{점})$

(분산)$=\frac{(-5)^2+0^2+10^2+(-5)^2}{4}$
$$=37.5$$

4 ②

$\frac{4+10+x+y+5}{5}=6$이므로
$$x+y=11$$
$$\frac{(-2)^2+4^2+(x-6)^2+(y-6)^2+(-1)^2}{5}$$
$$=(\sqrt{4.4})^2$$이므로
$$x^2+y^2-12(x+y)+93=22$$
$$\therefore x^2+y^2=61$$

5 ㄴ, ㄷ

ㄱ. 국어 성적이 가장 우수한 학생은 어느 반 학생인지 알 수 없다.

기초 내공 다지기
p. 62~63

1 (1) 평균: 4.8, 중앙값: 5, 최빈값: 6
(2) 평균: 10.6, 중앙값: 9, 최빈값: 9
(3) 평균: 25, 중앙값: 27, 최빈값: 30
(4) 평균: 6, 중앙값: 6, 최빈값: 4, 6
(5) 평균: 15, 중앙값: 15,
최빈값: 13, 15

2 (1) 평균: 22세, 중앙값: 22세,
최빈값: 23세
(2) 평균: 15시간, 중앙값: 14.5시간,
최빈값: 15시간

3 (1) 9 (2) 2 (3) 20 (4) 10 (5) 24

4 (1) 3 (2) 11 (3) 13 (4) 13 (5) 23

5 (1) -4, 2점 (2) -1, 11점
(3) -1, 29점 (4) 2, 52점
(5) -3, 81점

6 (1) 분산: 12, 표준편차: $2\sqrt{3}$
(2) 분산: 10, 표준편차: $\sqrt{10}$
(3) 분산: 6, 표준편차: $\sqrt{6}$
(4) 분산: $\frac{64}{7}$, 표준편차: $\frac{8\sqrt{7}}{7}$

1 (1) (평균)$=\frac{6+3+5+6+4}{5}=4.8$
(중앙값)$=5$
6이 두 번으로 가장 많이 나타나므로 (최빈값)$=6$

(2) (평균)$=\frac{15+19+11+9+9}{5}$
$$=10.6$$
(중앙값)$=9$
9가 세 번으로 가장 많이 나타나므로 (최빈값)$=9$

(3) (평균)$=\frac{13+30+18+35+24+30}{6}$
$$=25$$
변량을 작은 값에서부터 크기순으로 나열하면 13, 18, 24, 30, 30, 35
이므로
(중앙값)$=\frac{24+30}{2}=27$
30이 두 번으로 가장 많이 나타나므로 (최빈값)$=30$

(4) (평균)$=\frac{4+6+7+10+4+5+6}{7}$
$$=6$$
(중앙값)$=6$
4와 6이 각각 두 번으로 가장 많이 나타나므로 (최빈값)$=4, 6$

(5) (평균)$=\frac{15+13+18+16+15+13}{6}$
$$=15$$
변량을 작은 값에서부터 크기순으로 나열하면 13, 13, 15, 15, 16, 18
이므로 (중앙값)$=\frac{15+15}{2}=15$
13과 15가 각각 두 번으로 가장 많이 나타나므로 (최빈값)$=13, 15$

2 (1) (평균)
$$=\frac{12+14+17+20+21+23+23+28+30+32}{10}$$
$$=22(\text{세})$$
(중앙값)$=\frac{21+23}{2}=22(\text{세})$
(최빈값)$=23$세

(2) (평균)
$$=\frac{5+6+7+8+10+14+15+20+22+24+34}{12}$$
$$=15(\text{시간})$$

(중앙값)$=\dfrac{14+15}{2}=14.5$(시간)

(최빈값)$=15$시간

3
(1) $\dfrac{6+3+x}{3}=6$ $\quad\therefore x=9$

(2) $\dfrac{10+x+7+9}{4}=7$ $\quad\therefore x=2$

(3) $\dfrac{x+30+26+20}{4}=24$

$\therefore x=20$

(4) $\dfrac{5+x+11+10+9}{5}=9$

$\therefore x=10$

(5) $\dfrac{4+13+1+x+19+11}{6}=12$

$\therefore x=24$

4
(1) $\dfrac{x+7}{2}=5$ $\quad\therefore x=3$

(2) $\dfrac{5+x}{2}=8$ $\quad\therefore x=11$

(3) $\dfrac{x+19}{2}=16$ $\quad\therefore x=13$

(4) $\dfrac{11+x}{2}=12$ $\quad\therefore x=13$

(5) $\dfrac{x+27}{2}=25$ $\quad\therefore x=23$

5
(1) $-1+2+x+3=0$

$\therefore x=-4$

$\therefore$ (C의 점수)$=6+(-4)=2$(점)

(2) $1+(-4)+x+6+(-2)=0$

$\therefore x=-1$

$\therefore$ (C의 점수)$=12+(-1)$
$=11$(점)

(3) $-5+2+(-3)+x+7=0$

$\therefore x=-1$

$\therefore$ (D의 점수)$=30+(-1)$
$=29$(점)

(4) $5+x+(-2)+0+(-8)+3=0$

$\therefore x=2$

$\therefore$ (B의 점수)$=50+2=52$(점)

(5) $3+5+(-2)+(-4)+x+1=0$

$\therefore x=-3$

$\therefore$ (E의 점수)$=84+(-3)$
$=81$(점)

6
(1) (평균)$=\dfrac{7+15+9+13+6}{5}=10$

{(편차)^{2}의 합}
$=(-3)^2+5^2+(-1)^2+3^2+(-4)^2$
$=60$

$\therefore$ (분산)$=\dfrac{60}{5}=12$

$\therefore$ (표준편차)$=\sqrt{12}=2\sqrt{3}$

(2) (평균)$=\dfrac{11+13+20+12+14}{5}$
$=14$

{(편차)^{2}의 합}
$=(-3)^2+(-1)^2+6^2+(-2)^2+0^2$
$=50$

$\therefore$ (분산)$=\dfrac{50}{5}=10$

$\therefore$ (표준편차)$=\sqrt{10}$

(3) (평균)$=\dfrac{23+20+21+21+15+20}{6}$
$=20$

{(편차)^{2}의 합}
$=3^2+0^2+1^2+1^2+(-5)^2+0^2$
$=36$

$\therefore$ (분산)$=\dfrac{36}{6}=6$

$\therefore$ (표준편차)$=\sqrt{6}$

(4) (평균)
$=\dfrac{13+18+15+12+11+20+16}{7}$
$=15$

{(편차)^{2}의 합}
$=(-2)^2+3^2+0^2+(-3)^2$
$\qquad+(-4)^2+5^2+1^2$
$=64$

$\therefore$ (분산)$=\dfrac{64}{7}$

$\therefore$ (표준편차)$=\dfrac{8\sqrt{7}}{7}$

내공 쌓는 족집게 문제 p. 64~67

1 7	**2** ④	**3** 15	**4** 4
5 ⑤	**6** ②, ④	**7** ⑤	**8** ③
9 ④	**10** ⑤	**11** ④	**12** 18
13 ④	**14** 35	**15** ③	**16** 45
17 ④	**18** 12점	**19** ①, ⑤	**20** A
21 ③	**22** 9	**23** 40	
24 평균: 9, 표준편차: 5		**25** ①	
26 2.3, 과정은 풀이 참조			
27 13.5, 과정은 풀이 참조			

1 a, b, c의 평균이 8이므로

$\dfrac{a+b+c}{3}=8$ $\quad\therefore a+b+c=24$

따라서 4, a, b, 7, c의 평균은

$\dfrac{4+a+b+7+c}{5}=\dfrac{11+24}{5}=7$

2 $a=\dfrac{15+17}{2}=16$

21시간이 세 번으로 가장 많이 나타나므로 $b=21$

$\therefore b-a=21-16=5$

3 1, 5, a, b, 10의 중앙값이 7이므로
$a=7$

10, 7, b, 14의 중앙값이 9이므로

$\dfrac{b+10}{2}=9$ $\quad\therefore b=8$

$\therefore a+b=7+8=15$

돌다리 두드리기 | 중앙값 구하기
자료의 변량을 작은 값에서부터 크기순으로 나열할 때 변량의 개수가
① 홀수이면 ➡ 한가운데 있는 값
② 짝수이면 ➡ 한가운데 있는 두 값의 평균

4 자료의 최빈값이 4이므로 $a=4$

$\therefore$ (중앙값)$=\dfrac{4+4}{2}=4$

5 ⑤ 자료의 변량 중에 극단적인 값 100이 있으므로 대푯값으로 평균을 사용하기에 적절하지 않다.

6 ② 자료의 전체의 특징을 대표하는 값을 대푯값이라고 한다.
④ 편차의 합은 항상 0이므로 평균도 항상 0이다. 즉, 편차의 평균으로는 자료가 흩어져 있는 정도를 알 수 없다.

7 ⑤ x의 값이 -2이므로 평균보다 인터넷 사용 시간이 적은 학생은 C, D, E의 3명이다.

8 $-2+x+2+(-4)+5=0$이므로
$x=-1$

$\therefore$ (분산)
$=\dfrac{(-2)^2+(-1)^2+2^2+(-4)^2+5^2}{5}$
$=\dfrac{50}{5}=10$

9 $\dfrac{2+7+6+8+x+4}{6}=5$이므로

$x=3$

(분산)
$=\dfrac{(-3)^2+2^2+1^2+3^2+(-2)^2+(-1)^2}{6}$
$=\dfrac{14}{3}$

$\therefore$ (표준편차)$=\sqrt{\dfrac{14}{3}}=\dfrac{\sqrt{42}}{3}$(점)

10 ⑤ 학생 E의 표준편차가 가장 크므로 수면 시간이 가장 불규칙하다.

11 ㄱ. A반과 B반의 평균은 8점으로 서로 같다.

ㄴ. B반의 점수가 평균 8점을 중심으로 집중되어 있으므로 A반보다 점수가 더 고르게 분포되어 있다.

ㄷ. B반의 점수가 A반보다 더 고르게 분포되어 있으므로 B반의 점수의 분산은 A반보다 작다.

따라서 옳은 것은 ㄱ, ㄷ이다.

12 $2+a+4+5+b=20$에서

$a+b=9$ ··· ㉠

$\dfrac{1\times2+2\times a+3\times4+4\times5+5\times b}{20}=3.5$

에서 $2a+5b=36$ ··· ㉡

㉠, ㉡을 연립하여 풀면

$a=3$, $b=6$ ∴ $ab=18$

13 한 학생이 전학 오기 전 학생 30명의 몸무게의 총합은 $30\times51=1530(\text{kg})$ 전학 온 학생의 몸무게를 $x\,\text{kg}$이라고 하면

$\dfrac{1530+x}{31}=51.5$, $1530+x=1596.5$

∴ $x=66.5$

따라서 전학 온 학생의 몸무게는 $66.5\,\text{kg}$이다.

14 x를 제외한 자료에서 모든 자료의 도수가 1이므로 최빈값은 x의 값에 따라 결정된다.

(평균)=(최빈값)=x이므로

$\dfrac{38+24+35+43+x}{5}=x$

$140+x=5x$ ∴ $x=35$

15 중앙값이 80점이므로

$\dfrac{78+82}{2}=80$에서

$x\geq82$ ∴ $a=82$ ··· ㉠

평균이 80점 미만이므로

$\dfrac{75+82+x+78}{4}<80$

$235+x<320$ ∴ $x<85$ ··· ㉡

∴ $b=84$ ∴ $b-a=2$

16 $-3+c+2+7+(-5)=0$

∴ $c=-1$

17시간의 편차가 -3이므로

$17-(\text{평균})=-3$

∴ (평균)$=20$(시간)

따라서 $a-20=-1$에서 $a=19$

$b-20=7$에서 $b=27$

∴ $a+b+c=19+27+(-1)=45$

돌다리 두드리기 │ 편차 구하기

편차는 자료의 각 변량에서 평균을 뺀 값이다. ➡ (편차)=(변량)-(평균)

17 $\dfrac{10+11+a+b+13}{5}=10$이므로

$a+b=16$

$\dfrac{0^2+1^2+(a-10)^2+(b-10)^2+3^2}{5}=4$이므로

$a^2+b^2-20(a+b)+210=20$

∴ $a^2+b^2=130$

$(a+b)^2=a^2+b^2+2ab$에서

$16^2=130+2ab$ ∴ $ab=63$

18 (평균)

$=\dfrac{50\times8+60\times9+70\times9+80\times7+90\times2}{35}$

$=\dfrac{2310}{35}=66$(점)

{(편차)$^2\times$(도수)}의 합은

$(-16)^2\times8+(-6)^2\times9+4^2\times9$
$+14^2\times7+24^2\times2$

$=5040$

(분산)$=\dfrac{5040}{35}=144$

∴ (표준편차)$=\sqrt{144}=12$(점)

따라서 옳은 것은 ②, ⑤이다.

19 ② 각 반의 학생 수가 적은지 많은지 주어진 자료만으로는 알 수 없다.

③ 4반의 평균이 가장 높지만 수학 점수가 가장 높은 학생이 4반에 있는지는 알 수 없다.

④ 학생 수와 평균이 모두 같아야 두 반 학생들의 점수의 총합이 서로 같다.

따라서 옳은 것은 ①, ⑤이다.

20 평균 8점을 중심으로 점수가 가장 고르게 흩어져 있는 것은 A이므로 A의 표준편차가 가장 작다.

21 ㄱ. 여학생과 남학생의 점수의 평균은 7점으로 같다.

ㄴ. 남학생의 점수는 7점이 12명으로 가장 많으므로 최빈값은 7점이다.

ㄷ. 여학생보다 남학생의 점수가 평균 근처에 몰려 있으므로 남학생의 점수가 더 고르게 분포되어 있다.

따라서 옳은 것은 ㄱ, ㄷ이다.

22 $\dfrac{4a+8+12+4b}{4}=10$이므로

$4a+4b=20$ ∴ $a+b=5$ ··· ㉠

$\dfrac{a^2+2^2+3^2+b^2}{4}=7.5$이므로

$a^2+b^2=17$ ··· ㉡

이때 $a>b$이므로 ㉠, ㉡에서

$a=4$, $b=1$ ∴ $2a+b=9$

23 a, b, c를 제외한 자료에서 18점이 두 번 나타나고 12점이 한 번 나타나므로 최빈값이 12점이 되려면 a, b, c 중 적어도 2개는 12점이어야 한다.

즉, a, b, c의 값을 12, 12, x라 하고 중앙값이 14점이므로 주어진 자료를 작은 값에서부터 크기순으로 나열하면 10, 12, 12, 12, x, 18, 18, 20이다.

따라서 (중앙값)$=\dfrac{12+x}{2}=14$이므로

$12+x=28$ ∴ $x=16$

∴ $a+b+c=40$

24 a, b, c, d의 평균이 6이므로

$\dfrac{a+b+c+d}{4}=6$에서

$a+b+c+d=24$

a, b, c, d의 표준편차가 5이므로

$\dfrac{(a-6)^2+(b-6)^2+(c-6)^2+(d-6)^2}{4}=5^2$

따라서 $a+3$, $b+3$, $c+3$, $d+3$의 평균은

$\dfrac{(a+3)+(b+3)+(c+3)+(d+3)}{4}$

$=\dfrac{a+b+c+d+12}{4}=\dfrac{24+12}{4}=9$

$a+3$, $b+3$, $c+3$, $d+3$의 분산은

$\dfrac{1}{4}\{(a+3-9)^2+(b+3-9)^2$
$+(c+3-9)^2+(d+3-9)^2\}$

$=\dfrac{(a-6)^2+(b-6)^2+(c-6)^2+(d-6)^2}{4}$

$=5^2$

∴ ($a+3$, $b+3$, $c+3$, $d+3$의 표준편차)$=5$

25 남학생의 영어 점수의 표준편차를 x점이라고 하면

{남학생의 (편차)^{2}의 합}$=12x^2$

{여학생의 (편차)^{2}의 합}$=8\times7=56$

(전체 학생의 분산)$=\dfrac{12x^2+56}{12+8}=2^2$

$12x^2+56=80$, $x^2=2$

이때 $x>0$이므로 $x=\sqrt{2}$

따라서 남학생의 영어 점수의 표준편차는 $\sqrt{2}$점이다.

26 (평균)

$$=\frac{1\times1+2\times9+3\times6+4\times1+5\times3}{20}$$

$$=\frac{56}{20}=2.8(권)$$

$$\therefore a=2.8 \qquad \cdots(i)$$

자료를 작은 값에서부터 크기순으로 나열할 때, 10번째와 11번째 자료의 값의 평균이 중앙값이므로

$$(중앙값)=\frac{2+3}{2}=2.5(권)$$

$$\therefore b=2.5 \qquad \cdots(ii)$$

2권이 9명으로 가장 많이 나타나므로 최빈값은 2권이다.

$$\therefore c=2 \qquad \cdots(iii)$$

$$\therefore a-b+c=2.8-2.5+2$$
$$=2.3 \qquad \cdots(iv)$$

채점 기준	비율
(i) a의 값 구하기	25 %
(ii) b의 값 구하기	25 %
(iii) c의 값 구하기	25 %
(iv) $a-b+c$의 값 구하기	25 %

27 잘못 본 변량 7, a, b, 3의 평균이 5이고 분산이 15이므로

$$\frac{7+a+b+3}{4}=5에서$$

$$a+b=10 \quad \cdots\bigodot \qquad \cdots(i)$$

$$\frac{2^2+(a-5)^2+(b-5)^2+(-2)^2}{4}=15에서$$

$$(a-5)^2+(b-5)^2=52 \quad \cdots\bigodot \qquad \cdots(ii)$$

따라서 원래의 변량 4, a, b, 6의 평균은

$$\frac{4+a+b+6}{4}=\frac{10+(a+b)}{4}$$

$$=\frac{10+10}{4}=5\,(\because \bigodot) \qquad \cdots(iii)$$

이므로 4, a, b, 6의 분산은

$$\frac{(-1)^2+(a-5)^2+(b-5)^2+1^2}{4}$$

$$=\frac{1+(a-5)^2+(b-5)^2+1}{4}$$

$$=\frac{54}{4}=13.5\,(\because \bigodot) \qquad \cdots(iv)$$

채점 기준	비율
(i) $a+b$의 값 구하기	20 %
(ii) $(a-5)^2+(b-5)^2$의 값 구하기	20 %
(iii) 원래의 변량의 평균 구하기	30 %
(iv) 원래의 변량의 분산 구하기	30 %

12강 상관관계

예제
p. 68

1 (1) **4명** (2) **3명**

(1) 스마트폰 이용 시간이 4시간 이상인 학생 수는 4명이다.

(2) 수면 시간이 7시간 미만인 학생 수는 3명이다.

2 (1) ㄱ (2) ㄴ (3) ㄷ

핵심 유형 익히기
p. 69

1 (1) **4명** (2) **5명** (3) **6명**

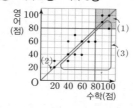

(1) 수학 성적과 영어 성적이 모두 80점 이상인 학생은 색칠한 부분(경계선 포함)에 속하므로 4명이다.

(2) 수학 성적과 영어 성적이 같은 학생은 대각선 위에 있는 학생으로 5명이다.

(3) 수학 성적이 영어 성적보다 높은 학생은 대각선의 아래쪽에 있는 학생이므로 6명이다.

2 (1) **40 %** (2) **4명**

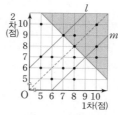

(1) 1차와 2차 점수의 합이 16점 이상인 학생은 색칠한 부분(경계선 포함)에 속하는 학생이므로 6명이다.

$$\therefore \frac{6}{15}\times100=40(\%)$$

(2) 1차와 2차 점수의 차가 2점인 학생은 두 직선 l, m 위에 있는 학생이므로 4명이다.

3 ④

①, ② 양의 상관관계
③, ⑤ 상관관계가 없다.
④ 음의 상관관계

---

4 (1) **양의 상관관계** (2) **C, E** (3) **A**

(1) 키가 커짐에 따라 몸무게도 대체로 많이 나가므로 양의 상관관계가 있다.

(2) 학생 D보다 키가 큰 학생은 C, E이다.

(3) 키에 비해 몸무게가 가장 많이 나가는 학생은 A이다.

내고 싶은 족집게 문제
p. 70~73

1 ④	2 9명	3 ②	4 ④
5 20 %	6 ④	7 ②	8 30점
9 5명	10 ④	11 6점	12 ④
13 ㄹ	14 ①, ④	15 ③	
16 2명	17 25 %	18 ③, ④	
19 ㄱ, ㄴ, ㄹ		20 25 %	21 1명
22 18회	23 15 %, 과정은 풀이 참조		
24 양의 상관관계, 산점도와 과정은 풀이 참조			

1 미술과 음악 실기 평가 점수가 같은 학생 수는 4명이다.

2 미술 점수가 20점인 학생 수는 3명, 25점인 학생 수는 6명이므로 20점 이상 30점 미만인 학생 수는 3+6=9(명)이다.

3 두 과목의 점수가 모두 30점 이상인 학생을 (미술 점수, 음악 점수)로 나타내면 (30점, 35점), (35점, 30점), (35점, 35점)이므로 3명이다.

4 책을 12권으로 가장 많이 읽은 학생의 국어 성적은 80점이다.

5 국어 성적이 90점 이상인 학생은 3명이므로

$$\frac{3}{15}\times100=20(\%)$$

6 국어 성적이 100점인 학생이 읽은 책의 수는 10권, 국어 성적이 50점인 학생이 읽은 책의 수는 2권이므로 그 차는 10-2=8(권)이다.

7 ① 공부 시간이 6시간으로 가장 많은 학생의 인터넷 사용 시간은 1시간이다.

③ 공부 시간과 인터넷 사용 시간이 같은 학생 수는 2명이다.
④ 인터넷 사용 시간이 4시간 이상인 학생은 4명이므로

$$\frac{4}{10} \times 100 = 40(\%)$$

⑤ 6－1＝5(시간)
따라서 옳은 것은 ②이다.

8 던지기 점수가 60점이고 멀리뛰기 점수가 90점인 학생의 점수의 차가 가장 크므로 그 차는 90－60＝30(점)이다.

9

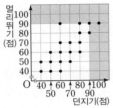

던지기와 멀리뛰기 점수 중 적어도 한 번은 90점 이상을 받은 학생은 산점도에서 색칠한 부분(경계선 포함)에 속하므로 5명이다.

10

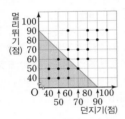

던지기 점수와 멀리뛰기 점수의 합이 120점 이하인 학생은 색칠한 부분(경계선 포함)에 속하는 학생이므로 9명이다.

$$\therefore \frac{9}{20} \times 100 = 45(\%)$$

11 자유 종목 점수가 6점인 학생들의 규정 종목 점수는 각각 4점, 5점, 7점, 8점이므로

$$(평균) = \frac{4+5+7+8}{4} = \frac{24}{4} = 6(점)$$

12 ①, ⑤ 음의 상관관계
② 상관관계가 없다.
③, ④ 양의 상관관계

13 산의 높이가 높아질수록 온도는 낮아지므로 음의 상관관계인 산점도는 ㄹ이다.

14 주어진 상관도는 양의 상관관계가 있다.
①, ④ 양의 상관관계

②, ⑤ 음의 상관관계
③ 상관관계가 없다.

15 ③ D는 수학 성적에 비해 과학 성적이 우수한 편이다.

16 1차와 2차에 얻은 점수의 평균이 8점, 즉 두 점수의 합이 8×2＝16(점)인 선수를 나타내는 점은 (8, 8), (10, 6)의 2개이므로 구하는 선수의 수는 2명이다.

17

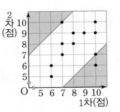

1차와 2차에 얻은 점수의 차가 3점 이상인 선수는 색칠한 부분(경계선 포함)에 속하는 선수이므로 3명이다.

$$\therefore \frac{3}{12} \times 100 = 25(\%)$$

돌다리 두드리기 | 두 변량의 합, 차에 대한 조건이 주어진 경우 기준이 되는 보조선을 긋는다.

➡ 합이 2a 이상 ➡ 차가 a 이상

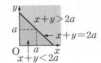

18 ① 6명 ② $\frac{11}{20} \times 100 = 55(\%)$
⑤ 수면 시간이 긴 학생은 대체로 TV 시청 시간이 짧다.

19 전 과목 평균 점수와 수학 점수 사이에는 양의 상관관계가 있다.

20

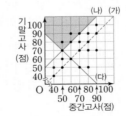

주어진 조건을 모두 만족시키는 학생은 색칠한 부분(경계선 포함)에 속하는 학생이므로 5명이다.

$$\therefore \frac{5}{20} \times 100 = 25(\%)$$

21 (A 지역의 평균)

$$= \frac{24+25+24+28+27+28+31+26+30}{9}$$

$$= \frac{243}{9} = 27(명)$$

(B 지역의 평균)

$$= \frac{23+25+26+28+22+24+26+29+27+30}{10}$$

$$= \frac{260}{10} = 26(명)$$

$$\therefore 27-26 = 1(명)$$

22 상위 15 % 이내에 드는 학생 수는

$$20 \times \frac{15}{100} = 3(명)$$

이 학생들의 전시회 방문 횟수와 박물관 방문 횟수를 순서쌍으로 나타내면 (10, 10), (9, 10), (9, 9)이다.
따라서 상을 받은 학생의 방문 횟수의 합은 최소 18회이다.

23

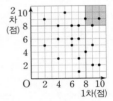

1차와 2차의 면접 점수가 모두 8점 이상인 지원자는 색칠한 부분(경계선 포함)에 속하는 지원자이므로 3명이다.
······(i)

$$\therefore \frac{3}{20} \times 100 = 15(\%)$$ ······(ii)

채점 기준	비율
(i) 1차와 2차의 면접 점수가 모두 8점 이상인 지원자의 수 구하기	60 %
(ii) 합격자가 전체에서 차지하는 비율 구하기	40 %

24 산점도를 완성하면 다음 그림과 같다.

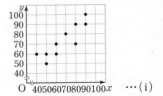

······(i)

따라서 x의 값이 증가함에 따라 y의 값도 대체로 증가하는 경향이 있으므로 x와 y 사이에는 양의 상관관계가 있다.
······(ii)

채점 기준	비율
(i) 산점도 완성하기	50 %
(ii) x와 y 사이의 상관관계 말하기	50 %

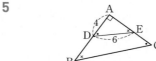
다시 보는 **핵심** 문제

1~2강   p. 76~78

1 ④	**2** ⑤	**3** ④	**4** $\dfrac{7}{5}$
5 $\dfrac{2+\sqrt{5}}{3}$	**6** $\sqrt{2}$	**7** ①	
8 ③	**9** ②	**10** $\sqrt{2}$	**11** ③
12 ③	**13** ④	**14** ⑤	**15** ⑤

16 10.355

17 $9\sqrt{5}$, 과정은 풀이 참조

18 $\dfrac{12}{13}$, 과정은 풀이 참조

19 $\sin x=\dfrac{\sqrt{6}}{3}$, $\cos x=\dfrac{\sqrt{3}}{3}$,

    $\tan x=\sqrt{2}$, 과정은 풀이 참조

20 $\dfrac{3\sqrt{3}}{8}$, 과정은 풀이 참조

---

1 ④ $\cos B=\dfrac{8}{17}$

2 $\cos A=\dfrac{\overline{AB}}{12}=\dfrac{\sqrt{3}}{3}$이므로

$\overline{AB}=4\sqrt{3}$

따라서 $\overline{BC}=\sqrt{12^2-(4\sqrt{3})^2}=4\sqrt{6}$

이므로

$\sin A=\dfrac{4\sqrt{6}}{12}=\dfrac{\sqrt{6}}{3}$

3 $\tan A=\dfrac{3}{2}$이므로 오른

쪽 그림과 같은 직각삼

각형 ABC를 생각할 수

있다.

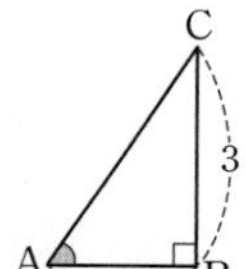

즉, $\overline{AC}=\sqrt{2^2+3^2}=\sqrt{13}$

$\therefore \cos A=\dfrac{2}{\sqrt{13}}=\dfrac{2\sqrt{13}}{13}$

4 $\triangle ABC$에서 $\overline{BC}=\sqrt{9^2+12^2}=15$

$\triangle ABC\backsim\triangle HBA\backsim\triangle HAC$

                (AA 닮음)

이므로 $\angle ACB=\angle HAB=\angle x$,

$\angle CBA=\angle CAH=\angle y$

따라서 $\sin x=\dfrac{\overline{AB}}{\overline{BC}}=\dfrac{9}{15}=\dfrac{3}{5}$,

$\sin y=\dfrac{\overline{AC}}{\overline{BC}}=\dfrac{12}{15}=\dfrac{4}{5}$이므로

$\sin x+\sin y=\dfrac{3}{5}+\dfrac{4}{5}=\dfrac{7}{5}$

5

$\triangle ADE$에서 $\overline{AE}=\sqrt{6^2-4^2}=2\sqrt{5}$

$\triangle ADE\backsim\triangle ACB$(AA 닮음)이므로

$\sin B=\dfrac{\overline{AD}}{\overline{DE}}=\dfrac{4}{6}=\dfrac{2}{3}$

$\sin C=\dfrac{\overline{AE}}{\overline{DE}}=\dfrac{2\sqrt{5}}{6}=\dfrac{\sqrt{5}}{3}$

$\therefore \sin B+\sin C=\dfrac{2}{3}+\dfrac{\sqrt{5}}{3}$

                  $=\dfrac{2+\sqrt{5}}{3}$

6 $\triangle FGH$에서 $\overline{FH}=\sqrt{3^2+4^2}=5$

$\triangle BFH$에서 $\overline{BH}=\sqrt{5^2+5^2}=5\sqrt{2}$

따라서 $\sin x=\dfrac{\overline{BF}}{\overline{BH}}=\dfrac{5}{5\sqrt{2}}=\dfrac{\sqrt{2}}{2}$,

$\cos x=\dfrac{\overline{FH}}{\overline{BH}}=\dfrac{5}{5\sqrt{2}}=\dfrac{\sqrt{2}}{2}$

$\therefore \sin x+\cos x=\dfrac{\sqrt{2}}{2}+\dfrac{\sqrt{2}}{2}=\sqrt{2}$

7 직선 $3x-5y+15=0$과 x축, y축의

교점을 각각 A, B라고 하자.

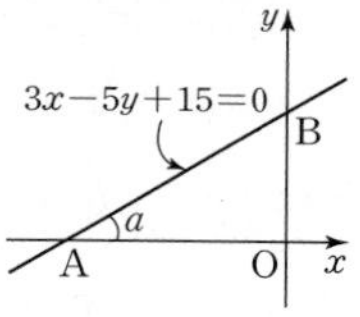

$3x-5y+15=0$에 $y=0$, $x=0$을 각

각 대입하면

A$(-5, 0)$, B$(0, 3)$이므로

$\overline{OA}=5$, $\overline{OB}=3$

$\therefore \tan a=\dfrac{\overline{BO}}{\overline{AO}}=\dfrac{3}{5}$

8 ㄱ. $\cos 30°+\sin 60°$

      $=\dfrac{\sqrt{3}}{2}+\dfrac{\sqrt{3}}{2}=\sqrt{3}$

ㄴ. $\cos 45°\times\tan 45°=\dfrac{\sqrt{2}}{2}\times 1$

                    $=\dfrac{\sqrt{2}}{2}$

    $\sin 45°=\dfrac{\sqrt{2}}{2}$

    $\therefore \cos 45°\times\tan 45°=\sin 45°$

ㄷ. $\sin 30°-\cos 60°$

    $=\dfrac{1}{2}-\dfrac{1}{2}=0$

ㄹ. $\tan 30°=\dfrac{1}{\sqrt{3}}=\dfrac{1}{\tan 60°}$

따라서 옳은 것은 ㄴ, ㄹ이다.

9 $15°<x<60°$에서 $0°<2x-30°<90°$

이고

$\sin 60°=\dfrac{\sqrt{3}}{2}$이므로

$2x-30°=60°$ $\therefore x=45°$

$\therefore \sin x+\cos x=\sin 45°+\cos 45°$

              $=\dfrac{\sqrt{2}}{2}+\dfrac{\sqrt{2}}{2}=\sqrt{2}$

10 $\triangle BCD$에서

$\tan 45°=\dfrac{\overline{BC}}{\sqrt{6}}=1$ $\therefore \overline{BC}=\sqrt{6}$

$\triangle ABC$에서

$\tan 60°=\dfrac{\sqrt{6}}{\overline{AB}}=\sqrt{3}$ $\therefore \overline{AB}=\sqrt{2}$

11 구하는 직선의 방정식을 $y=ax+b$로

놓으면

$a=\tan 60°=\sqrt{3}$

직선 $y=\sqrt{3}x+b$가 점 $(-1, 0)$을 지

나므로 $b=\sqrt{3}$

따라서 구하는 직선의 방정식은

$y=\sqrt{3}x+\sqrt{3}$

12 ③ $\sin y=\dfrac{\overline{AB}}{\overline{AC}}=\dfrac{\overline{AB}}{1}=\overline{AB}$

13 $\tan 48°=1.1106$, $\cos 42°=0.7431$

$\therefore \tan 48°-\cos 42°=0.3675$

14 ① $\sin 30°=\dfrac{1}{2}$

② $\cos 45°=\dfrac{\sqrt{2}}{2}$

③ $\cos 0°=1$

④ $\sin 90°=1$

⑤ $\tan 60°=\sqrt{3}$

따라서 삼각비의 값이 가장 큰 것은 ⑤

이다.

15 ⑤ $0°\leq A\leq 90°$일 때, $\tan A$의 값 중

가장 작은 값은 0이고, 가장 큰 값

은 알 수 없다.

16 $\tan 46°=\dfrac{\overline{AC}}{10}=1.0355$

$\therefore \overline{AC}=10.355$

17 $\sin A = \dfrac{\overline{BC}}{9} = \dfrac{\sqrt{5}}{3}$ 이므로

$\overline{BC} = 3\sqrt{5}$ ⋯ (i)

$\therefore \overline{AB} = \sqrt{9^2 - (3\sqrt{5})^2} = 6$ ⋯ (ii)

$\therefore \triangle ABC = \dfrac{1}{2} \times 6 \times 3\sqrt{5}$

$= 9\sqrt{5}$ ⋯ (iii)

채점 기준	비율
(i) $\overline{BC}$의 길이 구하기	40 %
(ii) $\overline{AB}$의 길이 구하기	40 %
(iii) $\triangle ABC$의 넓이 구하기	20 %

18 $\triangle ABC$에서

$\overline{BC} = \sqrt{12^2 + 5^2} = 13$ ⋯ (i)

$\triangle ABC \backsim \triangle DBE$(AA 닮음)이므로

$\angle BCA = \angle BED = x$ ⋯ (ii)

$\therefore \sin x = \dfrac{\overline{AB}}{\overline{BC}} = \dfrac{12}{13}$ ⋯ (iii)

채점 기준	비율
(i) $\overline{BC}$의 길이 구하기	30 %
(ii) $\angle BED$와 크기가 같은 각 찾기	30 %
(iii) $\sin x$의 값 구하기	40 %

19 $\overline{BM} = \dfrac{1}{2}\overline{BC} = \dfrac{1}{2} \times 6 = 3$이므로

$\triangle ABM$에서 $\overline{AM} = \sqrt{6^2 - 3^2} = 3\sqrt{3}$

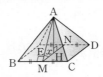

꼭짓점 A에서 $\overline{MN}$에 내린 수선의 발을 H라고 하면

$\overline{MH} = \dfrac{1}{2}\overline{MN} = \dfrac{1}{2} \times 6 = 3$

$\triangle AMH$에서

$\overline{AH} = \sqrt{(3\sqrt{3})^2 - 3^2} = 3\sqrt{2}$ ⋯ (i)

$\therefore \sin x = \dfrac{\overline{AH}}{\overline{AM}} = \dfrac{3\sqrt{2}}{3\sqrt{3}} = \dfrac{\sqrt{6}}{3}$ ⋯ (ii)

$\cos x = \dfrac{\overline{MH}}{\overline{AM}} = \dfrac{3}{3\sqrt{3}} = \dfrac{\sqrt{3}}{3}$ ⋯ (iii)

$\tan x = \dfrac{\overline{AH}}{\overline{MH}} = \dfrac{3\sqrt{2}}{3} = \sqrt{2}$ ⋯ (iv)

채점 기준	비율
(i) 정사각뿔의 높이 구하기	40 %
(ii) $\sin x$의 값 구하기	20 %
(iii) $\cos x$의 값 구하기	20 %
(iv) $\tan x$의 값 구하기	20 %

20 $\sin 60° = \dfrac{\overline{AB}}{\overline{OA}} = \dfrac{\overline{AB}}{1} = \dfrac{\sqrt{3}}{2}$이므로

$\overline{AB} = \dfrac{\sqrt{3}}{2}$ ⋯ (i)

$\cos 60° = \dfrac{\overline{OB}}{\overline{OA}} = \dfrac{\overline{OB}}{1} = \dfrac{1}{2}$이므로

$\overline{OB} = \dfrac{1}{2}$ ⋯ (ii)

$\tan 60° = \dfrac{\overline{CD}}{\overline{OC}} = \dfrac{\overline{CD}}{1} = \sqrt{3}$이므로

$\overline{CD} = \sqrt{3}$ ⋯ (iii)

$\therefore \square ABCD$

$= \triangle OCD - \triangle OBA$

$= \dfrac{1}{2} \times 1 \times \sqrt{3} - \dfrac{1}{2} \times \dfrac{1}{2} \times \dfrac{\sqrt{3}}{2}$

$= \dfrac{\sqrt{3}}{2} - \dfrac{\sqrt{3}}{8} = \dfrac{3\sqrt{3}}{8}$ ⋯ (iv)

채점 기준	비율
(i) $\overline{AB}$의 길이 구하기	20 %
(ii) $\overline{OB}$의 길이 구하기	20 %
(iii) $\overline{CD}$의 길이 구하기	20 %
(iv) $\square ABCD$의 넓이 구하기	40 %

3~4강　　　　　　　　**p. 79~81**

1 ①	2 ⑤	3 ④	4 8.5 m
5 $\dfrac{80\sqrt{3}}{3}$ m		6 ③	7 ④
8 $\dfrac{100\sqrt{6}}{3}$ m		9 $50(\sqrt{3}+1)$ m	
10 ①	11 $35\sqrt{2}$ cm²		
12 $\dfrac{7\sqrt{3}}{2}$ cm²		13 ②	14 60°
15 ③			

16 $2\sqrt{37}$ cm, 과정은 풀이 참조

17 $5(\sqrt{3}-1)$, 과정은 풀이 참조

18 $18+12\sqrt{2}$, 과정은 풀이 참조

19 $3\sqrt{3}$ cm², 과정은 풀이 참조

1 $\angle A = 180° - (50° + 90°) = 40°$

이므로 $\overline{BC} = 10 \sin 40°$

2 $\angle C = 180° - (25° + 90°) = 65°$

이므로

$x = 6 \sin 65° = 6 \times 0.91 = 5.46$

$y = 6 \cos 65° = 6 \times 0.42 = 2.52$

$\therefore x + y = 7.98$

---

3 $\overline{AO} = 9 \tan 60° = 9\sqrt{3}$ (cm)

$\therefore$ (원뿔의 부피)

$= \dfrac{1}{3} \times (\pi \times 9^2) \times 9\sqrt{3}$

$= 243\sqrt{3}\pi$ (cm³)

4 $\overline{BC} = 10 \tan 35° = 10 \times 0.7 = 7$ (m)

$\therefore$ (나무의 높이) $= 1.5 + \overline{BC}$

$= 1.5 + 7 = 8.5$ (m)

5 $\triangle EDC$에서

$\overline{CE} = 20 \tan 30°$

$= \dfrac{20\sqrt{3}}{3}$ (m)

$\triangle DBC$에서

$\overline{BC} = 20 \tan 60°$

$= 20\sqrt{3}$ (m)

따라서 ㈏ 건물의 높이는

$\overline{BE} = \overline{BC} + \overline{CE}$

$= 20\sqrt{3} + \dfrac{20\sqrt{3}}{3} = \dfrac{80\sqrt{3}}{3}$ (m)

6 $\triangle ABC$에서

$\overline{AC} = 200 \cos 30° = 100\sqrt{3}$ (m)

$\triangle ACD$에서

$\overline{CD} = 100\sqrt{3} \tan 45° = 100\sqrt{3}$ (m)

따라서 풍선의 높이는 $100\sqrt{3}$ m이다.

7 다음 그림과 같이 꼭짓점 A에서 $\overline{BC}$에 내린 수선의 발을 H라고 하면

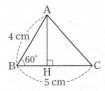

$\triangle ABH$에서

$\overline{AH} = 4 \sin 60° = 2\sqrt{3}$ (cm),

$\overline{BH} = 4 \cos 60° = 2$ (cm)

$\therefore \overline{CH} = \overline{BC} - \overline{BH} = 5 - 2 = 3$ (cm)

따라서 $\triangle AHC$에서

$\overline{AC} = \sqrt{(2\sqrt{3})^2 + 3^2} = \sqrt{21}$ (cm)

8 다음 그림과 같이 꼭짓점 B에서 $\overline{AC}$에 내린 수선의 발을 H라고 하면

$\triangle BCH$에서

$\overline{BH} = 100 \sin 45° = 50\sqrt{2}$ (m)

---

28 정답과 해설

△ABH에서
∠A=180°−(75°+45°)=60°
이므로
$\overline{AB}=\dfrac{50\sqrt{2}}{\sin 60°}=\dfrac{100\sqrt{6}}{3}$ (m)

9 $\overline{AD}=h$ m라고 하면
△ABD에서
$\overline{BD}=\dfrac{h}{\tan 30°}=\sqrt{3}\,h$ (m)
△ACD에서
$\overline{CD}=\dfrac{h}{\tan 45°}=h$ (m)
이때 $\overline{BC}=\overline{BD}-\overline{CD}$ 에서
$100=\sqrt{3}\,h-h$, $(\sqrt{3}-1)h=100$
∴ $h=\dfrac{100}{\sqrt{3}-1}=50(\sqrt{3}+1)$
∴ $\overline{AD}=50(\sqrt{3}+1)$ m

10 $\triangle ABC=\dfrac{1}{2}\times\overline{AB}\times 20\times\sin 60°$
$=60\sqrt{3}$
이므로 $5\sqrt{3}\,\overline{AB}=60\sqrt{3}$
∴ $\overline{AB}=12$ (cm)

11 □ABED=△ABE+△AED
$=\triangle ABE+\triangle AEC$
$=\triangle ABC$
$=\dfrac{1}{2}\times 10\times 14\times\sin 45°$
$=35\sqrt{2}$ (cm²)

12 $\overline{BD}$ 를 그으면
□ABCD
$=\triangle ABD+\triangle BCD$
$=\dfrac{1}{2}\times\sqrt{3}\times 2\times\sin(180°-150°)$
$+\dfrac{1}{2}\times 4\times 3\times\sin 60°$
$=\dfrac{\sqrt{3}}{2}+3\sqrt{3}=\dfrac{7\sqrt{3}}{2}$ (cm²)

13 원 O의 반지름의 길이를 r cm라고 하면 정육각형의 넓이는 두 변의 길이가 r cm이고 그 끼인각의 크기가 60°인 이등변삼각형 6개의 넓이의 합과 같으므로
$6\times\left(\dfrac{1}{2}\times r\times r\times\sin 60°\right)=54\sqrt{3}$
$\dfrac{3\sqrt{3}}{2}r^2=54\sqrt{3}$, $r^2=36$
이때 $r>0$이므로 $r=6$
따라서 원 O의 반지름의 길이는 6 cm이다.

14 $6\times 4\times\sin B=12\sqrt{3}$이므로
$\sin B=\dfrac{\sqrt{3}}{2}$

이때 0°<∠B<90°이므로
∠B=60°

15 □ABCD에서 두 대각선 AC, BD가 이루는 예각의 크기는
$180°-(70°+50°)=60°$
∴ $\square ABCD=\dfrac{1}{2}\times 8\times 7\times\sin 60°$
$=14\sqrt{3}$ (cm²)

16 다음 그림과 같이 꼭짓점 D에서 $\overline{BC}$의 연장선 위에 내린 수선의 발을 H라고 하면

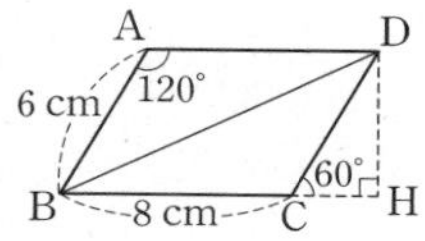

△DCH에서
$\overline{DH}=6\sin 60°=3\sqrt{3}$ (cm) …(i)
$\overline{CH}=6\cos 60°=3$ (cm) …(ii)
△DBH에서
$\overline{BH}=\overline{BC}+\overline{CH}=8+3=11$ (cm)
이므로
$\overline{BD}=\sqrt{11^2+(3\sqrt{3})^2}=2\sqrt{37}$ (cm) …(iii)

채점 기준	비율
(i) $\overline{DH}$의 길이 구하기	30 %
(ii) $\overline{CH}$의 길이 구하기	30 %
(iii) $\overline{BD}$의 길이 구하기	40 %

17 △ABH에서
$\overline{BH}=\dfrac{\overline{AH}}{\tan 30°}=\sqrt{3}\,\overline{AH}$ …(i)
△AHC에서
$\overline{CH}=\dfrac{\overline{AH}}{\tan 45°}=\overline{AH}$ …(ii)
이때 $\overline{BC}=\overline{BH}+\overline{CH}$이므로
$10=\sqrt{3}\,\overline{AH}+\overline{AH}$
$(\sqrt{3}+1)\overline{AH}=10$
∴ $\overline{AH}=\dfrac{10}{\sqrt{3}+1}=5(\sqrt{3}-1)$ …(iii)

채점 기준	비율
(i) $\overline{BH}$의 길이를 $\overline{AH}$를 이용하여 나타내기	30 %
(ii) $\overline{CH}$의 길이를 $\overline{AH}$를 이용하여 나타내기	30 %
(iii) $\overline{AH}$의 길이 구하기	40 %

18 △ABD에서
$\overline{AD}=\dfrac{6}{\tan 45°}=6$이므로
$\overline{BD}=\sqrt{6^2+6^2}=6\sqrt{2}$ …(i)
∴ □ABCD

$=\triangle ABD+\triangle BCD$
$=\dfrac{1}{2}\times 6\times 6$
$+\dfrac{1}{2}\times 6\sqrt{2}\times 8\times\sin 30°$
$=18+12\sqrt{2}$ …(ii)

채점 기준	비율
(i) $\overline{BD}$의 길이 구하기	50 %
(ii) □ABCD의 넓이 구하기	50 %

19 $\square ABCD=6\times 4\times\sin 60°$
$=12\sqrt{3}$ (cm²) …(i)
∴ $\triangle ABO=\dfrac{1}{4}\square ABCD$
$=\dfrac{1}{4}\times 12\sqrt{3}$
$=3\sqrt{3}$ (cm²) …(ii)

채점 기준	비율
(i) □ABCD의 넓이 구하기	50 %
(ii) △ABO의 넓이 구하기	50 %

5~6강	p. 82~84

1 ⑤ 2 ③ 3 ②
4 $\dfrac{13}{2}$ cm 5 ② 6 8 cm
7 ③ 8 ③ 9 ④ 10 ③
11 $8+4\sqrt{21}$ 12 ③
13 5 cm 14 ③ 15 6 16 16
17 12 cm, 과정은 풀이 참조
18 $\dfrac{22}{3}\pi$ cm, 과정은 풀이 참조
19 78 cm², 과정은 풀이 참조
20 34, 과정은 풀이 참조

1 ⑤ 원 밖의 한 점에서 그 원에 그을 수 있는 접선은 2개이다.

2 $\overline{OA}$를 그으면 △OAM에서
$\overline{AM}=\dfrac{1}{2}\overline{AB}=\dfrac{1}{2}\times 8=4$ (cm)
이므로 $\overline{OA}=\sqrt{4^2+3^2}=5$ (cm)
∴ (원 O의 넓이)$=\pi\times 5^2$
$=25\pi$ (cm²)

3 △BMC에서 $\overline{BM}=\sqrt{15^2-9^2}=12$
△AOM에서 $\overline{AM}=\overline{BM}=12$,
$\overline{OM}=x-9$이므로
$12^2+(x-9)^2=x^2$, $18x=225$
∴ $x=\dfrac{25}{2}$

4 현의 수직이등분선은 그 원의 중심을 지나므로 원의 중심을 O라고 하면 $\overline{CM}$의 연장선은 원의 중심 O를 지난다.

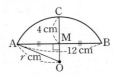

원 O의 반지름의 길이를 r cm라고 하면
$\overline{OA}=r$ cm, $\overline{OM}=(r-4)$ cm,
$\overline{AM}=\dfrac{1}{2}\overline{AB}=\dfrac{1}{2}\times12=6(cm)$
이므로 △AOM에서
$6^2+(r-4)^2=r^2$, $8r=52$
$\therefore r=\dfrac{13}{2}$

따라서 원의 반지름의 길이는 $\dfrac{13}{2}$ cm 이다.

5 다음 그림과 같이 점 O에서 $\overline{AB}$에 내린 수선의 발을 M, 원 O의 반지름의 길이를 r라고 하면

$\overline{OA}=r$, $\overline{OM}=\dfrac{1}{2}r$,
$\overline{AM}=\dfrac{1}{2}\overline{AB}=\dfrac{1}{2}\times6\sqrt{3}=3\sqrt{3}$
이므로 △OAM에서
$(3\sqrt{3})^2+\left(\dfrac{1}{2}r\right)^2=r^2$, $r^2=36$
이때 $r>0$이므로 $r=6$
따라서 원 O의 반지름 길이는 6이다.

6 다음 그림과 같이 점 O에서 $\overline{AB}$에 내린 수선의 발을 H라고 하면

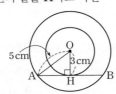

$\overline{OA}=5$ cm, $\overline{OH}=3$ cm이므로
△OAH에서 $\overline{AH}=\sqrt{5^2-3^2}=4(cm)$
$\therefore \overline{AB}=2\overline{AH}=2\times4=8(cm)$

7 $\overline{OM}=\overline{ON}$이므로 $\overline{CD}=\overline{AB}=6$
△OCN에서
$\overline{CN}=\dfrac{1}{2}\overline{CD}=\dfrac{1}{2}\times6=3$이므로
$x=\sqrt{3^2+3^2}=3\sqrt{2}$

8 $\overline{OM}=\overline{ON}$이므로 △ABC는
$\overline{AB}=\overline{AC}$인 이등변삼각형이다.
$\therefore \angle B=\dfrac{1}{2}\times(180°-40°)=70°$
따라서 □MBHO에서
$\angle MOH=360°-(90°+70°+90°)$
$=110°$

9 $\overline{AP}=\dfrac{1}{2}\overline{AB}=\dfrac{1}{2}\times8\sqrt{3}=4\sqrt{3}$
$\overline{OA}$를 그으면
$\angle OAP=\dfrac{1}{2}\angle A=\dfrac{1}{2}\times60°=30°$
이므로 △APO에서
$\overline{OA}=\dfrac{4\sqrt{3}}{\cos30°}=8$
따라서 원 O의 반지름의 길이는 8이다.

10 $\angle AOP=\dfrac{1}{2}\angle AOB$
$=\dfrac{1}{2}\times120°=60°$,
$\angle OAP=90°$이므로 △APO에서
$\overline{PO}=\dfrac{5}{\cos60°}=10(cm)$

11 $\overline{OA}=\overline{OB}=4$, $\overline{PO}=6+4=10$이고
$\angle PAO=90°$이므로 △APO에서
$\overline{PA}=\sqrt{10^2-4^2}=2\sqrt{21}$
$\therefore$ (□APBO의 둘레의 길이)
$=\overline{OA}+\overline{OB}+\overline{PA}+\overline{PB}$
$=2(\overline{OA}+\overline{PA})$
$=2\times(4+2\sqrt{21})$
$=8+4\sqrt{21}$

12 (△ABC의 둘레의 길이)
$=\overline{AB}+\overline{BC}+\overline{CA}$
$=\overline{AB}+(\overline{BF}+\overline{CF})+\overline{CA}$
$=\overline{AB}+(\overline{BD}+\overline{CE})+\overline{CA}$
$=\overline{AD}+\overline{AE}$
$=2\overline{AD}$
이므로 $6+5+7=2\overline{AD}$
$18=2\overline{AD}$ $\therefore \overline{AD}=9$

13 $\overline{BE}=\overline{BD}=4$ cm,
$\overline{CF}=\overline{CE}=6$ cm,
$\overline{AD}=\overline{AF}$이므로
$\overline{AB}+\overline{BC}+\overline{CA}$
$=2(\overline{BD}+\overline{CE}+\overline{AF})$
$=2(4+6+\overline{AF})$
$=20+2\overline{AF}=30$
에서 $2\overline{AF}=10$
$\therefore \overline{AF}=5(cm)$

14 $\overline{AC}=x$ cm라고 하면
$\overline{CF}=\overline{CE}=2$ cm,
$\overline{BD}=\overline{BE}=6$ cm이므로
$\overline{AD}=\overline{AF}=(x-2)$ cm,
$\overline{AB}=(x-2)+6=x+4(cm)$
따라서 △ABC에서
$8^2+x^2=(x+4)^2$
$8x=48$ $\therefore x=6$
$\therefore \overline{AC}=6$ cm

15 △DEC에서 $\overline{CE}=\sqrt{5^2-4^2}=3$
$\overline{AD}=x$라고 하면 $\overline{BE}=x-3$이므로
□ABED에서
$x+(x-3)=4+5$, $2x=12$
$\therefore x=6$ $\therefore \overline{AD}=6$

16

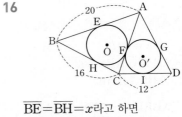

$\overline{BE}=\overline{BH}=x$라고 하면
$\overline{AG}=\overline{AF}=\overline{AE}=20-x$,
$\overline{CI}=\overline{CF}=\overline{CH}=16-x$,
$\overline{DG}=\overline{DI}=12-(16-x)=x-4$
$\therefore \overline{AD}=\overline{AG}+\overline{DG}$
$=(20-x)+(x-4)=16$

17 $\overline{OD}=\dfrac{1}{2}\overline{CD}=\dfrac{1}{2}\times20=10(cm)$
이므로
$\overline{OM}=\overline{OD}-\overline{DM}$
$=10-2=8(cm)$ $\cdots$(i)
$\overline{OA}$를 그으면 $\overline{OA}=\overline{OD}=10$ cm
이므로 △AOM에서
$\overline{AM}=\sqrt{10^2-8^2}=6(cm)$ $\cdots$(ii)
$\therefore \overline{AB}=2\overline{AM}=2\times6=12(cm)$
$\cdots$(iii)

채점 기준	비율
(i) $\overline{OM}$의 길이 구하기	30 %
(ii) $\overline{AM}$의 길이 구하기	40 %
(iii) $\overline{AB}$의 길이 구하기	30 %

18 $\angle OTP=\angle OT'P=90°$이므로
$\angle TOT'=180°-70°$
$=110°$ $\cdots$(i)
$\therefore \overparen{TT'}=2\pi\times12\times\dfrac{110}{360}$
$=\dfrac{22}{3}\pi(cm)$ $\cdots$(ii)

채점 기준	비율
(i) ∠TOT′의 크기 구하기	50 %
(ii) $\widehat{TT'}$의 길이 구하기	50 %

19 $\overline{CD}=\overline{CE}+\overline{DE}=\overline{BC}+\overline{AD}$
$\quad=9+4=13(cm)$ ···(i)

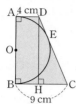

꼭짓점 D에서 $\overline{BC}$에 내린 수선의 발을
H라고 하면
$\overline{CH}=\overline{BC}-\overline{BH}$
$\quad=9-4=5(cm)$ ···(ii)
△DHC에서
$\overline{DH}=\sqrt{13^2-5^2}=12(cm)$ ···(iii)
$\therefore \square ABCD=\dfrac{1}{2}\times(4+9)\times12$
$\quad=78(cm^2)$ ···(iv)

채점 기준	비율
(i) $\overline{CD}$의 길이 구하기	30 %
(ii) $\overline{CH}$의 길이 구하기	20 %
(iii) $\overline{DH}$의 길이 구하기	30 %
(iv) $\square ABCD$의 넓이 구하기	20 %

20 $\overline{AE}=\overline{AH}=2$,
$\overline{BE}=\overline{BF}=6$ ···(i)
$\therefore (\square ABCD$의 둘레의 길이)
$=\overline{AB}+\overline{BC}+\overline{CD}+\overline{DA}$
$=2(\overline{AB}+\overline{CD})$
$=2\times(8+9)$
$=34$ ···(ii)

채점 기준	비율
(i) $\overline{AE}$, $\overline{BE}$의 길이 각각 구하기	50 %
(ii) $\square ABCD$의 둘레의 길이 구하기	50 %

7강 p. 85~86

1 ②	2 ④	3 ⑤	4 ②
5 ③	6 ②	7 59°	8 12°
9 ④	10 4	11 ①	12 ②

13 16π, 과정은 풀이 참조
14 100°, 과정은 풀이 참조

1 $\angle x=\dfrac{1}{2}\angle AOB=\dfrac{1}{2}\times130°=65°$

---

2 $\angle ABC=\dfrac{1}{2}\times(360°-108°)=126°$
$\therefore \angle x=360°-(64°+108°+126°)$
$\quad=62°$

3 $\angle AOB=2\angle APB=2\times60°$
$\quad=120°$
$\therefore △OAB$
$=\dfrac{1}{2}\times12\times12\times\sin(180°-120°)$
$=36\sqrt{3}(cm^2)$

4 다음 그림과 같이 $\overline{OA}$, $\overline{OB}$를 그으면

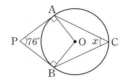

$\angle OAP=\angle OBP=90°$이므로
$\angle AOB=180°-76°=104°$
$\therefore \angle x=\dfrac{1}{2}\angle AOB$
$\quad=\dfrac{1}{2}\times104°=52°$

5 $\angle CAD=\angle CBD=25°$
△CAE에서 $\angle x=70°-25°=45°$

6 $\overline{BQ}$를 그으면
$\angle BQC=\dfrac{1}{2}\angle BOC$
$\quad=\dfrac{1}{2}\times70°=35°$
$\angle AQB=60°-35°=25°$
$\therefore \angle x=\angle AQB=25°$

7 $\overline{AQ}$를 그으면
$\angle AQB=90°$이고
$\angle AQC=\angle APC=31°$이므로
$\angle CQB=90°-31°=59°$

8 $\angle DBC=\angle DAC=\angle x$이고
$\angle ABC=90°$이므로
$\angle x=90°-56°=34°$
△EBC에서 $34°+\angle y=80°$
$\therefore \angle y=46°$
$\therefore \angle y-\angle x=12°$

9 $\overline{AE}$를 그으면 $\angle AEB=90°$
$\angle DAE=\dfrac{1}{2}\angle DOE$
$\quad=\dfrac{1}{2}\times52°=26°$
따라서 △CAE에서
$\angle C=180°-(90°+26°)=64°$

---

10 다음 그림과 같이 점 B를 지나는 지름
이 원 O와 만나는 점을 D라 하고 $\overline{CD}$
를 그으면

$\angle BDC=\angle BAC=60°$,
$\angle BCD=90°$이므로 △BCD에서
$\overline{BD}=\dfrac{2\sqrt{3}}{\sin60°}=4$
따라서 원 O의 지름의 길이는 4이다.

11 다음 그림과 같이 $\overline{AC}$를 그으면

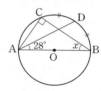

$\angle ACB=90°$,
$\angle CAD=\angle BAD=28°$이므로
△ABC에서
$\angle x=180°-(90°+28°+28°)=34°$

12 $\overline{AC}$를 그으면
$\angle ACB=180°\times\dfrac{1}{6}=30°$,
$\angle DAC=180°\times\dfrac{1}{4}=45°$
따라서 △APC에서
$\angle P=45°-30°=15°$

13 △ABP에서
$\angle BAP=\angle BPC-\angle ABP$
$\quad=65°-20°=45°$ ···(i)
원의 둘레의 길이를 l이라고 하면
$45°:180°=4\pi:l$ ···(ii)
$\therefore l=16\pi$
따라서 원의 둘레의 길이는 16π이다.
···(iii)

채점 기준	비율
(i) ∠BAP의 크기 구하기	30 %
(ii) 호의 길이와 원주각의 크기를 이용하여 비례식 세우기	30 %
(iii) 원의 둘레의 길이 구하기	40 %

14 원주각의 크기는 호의 길이에 정비례하
므로
$\widehat{AB}:\widehat{BC}:\widehat{CA}=2:5:2$에서
$\angle ACB:\angle BAC:\angle ABC$
$=2:5:2$ ···(i)

$\therefore \angle BAC = 180° \times \dfrac{5}{2+5+2}$

$\qquad = 100°$ ··· (ii)

채점 기준	비율
(i) 호에 대한 원주각의 크기의 비 구하기	50 %
(ii) ∠BAC의 크기 구하기	50 %

8강   p. 87~88

1 ④	2 37°	3 ⑤	4 192°
5 105°	6 ②	7 48°	8 ④
9 ①	10 95°	11 ③	

12 27°, 과정은 풀이 참조

13 70°, 과정은 풀이 참조

---

1 ① ∠BAC
$= 180° - (40° + 60° + 35°) = 45°$
이므로 ∠BAC ≠ ∠BDC
② ∠BAC ≠ ∠BDC
③ ∠ACB $= 180° - (70° + 75°)$
$\qquad = 35°$
이므로 ∠ADB ≠ ∠ACB
④ ∠BDC $= 110° - 80° = 30°$이므로
∠BAC = ∠BDC
⑤ ∠BAC $= 90° - 30° = 60°$이므로
∠BAC ≠ ∠BDC

2 ∠BDC = ∠BAC = 43°이므로
△DBC에서
$\angle x = 180° - (43° + 58° + 42°) = 37°$

3 △ACD에서
∠ADC $= 180° - (48° + 50°) = 82°$
∠x + ∠ADC $= 180°$
$\therefore \angle x = 180° - 82° = 98°$

4 ∠D $= 180° \times \dfrac{1}{3} = 60°$이므로
∠B $= 180° - 60° = 120°$
∠A $= 180° \times \dfrac{2}{5} = 72°$
$\therefore \angle A + \angle B = 72° + 120° = 192°$

5 다음 그림과 같이 $\overline{CE}$를 그으면

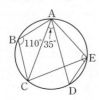

∠CED = ∠CAD = 35°
□ABCE는 원에 내접하므로
∠AEC $= 180° - 110° = 70°$
$\therefore \angle AED = \angle AEC + \angle CED$
$\qquad = 70° + 35° = 105°$

6 ∠BAD $= \dfrac{1}{2} \angle BOD$
$\qquad = \dfrac{1}{2} \times 126° = 63°$
□ABCD가 원에 내접하므로
∠x = ∠BAD = 63°

7 ∠PAB = ∠BCD = 60°이므로
△APB에서
∠P $= 180° - (72° + 60°) = 48°$

8 다음 그림과 같이 $\overline{BD}$를 그으면

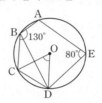

□ABDE가 원 O에 내접하므로
∠ABD $= 180° - 80° = 100°$
따라서 ∠CBD $= 130° - 100° = 30°$
이므로
∠COD $= 2\angle CBD = 2 \times 30° = 60°$

9 □ABCD가 원에 내접하므로
∠BCQ = ∠x
△PAB에서 ∠CBQ $= 40° + \angle x$
△CBQ에서
∠x + (∠x + 40°) + 32° $= 180°$
$2\angle x = 108°$ $\therefore \angle x = 54°$

10 □ABCD가 원 O에 내접하므로
∠BCD $= 180° - 85° = 95°$
□DCFE가 원 O′에 내접하므로
∠E = ∠BCD = 95°

11 ① ∠ADO + ∠AFO = 180°이므로
□ADOF는 원에 내접한다.
② ∠AFB = ∠AEB = 90°이므로
□ABEF는 원에 내접한다.
④ ∠BDC = ∠BFC = 90°이므로
□DBCF는 원에 내접한다.
⑤ ∠CEO + ∠CFO = 180°이므로
□OECF는 원에 내접한다.

12 네 점 A, B, C, D가 한 원 위에 있으므로
∠DBC = ∠DAC = 62° ··· (i)
따라서 △PBD에서 35° + ∠D = 62°
$\therefore \angle D = 27°$ ··· (ii)

채점 기준	비율
(i) ∠DBC의 크기 구하기	50 %
(ii) ∠D의 크기 구하기	50 %

13 △OBC는 $\overline{OB} = \overline{OC}$인 이등변삼각형이므로
∠OBC = ∠OCB = 40°
∠BOC $= 180° - (40° + 40°)$
$\qquad = 100°$ ··· (i)
$\therefore \angle BDC = \dfrac{1}{2} \angle BOC$
$\qquad = \dfrac{1}{2} \times 100° = 50°$ ··· (ii)
□ABCD가 원 O에 내접하므로
∠x = ∠ADC
$\qquad = 20° + 50° = 70°$ ··· (iii)

채점 기준	비율
(i) ∠BOC의 크기 구하기	30 %
(ii) ∠BDC의 크기 구하기	30 %
(iii) ∠x의 크기 구하기	40 %

9강   p. 89~90

1 ①	2 ③	3 ②	4 60°
5 ③	6 38°	7 ②	8 ②
9 $\dfrac{9\sqrt{3}}{4}$	10 63°	11 50°	

12 ∠x = 75°, ∠y = 75°

13 62°, 과정은 풀이 참조

14 40°, 과정은 풀이 참조

---

1 ∠BAP = ∠BPT = 70°이므로
△APB에서
$\angle x = 180° - (70° + 40°) = 70°$

2 다음 그림과 같이 원 O 위의 한 점을 C라 하고 $\overline{AC}$, $\overline{BC}$를 그으면

∠ACB $= \dfrac{1}{2} \angle AOB$
$\qquad = \dfrac{1}{2} \times 120° = 60°$
$\therefore \angle BAT = \angle ACB = 60°$

| 다른 풀이 |

$\triangle OAB$는 $\overline{OA}=\overline{OB}$인 이등변삼각형이므로

$\angle OAB=\dfrac{1}{2}\times(180°-120°)=30°$

$\angle OAT=90°$이므로

$\angle BAT=90°-30°=60°$

3 $\angle CBA=\angle CAT=60°$이므로

$\triangle ABC=\dfrac{1}{2}\times4\times8\times\sin60°$

$\qquad\quad=8\sqrt{3}\,(\text{cm}^2)$

4 $\overset{\frown}{AB}:\overset{\frown}{BC}:\overset{\frown}{CA}=3:5:4$에서

$\angle ACB:\angle CAB:\angle CBA$

$=3:5:4$

$\therefore \angle CBA=180°\times\dfrac{4}{3+5+4}=60°$

$\therefore \angle CAT=\angle CBA=60°$

5 $\angle BCD=\angle BDP=70°$이므로

$\triangle BDC$에서

$\angle BDC=180°-(50°+70°)=60°$

$\angle BAC=\angle BDC=60°$이고

$\angle ABC=90°$이므로

$\triangle BAC$에서

$\angle x=180°-(90°+60°)=30°$

6 $\overline{BT}$를 그으면

$\angle BTP=\angle BAT=39°$

$\square ABTC$는 원에 내접하므로

$\angle ABT=180°-103°=77°$

따라서 $\triangle BPT$에서

$\angle BPT=77°-39°=38°$

7 다음 그림과 같이 $\overline{CE}$를 그으면

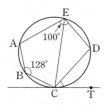

$\square ABCE$가 원에 내접하므로

$\angle AEC=180°-128°=52°$

$\therefore \angle DCT=\angle CED$

$\qquad\qquad\quad=100°-52°=48°$

8 $\overline{AC}$를 그으면 $\angle BAC=90°$,

$\angle BCA=\angle BAT=70°$

$\triangle BCA$에서

$\angle CBA=180°-(70°+90°)=20°$

$\triangle BPA$에서 $\angle x=70°-20°=50°$

9 $\overline{BT}$를 그으면 $\angle ATB=90°$

$\angle ATP=\angle ABT=\angle x$라고 하면

$\triangle BPT$에서

$\angle x+30°+(\angle x+90°)=180°$

$2\angle x=60°$ $\qquad\therefore \angle x=30°$

$\triangle ATB$에서 $\overline{AT}=6\sin30°=3$

$\triangle APT$에서 $\overline{AP}=\overline{AT}=3$

$\angle PAT=180°-(30°+30°)=120°$

$\therefore \triangle APT$

$=\dfrac{1}{2}\times3\times3\times\sin(180°-120°)$

$=\dfrac{9\sqrt{3}}{4}$

10 $\angle AQB=\angle BAP$

$\qquad\quad=\dfrac{1}{2}\times(180°-30°)=75°$

$\triangle AQB$에서

$\angle x+\angle BAQ=180°-75°=105°$

$\overset{\frown}{AQ}:\overset{\frown}{QB}=\angle x:\angle BAQ=3:2$

이므로

$\angle x=\dfrac{3}{5}\times105°=63°$

11 $\angle DEC=\angle EDC=\angle EFD=54°$

이므로 $\triangle EDC$에서

$\angle ECD=180°-(54°+54°)=72°$

따라서 $\triangle ABC$에서

$\angle ABC=180°-(58°+72°)=50°$

12 $\angle y=\angle BDT=75°$

$\angle x=\angle y=75°$

13 $\square ABCD$가 원에 내접하므로

$\angle BCD=180°-96°=84°$ $\cdots$ (i)

$\angle DCF=\angle DBC=34°$ $\cdots$ (ii)

따라서 $\angle BCE+84°+34°=180°$에서

$\angle BCE=62°$ $\cdots$ (iii)

채점 기준	비율
(i) $\angle BCD$의 크기 구하기	30 %
(ii) $\angle DCF$의 크기 구하기	30 %
(iii) $\angle BCE$의 크기 구하기	40 %

14 $\angle ATP=\angle ACT=80°$

$\angle BTQ=\angle ATP=80°$(맞꼭지각)

$\therefore \angle BDT=\angle BTQ=80°$ $\cdots$ (i)

따라서 $\triangle DTB$에서

$\angle x=180°-(60°+80°)=40°$ $\cdots$ (ii)

채점 기준	비율
(i) $\angle BDT$의 크기 구하기	50 %
(ii) $\angle x$의 크기 구하기	50 %

10~11강 p. 91~93

1 ①	2 ④	3 ③	4 ②
5 ④	6 7	7 ④	8 ④
9 ⑤	10 32.4	11 ③	12 ⑤
13 ③	14 ①		

15 3, 과정은 풀이 참조

16 2개, 과정은 풀이 참조

17 평균: 3, 표준편차: $\sqrt{11}$,
과정은 풀이 참조

18 A반, 과정은 풀이 참조

1 $\dfrac{a+b+c+d}{4}=10$

$\therefore a+b+c+d=40$

$\therefore$ (구하는 평균)

$=\dfrac{4+a+b+c+d+16}{6}$

$=\dfrac{4+40+16}{6}=\dfrac{60}{6}=10$

2 정인이네 반 여학생의 수를 x명이라고 하면

(남학생 10명의 몸무게의 총합)

$=10\times62=620\,(\text{kg})$

(여학생 x명의 몸무게의 총합)

$=50x\,\text{kg}$

반 전체의 몸무게의 평균이 55 kg이므로

$\dfrac{620+50x}{10+x}=55,\ 5x=70$

$\therefore x=14$

따라서 정인이네 반 여학생의 수는 14명이다.

3 자료의 값의 총합은

$16+18+20+21+22+25+27$

$\qquad\qquad\qquad\quad+34+34+43$

$=260$

(평균)$=\dfrac{260}{10}=26\,(\text{m})$

$\therefore a=26$

(중앙값)$=\dfrac{22+25}{2}=23.5\,(\text{m})$

$\therefore b=23.5$

(최빈값)$=34\,\text{m}$ $\qquad\therefore c=34$

따라서 $b<a<c$이다.

4 x의 값에 관계없이 최빈값은 8시간이다.

즉, 평균이 8시간이므로

$\dfrac{8+7+9+6+8+8+x}{7}=8$

$46+x=56$ $\qquad\therefore x=10$

---

5 1, 3, 6, a, b의 중앙값이 5이므로
$a=5$ 또는 $b=5$
(i) $a=5$일 때, 2, 8, 5, b, 10의 최빈값이 8이므로 $b=8$
(ii) $b=5$일 때, 2, 8, a, 5, 10의 최빈값이 8이므로 $a=8$
$\therefore a+b=13$

6 중앙값이 7편이므로 x의 값은 7보다 작거나 같아야 한다.
따라서 x의 값이 될 수 있는 가장 작은 값은 0이고 가장 큰 값은 7이므로 구하는 합은 $0+7=7$이다.

7 ㄱ. 평균은 산포도가 아니다.
ㅁ. 표준편차가 작을수록 자료는 고르게 분포되어 있다.

8 ② $x+(-7)+10+4+(-1)=0$
$\therefore x=-6$
③ 편차가 가장 작은 학생 B의 몸무게가 가장 적게 나간다.
④ $4=$(학생 D의 몸무게)-56이므로
(학생 D의 몸무게)$=60(kg)$
⑤ 평균보다 몸무게가 많이 나가는 학생은 편차가 양수인 C, D의 2명이다.
따라서 옳지 않은 것은 ④이다.

9 주어진 자료들의 평균은 모두 11이므로 편차를 각각 구하면
① -9, -7, -3, 4, 15
② -6, -4, -1, 3, 8
③ -4, -2, 0, 2, 4
④ -3, -3, 1, 1, 4
⑤ -1, 0, 0, 0, 1
따라서 가장 고르게 분포되어 있는 것은 평균 11로부터 흩어져 있는 정도가 가장 작은 ⑤이다.

10 $-2+(-3)+x+7+6=0$이므로
$x=-8$
$\therefore$ (분산)
$=\dfrac{(-2)^2+(-3)^2+(-8)^2+7^2+6^2}{5}$
$=\dfrac{162}{5}=32.4$

11 자료의 값의 총합은
$5\times3+6\times4+7\times5+8\times3+9\times2+10\times1$
$=126$

이므로 (평균)$=\dfrac{126}{18}=7$(점)
이때 {(편차)$^2\times$(도수)}의 총합은
$(-2)^2\times3+(-1)^2\times4+0^2\times5+1^2\times3+2^2\times2+3^2\times1$
$=36$
$\therefore$ (분산)$=\dfrac{36}{18}=2$
$\therefore$ (표준편차)$=\sqrt{2}$(점)

12 ① (평균)
$=\dfrac{9+10+9+8+10+10+7+8+9+10}{10}$
$=\dfrac{90}{10}=9$
② (편차)^{2}의 합은
$0^2+1^2+0^2+(-1)^2+1^2+1^2+(-2)^2+(-1)^2+0^2+1^2$
$=10$
$\therefore$ (분산)$=\dfrac{10}{10}=1$
③ (표준편차)$=1$
④ 편차의 합은 항상 0이다.
⑤ ②에서 편차의 제곱의 합은 10이다.
따라서 옳지 않은 것은 ⑤이다.

13 A반과 B반의 턱걸이 횟수를 표로 나타내면 다음과 같다.

횟수(회)	3	4	5	6	7	합계
A반(명)	2	6	5	4	3	20
B반(명)	3	6	4	2	1	16

ㄱ. B반의 턱걸이 횟수의 최빈값은 4회이다.
ㄴ. A반의 턱걸이 횟수의 평균은
$\dfrac{3\times2+4\times6+5\times5+6\times4+7\times3}{20}$
$=\dfrac{100}{20}=5$(회)
B반의 턱걸이 횟수의 평균은
$\dfrac{3\times3+4\times6+5\times4+6\times2+7\times1}{16}$
$=\dfrac{72}{16}=4.5$(회)
ㄷ. A반의 턱걸이 횟수의 평균이 5회이므로 {(편차)$^2\times$(도수)}의 합은
$(-2)^2\times2+(-1)^2\times6+0^2\times5+1^2\times4+2^2\times3$
$=30$
(분산)$=\dfrac{30}{20}=1.5$
$\therefore$ (표준편차)$=\sqrt{1.5}$(회)
따라서 옳은 것은 ㄱ, ㄷ이다.

14 ① A반의 표준편차가 작으므로 점수의 분포는 A반이 더 고르다고 할 수 있다.
② A반의 점수의 분산이 B반의 점수의 분산보다 작다.
③ A, B 두 반의 학생 수는 알 수 없다.
④ 학생 수를 알 수 없으므로 점수의 총합도 알 수 없다.
⑤ 점수가 가장 높은 학생이 어느 반에 있는지 알 수 없다.
따라서 옳은 것은 ①이다.

15 (평균)
$=\dfrac{-2+3+a+(-1)+b+5+(-4)}{7}$
$=\dfrac{a+b+1}{7}=2$
이므로 $a+b+1=14$
$\therefore a+b=13$ $\cdots$(i)
이 식과 $a-b=-3$을 연립하여 풀면
$a=5$, $b=8$ $\cdots$(ii)
변량을 작은 값에서부터 크기순으로 나열하면 -4, -2, -1, 3, 5, 5, 8
따라서 중앙값은 3이다. $\cdots$(iii)

채점 기준	비율
(i) a, b에 대한 식 세우기	30%
(ii) a, b의 값 각각 구하기	30%
(iii) 중앙값 구하기	40%

16 토요일에 올라온 글의 수의 편차를 x개라고 하면 편차의 합은 0이므로
$-9+(-4)+2+6+6+x+10=0$
$11+x=0$ $\therefore x=-11$ $\cdots$(i)
$-11=$(토요일에 올라온 글의 수)-13
$\therefore$ (토요일에 올라온 글의 수)$=13-11=2$(개) $\cdots$(ii)

채점 기준	비율
(i) x의 값 구하기	50%
(ii) 토요일에 올라온 글의 수 구하기	50%

17 a, b, c, 2, 4에서
(평균)$=\dfrac{a+b+c+2+4}{5}=3$
이므로 $a+b+c=9$
(분산)
$=\dfrac{(a-3)^2+(b-3)^2+(c-3)^2+(-1)^2+1^2}{5}$
$=(\sqrt{7})^2$이므로
$(a-3)^2+(b-3)^2+(c-3)^2=33$ $\cdots$(i)

a, b, c에서

$$(평균)=\frac{a+b+c}{3}=\frac{9}{3}=3 \quad \cdots (ii)$$

$$(분산)=\frac{(a-3)^2+(b-3)^2+(c-3)^2}{3}$$

$$=\frac{33}{3}=11 \quad \cdots (iii)$$

$$\therefore (표준편차)=\sqrt{11} \quad \cdots (iv)$$

채점 기준	비율
(i) a, b, c에 대한 식 세우기	30 %
(ii) a, b, c의 평균 구하기	20 %
(iii) a, b, c의 분산 구하기	20 %
(iv) a, b, c의 표준편차 구하기	30 %

18 (A 반의 평균)

$$=\frac{1\times2+2\times4+3\times8+4\times4+5\times2}{20}$$

$$=\frac{60}{20}=3(권)$$

(A 반의 분산)

$$=\frac{(-2)^2\times2+(-1)^2\times4+0^2\times8+1^2\times4+2^2\times2}{20}$$

$$=\frac{24}{20}=\frac{6}{5} \quad \cdots (i)$$

(B 반의 평균)

$$=\frac{2\times3+3\times4+4\times6+5\times4+6\times3}{20}$$

$$=\frac{80}{20}=4(권)$$

(B 반의 분산)

$$=\frac{(-2)^2\times3+(-1)^2\times4+0^2\times6+1^2\times4+2^2\times3}{20}$$

$$=\frac{32}{20}=\frac{8}{5} \quad \cdots (ii)$$

따라서 A 반의 분산이 B 반의 분산보다 작으므로 A 반의 자료의 분포가 더 고르다. $\cdots (iii)$

채점 기준	비율
(i) A반의 평균, 분산 각각 구하기	30 %
(ii) B반의 평균, 분산 각각 구하기	30 %
(iii) A, B 두 반 중 자료의 분포가 더 고른 반 구하기	40 %

12강   p. 94~95

1 ③, ④   **2** 10명   **3** 2차   **4** 6명

5 ③   **6** 6편   **7** 20 %   **8** ③

9 ③, ⑤ **10** ⑤

11 6.75점, 과정은 풀이 참조

12 20 %, 과정은 풀이 참조

---

1 ③ 수학 점수가 40점 이상 60점 미만인 학생은 4명이다.

④ 수학 점수와 과학 점수가 모두 90점 이상인 학생은 3명이다.

2

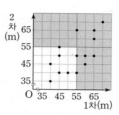

구하는 학생은 색칠한 부분(경계선 포함)에 속하므로 10명이다.

3 던지기 기록이 40 m 이상 50 m 이하인 학생은 1차 6명, 2차 9명이므로 2차에 더 많다.

4

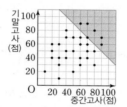

구하는 학생은 색칠한 부분(경계선 포함)에 속하므로 6명이다.

5 세인이네 반 학생 수는 산점도에서 점의 개수와 같으므로 20명이다.

6

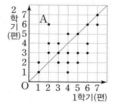

오른쪽 위로 향하는 대각선에서 멀리 떨어질수록 1학기와 2학기 동안 관람한 영화의 편수의 차가 크므로 A의 편수의 차가 가장 크다.

따라서 구하는 편수는 6편이다.

7

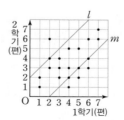

구하는 학생 수는 두 직선 l, m 위의 점의 개수와 같으므로 4명이다.

$$\therefore \frac{4}{20}\times100=20(\%)$$

8 ③ 학습 시간과 성적 사이에는 양의 상관관계가 있다.

9 ①, ④ 상관관계가 없다.

② 음의 상관관계

10 ㄱ. 수학 성적과 영어 성적 사이에는 양의 상관관계가 있다.

ㄹ. C는 B보다 영어 성적이 낮으므로 우수하지 않다.

따라서 옳은 것은 ㄴ, ㄷ, ㅁ이다.

11

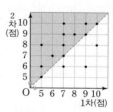

구하는 학생은 오른쪽 위로 향하는 대각선의 위쪽에 있으므로 8명이고, 이 학생들의 듣기 평가 점수를 표로 나타내면 다음과 같다.

점수(점)	5	6	7	8	9	합계
학생 수(명)	2	1	3	1	1	8

$\cdots (i)$

따라서 구하는 평균은

$$\frac{10+6+21+8+9}{8}=6.75(점) \cdots (ii)$$

채점 기준	비율
(i) 2차 듣기 평가 점수가 향상된 학생 수와 점수 구하기	50 %
(ii) 평균 구하기	50 %

12

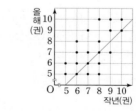

작년에 읽은 책이 올해 읽은 책보다 1권이 많은 학생은 위의 그림에서 대각선 위에 있는 학생이므로 4명이다. $\cdots (i)$

$$\therefore \frac{4}{20}\times100=20(\%) \quad \cdots (ii)$$

채점 기준	비율
(i) 작년보다 올해 읽은 책이 1권이 많은 학생 수 구하기	50 %
(ii) 전체에서 차지하는 비율 구하기	50 %

1 ①	2 ⑤	3 ②	4 ③
5 ④	6 ②	7 ②	8 ⑤
9 ⑤	10 ③	11 ②	12 ③
13 ③	14 ④	15 ②	16 ③
17 ⑤	18 ①	19 1.7302	
20 2	21 2		

22 $\dfrac{1}{4}$, 과정은 풀이 참조

23 40 cm², 과정은 풀이 참조

1 $\overline{AB}=\sqrt{17^2-15^2}=8$

∴ $\sin C=\dfrac{\overline{AB}}{\overline{BC}}=\dfrac{8}{17}$

2 $\sin A=\dfrac{\overline{BC}}{10}=\dfrac{3}{5}$에서

$\overline{BC}=6(cm)$

∴ $\overline{AC}=\sqrt{10^2-6^2}=8(cm)$

3 $\sin A=\dfrac{3}{5}$이므로 다음 그림과 같은 직각삼각형 ABC를 생각할 수 있다.

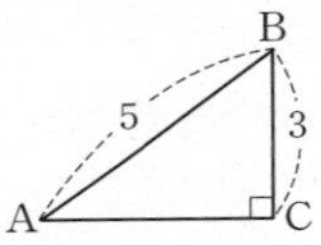

∴ $\overline{AC}=\sqrt{5^2-3^2}=4$

∴ $\cos A+\tan A=\dfrac{4}{5}+\dfrac{3}{4}$

$\qquad\qquad\qquad =\dfrac{31}{20}$

4 △ABC에서 $\overline{BC}=\sqrt{12^2+5^2}=13$

△ABC∽△EBD(AA 닮음)이므로

∠BCA=∠BDE=x

∴ $\sin x=\dfrac{\overline{AB}}{\overline{BC}}=\dfrac{12}{13}$

5 △EFG에서

$\overline{EG}=\sqrt{3^2+4^2}=5(cm)$

이므로 △AEG에서

$\overline{AG}=\sqrt{5^2+5^2}=5\sqrt{2}(cm)$

∴ $\cos x=\dfrac{5}{5\sqrt{2}}=\dfrac{\sqrt{2}}{2}$

6 직선 $x-2y+4=0$과 x축, y축의 교점을 각각 A, B라고 하자.

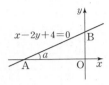

$x-2y+4=0$에 $x=0$, $y=0$을 각각 대입하면 A$(-4, 0)$, B$(0, 2)$

따라서 $\overline{AO}=4$, $\overline{BO}=2$이므로

$\tan a=\dfrac{1}{2}$

7 △DBC에서

$\overline{BC}=2\sqrt{2}\tan 45°=2\sqrt{2}(cm)$

△ABC에서

$\overline{AB}=\dfrac{2\sqrt{2}}{\tan 60°}=\dfrac{2\sqrt{6}}{3}(cm)$

8 ⑤ $\tan y=\dfrac{\overline{OB}}{\overline{AB}}=\dfrac{\overline{OD}}{\overline{CD}}=\dfrac{1}{\overline{CD}}$

9 ⑤ $\tan 50°>1$, $0<\cos 70°<1$이므로

$\tan 50°>\cos 70°$

10 △CAH에서

$\overline{CH}=8\sin 60°=4\sqrt{3}(cm)$,

$\overline{AH}=8\cos 60°=4(cm)$이므로

$\overline{BH}=\overline{AB}-\overline{AH}=10-4=6(cm)$

△CHB에서

$\overline{BC}=\sqrt{6^2+(4\sqrt{3})^2}=2\sqrt{21}(cm)$

11 $\dfrac{1}{2}\times4\sqrt{5}\times\overline{BC}\times\sin 30°=10$

$\sqrt{5}\,\overline{BC}=10$ ∴ $\overline{BC}=2\sqrt{5}$

12 □ABCD$=4\times6\times\sin 60°$

$\qquad\qquad =12\sqrt{3}$

13 $\overline{AH}=\dfrac{1}{2}\overline{AB}=\dfrac{1}{2}\times16=8$이므로

△OAH에서 $\overline{OH}=\sqrt{10^2-8^2}=6$

14 다음 그림과 같이 원의 중심을 O라고 하면 $\overline{CM}$의 연장선은 점 O를 지나므로

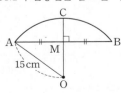

$\overline{OA}$를 그으면 $\overline{OA}=15\,cm$,

$\overline{AM}=\dfrac{1}{2}\overline{AB}=\dfrac{1}{2}\times24=12(cm)$

이므로 △OAM에서

$\overline{OM}=\sqrt{15^2-12^2}=9(cm)$

∴ $\overline{CM}=\overline{OC}-\overline{OM}$

$\qquad\quad =15-9=6(cm)$

15 원 O의 반지름의 길이가 5이므로

$\overline{OA}=5$

△OAM에서 $\overline{AM}=\sqrt{5^2-3^2}=4$

$\overline{AB}=2\overline{AM}=2\times4=8$

따라서 $\overline{OM}=\overline{ON}$이므로

$\overline{CD}=\overline{AB}=8$

∴ $\overline{AB}+\overline{CD}=8+8=16$

16 $\overline{AB}+\overline{BC}+\overline{CA}=\overline{AD}+\overline{AE}$

$\qquad\qquad\qquad\qquad\quad =2\overline{AD}$

즉, $10+8+12=2\overline{AD}$이므로

$\overline{AD}=15$

∴ $\overline{BD}=\overline{AD}-\overline{AB}$

$\qquad\quad =15-10=5$

17 다음 그림과 같이 $\overline{OA}$를 긋고 점 O에서 $\overline{AB}$에 내린 수선의 발을 M이라고 하면

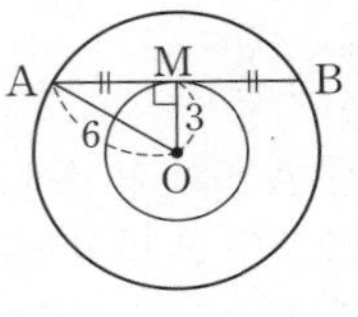

$\overline{OA}=6$, $\overline{OM}=3$이므로

△AOM에서 $\overline{AM}=\sqrt{6^2-3^2}=3\sqrt{3}$

∴ $\overline{AB}=2\overline{AM}=2\times3\sqrt{3}=6\sqrt{3}$

18 $\overline{AB}+\overline{CD}=\overline{AD}+\overline{BC}$이므로

$\overline{AB}+12=8+10$

∴ $\overline{AB}=6(cm)$

19 $\sin 44°=0.6947$, $\tan 46°=1.0355$

∴ $\sin 44°+\tan 46°=1.7302$

20 $0<x<90°$일 때, $0<\cos x<1$이므로

$\cos x-1<0$, $\cos x+1>0$

∴ (주어진 식)

$=-(\cos x-1)+(\cos x+1)$

$=2$

21

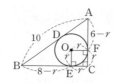

$\triangle ABC$에서 $\overline{BC}=\sqrt{10^2-6^2}=8$

원 O의 반지름의 길이를 r라고 하면
$\overline{BD}=\overline{BE}=8-r$,
$\overline{AD}=\overline{AF}=6-r$

이때 $\overline{AB}=\overline{BD}+\overline{AD}$이므로
$10=(8-r)+(6-r)$
$\therefore r=2$

따라서 원 O의 반지름의 길이는 2이다.

22 $\tan 45°=1$, $\sin 60°=\dfrac{\sqrt{3}}{2}$,

$\sin 45°=\dfrac{\sqrt{2}}{2}$, $\cos 45°=\dfrac{\sqrt{2}}{2}$,

$\cos 30°=\dfrac{\sqrt{3}}{2}$이므로 $\quad\cdots$(i)

(주어진 식)
$=\left(1-\dfrac{\sqrt{3}}{2}\right)\times\left(2\times\dfrac{\sqrt{2}}{2}\times\dfrac{\sqrt{2}}{2}+\dfrac{\sqrt{3}}{2}\right)$
$=\left(1-\dfrac{\sqrt{3}}{2}\right)\times\left(1+\dfrac{\sqrt{3}}{2}\right)$
$=1-\left(\dfrac{\sqrt{3}}{2}\right)^2$
$=1-\dfrac{3}{4}=\dfrac{1}{4}$ $\quad\cdots$(ii)

채점 기준	배점
(i) 각각의 삼각비의 값 구하기	4점
(ii) 식의 값 구하기	2점

23 다음 그림과 같이 점 D에서 $\overline{BC}$에 내린 수선의 발을 H라 하면

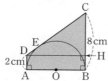

$\overline{CH}=\overline{BC}-\overline{BH}$
$\quad=8-2=6(\text{cm})$ $\quad\cdots$(i)
$\overline{CD}=\overline{CE}+\overline{DE}=\overline{CB}+\overline{DA}$
$\quad=8+2=10(\text{cm})$ $\quad\cdots$(ii)

이므로 $\triangle CDH$에서
$\overline{DH}=\sqrt{10^2-6^2}=8(\text{cm})$ $\quad\cdots$(iii)

$\therefore \square ABCD$
$=\triangle CDH+\square ABHD$
$=\dfrac{1}{2}\times 8\times 6+8\times 2$
$=24+16=40(\text{cm}^2)$ $\quad\cdots$(iv)

채점 기준	배점
(i) $\overline{CH}$의 길이 구하기	2점
(ii) $\overline{CD}$의 길이 구하기	2점
(iii) $\overline{DH}$의 길이 구하기	2점
(iv) $\square ABCD$의 넓이 구하기	1점

2학기 중간고사 제2회   p. 3~4

1 ②	2 ④	3 ①	4 ⑤
5 ①	6 ①	7 ③	8 ③
9 ⑤	10 ③	11 ③	12 ⑤
13 ②	14 ④	15 ③	16 ⑤
17 ④	18 ①	19 $\dfrac{\sqrt{3}}{2}-\dfrac{1}{6}\pi$	

20 $50\sqrt{3}\,\text{cm}^2$ **21** $5\,\text{cm}$

22 $2-\sqrt{3}$, 과정은 풀이 참조

23 $14\sqrt{3}\,\text{cm}$, 과정은 풀이 참조

1 $\overline{BC}=\sqrt{10^2-8^2}=6$이므로
① $\sin A=\dfrac{6}{10}=\dfrac{3}{5}$
② $\cos A=\dfrac{8}{10}=\dfrac{4}{5}$
③ $\sin B=\dfrac{8}{10}=\dfrac{4}{5}$
④ $\cos B=\dfrac{6}{10}=\dfrac{3}{5}$
⑤ $\tan B=\dfrac{8}{6}=\dfrac{4}{3}$

2 $\tan B=\dfrac{8}{\overline{BC}}=\dfrac{2}{3}$ $\quad\therefore \overline{BC}=12$

3 $\cos A=\dfrac{4}{5}$이므로 다음 그림과 같은 직각삼각형 ABC를 생각할 수 있다.

$\therefore \overline{BC}=\sqrt{5^2-4^2}=3$
$\therefore \sin A+\tan A=\dfrac{3}{5}+\dfrac{3}{4}=\dfrac{27}{20}$

4 $\triangle ABC \backsim \triangle HBA \backsim \triangle HAC$
$\qquad\qquad\qquad\qquad$ (AA 닮음)
이므로 $\angle ACH=\angle BAH=x$,
$\angle ABH=\angle CAH=y$
$\triangle ABC$에서
$\overline{BC}=\sqrt{3^2+4^2}=5(\text{cm})$

$\therefore \sin x+\cos y=\dfrac{\overline{AB}}{\overline{BC}}+\dfrac{\overline{AB}}{\overline{BC}}$
$\qquad\qquad\quad=\dfrac{3}{5}+\dfrac{3}{5}=\dfrac{6}{5}$

5 $\triangle ABC \backsim \triangle AED$(AA 닮음)이므로
$\angle ABC=\angle AED$
$\triangle ADE$에서
$\overline{AD}=\sqrt{6^2-(2\sqrt{5})^2}=4$이므로
$\sin B=\dfrac{\overline{AD}}{\overline{DE}}=\dfrac{4}{6}=\dfrac{2}{3}$

6 직선의 기울기는 $\tan 45°=1$이고
y절편이 6이므로 직선의 방정식은
$y=x+6$

7 ③ $\cos 90°-\tan 45°+\sin 0°$
$\qquad=0-1+0=-1$

8 $45°<A<90°$일 때,
$\cos A<\sin A<1$이고
$\tan A>1$이므로
$\cos A<\sin A<\tan A$

9 $\angle A=180°-(40°+90°)=50°$
이므로
$\overline{AC}=\dfrac{2}{\tan 50°}$

10 (산의 해발 높이)$=100+360\sin 30°$
$\qquad\qquad\qquad\qquad=280(\text{m})$

11 다음 그림과 같이 꼭짓점 A에서 $\overline{BC}$에 내린 수선의 발을 H라고 하면

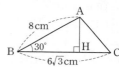

$\overline{AH}=8\sin 30°=4(\text{cm})$,
$\overline{BH}=8\cos 30°=4\sqrt{3}(\text{cm})$,
$\overline{CH}=\overline{BC}-\overline{BH}=6\sqrt{3}-4\sqrt{3}$
$\qquad=2\sqrt{3}(\text{cm})$
이므로
$\overline{AC}=\sqrt{4^2+(2\sqrt{3})^2}=2\sqrt{7}(\text{cm})$

12 $\overline{BD}$를 그으면
$\square ABCD$
$=\triangle ABD+\triangle BCD$
$=\dfrac{1}{2}\times 4\times 2\sqrt{3}\times\sin(180°-150°)$
$\quad+\dfrac{1}{2}\times 8\times 6\times\sin 60°$
$=2\sqrt{3}+12\sqrt{3}$
$=14\sqrt{3}(\text{cm}^2)$

13 $\overline{BM}=\overline{AM}=4$,
$\overline{OM}=\overline{OC}-\overline{MC}=x-2$이므로
△OMB에서
$4^2+(x-2)^2=x^2$, $4x=20$
∴ $x=5$

14 $\overline{OM}=\overline{ON}$이므로 $\overline{AB}=\overline{AC}$
따라서 △ABC는 이등변삼각형이므로
$\angle B=\frac{1}{2}\times(180°-46°)=67°$

15 $\angle OAP=\angle OBP=90°$이므로
$\angle AOB=180°-50°=130°$
따라서 색칠한 부분의 중심각의 크기는
$360°-130°=230°$
∴ (색칠한 부분의 넓이)
$=\pi\times6^2\times\dfrac{230}{360}=23\pi(cm^2)$

16 다음 그림과 같이 점 D에서 $\overline{BC}$에 내린 수선의 발을 H라고 하면

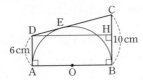

$\overline{DE}=\overline{AD}=6(cm)$,
$\overline{CE}=\overline{BC}=10(cm)$이므로
$\overline{DC}=\overline{DE}+\overline{CE}=16(cm)$
∴ $\overline{AB}=\overline{DH}=\sqrt{16^2-4^2}$
$=4\sqrt{15}(cm)$

17 $\overline{BE}=\overline{BD}=4$이므로
$\overline{CF}=\overline{CE}=\overline{BC}-\overline{BE}$
$=7-4=3$
∴ $x=\overline{AF}=\overline{AC}-\overline{CF}$
$=8-3=5$

18 $\overline{BE}=x\,cm$라 하면 △DEC에서
$\overline{CE}=\sqrt{5^2-4^2}=3(cm)$이고
□ABED가 원 O에 외접하므로
$4+5=(x+3)+x$
∴ $x=3$

19 $\overline{DE}=\tan60°=\sqrt{3}$
∴ (색칠한 부분의 넓이)
$=\triangle ADE$
$\quad-(부채꼴 ADC의 넓이)$
$=\frac{1}{2}\times1\times\sqrt{3}-\pi\times1^2\times\frac{60}{360}$
$=\frac{\sqrt{3}}{2}-\frac{1}{6}\pi$

20 △BGD는 한 변의 길이가 $10\sqrt{2}\,cm$인 정삼각형이므로
△BGD
$=\frac{1}{2}\times10\sqrt{2}\times10\sqrt{2}\times\sin60°$
$=50\sqrt{3}(cm^2)$

21 $\overline{CP}=\frac{1}{2}\overline{CD}=\frac{1}{2}\times8=4(cm)$
$\overline{OC}$를 그으면 △OPC에서
$\overline{OC}=\sqrt{3^2+4^2}=5(cm)$
따라서 원 O의 반지름의 길이는 5 cm이다.

22 △AHB에서
$\angle AHB=30°-15°=15°$이므로
$\overline{BH}=\overline{AB}=10$ ···(i)
△HBC에서
$\overline{BC}=10\cos30°=5\sqrt{3}$ ···(ii)
$\overline{CH}=10\sin30°=5$ ···(iii)
∴ $\tan15°=\dfrac{\overline{CH}}{\overline{AC}}=\dfrac{5}{10+5\sqrt{3}}$
$=\dfrac{1}{2+\sqrt{3}}=2-\sqrt{3}$ ···(iv)

채점 기준	배점
(i) $\overline{BH}$의 길이 구하기	1점
(ii) $\overline{BC}$의 길이 구하기	1점
(iii) $\overline{CH}$의 길이 구하기	2점
(iv) $\tan15°$의 값 구하기	2점

23 다음 그림과 같이 $\overline{OA}$를 긋고, 점 O에서 $\overline{AB}$에 그은 수직이등분선이 $\overline{AB}$와 만나는 점을 M이라고 하면

$\overline{OA}=14\,cm$, ···(i)
$\overline{OM}=\frac{1}{2}\overline{OA}=\frac{1}{2}\times14=7(cm)$
이므로 △OAM에서 ···(ii)
$\overline{AM}=\sqrt{14^2-7^2}=7\sqrt{3}(cm)$
∴ $\overline{AB}=2\overline{AM}=2\times7\sqrt{3}$
$=14\sqrt{3}(cm)$ ···(iii)

채점 기준	배점
(i) $\overline{OA}$의 길이 구하기	2점
(ii) $\overline{OM}$의 길이 구하기	2점
(iii) $\overline{AB}$의 길이 구하기	3점

2학기 기말고사 제1회   p.5~6

1 ②	2 ①	3 ③	4 ②
5 ②	6 ②	7 ⑤	8 ①
9 ⑤	10 ④	11 ④	12 ④
13 ③	14 ①	15 ②	16 ②
17 ①	18 ⑤	19 70°	20 45°
21 11	22 225°, 과정은 풀이 참조		
23 12, 과정은 풀이 참조			

1 $\angle x=\frac{1}{2}\times60°=30°$

2 다음 그림과 같이 $\overline{OA}$, $\overline{OB}$를 그으면

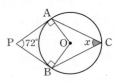

□APBO에서
$\angle AOB=180°-72°=108°$
∴ $\angle x=\frac{1}{2}\angle AOB=\frac{1}{2}\times108°$
$=54°$

3 $\angle x=\angle DAC=18°$이므로
△PBC에서 $68°=18°+\angle y$
∴ $\angle y=50°$
∴ $\angle y-\angle x=50°-18°=32°$

4 $\overline{BD}$를 그으면 $\angle ADB=90°$이고
$\angle ABD=\angle ACD=65°$이므로
△ADB에서
$\angle x=180°-(90°+65°)=25°$

5 다음 그림과 같이 점 B에서 원의 중심 O를 지나는 직선이 원과 만나는 점을 D라고 하면

$\angle BDC=\angle BAC=60°$,
$\angle BCD=90°$이므로
△BCD에서 $\overline{BD}=\dfrac{2\sqrt{3}}{\sin60°}=4$

6 $\overline{OB}$를 그으면
$\angle APB=\angle BQC=\angle x$이고
$\angle AOC=2\angle APB+2\angle BQC$
이므로

$84°=2\angle x+2\angle x$, $4\angle x=84°$

∴ $\angle x=21$

7 네 점 A, B, C, D가 한 원 위에 있으므로

$\angle ABD=\angle ACD=40°$

△ABP에서

$\angle x=180°-(60°+40°)=80°$

8 □ABCD가 원에 내접하므로

$\angle x=180°-70°=110°$

$\angle y=2\angle ABC=2\times70°=140°$

∴ $\angle y-\angle x=140°-110°=30°$

9 □ABCD가 원에 내접하므로

$\angle BAD=180°-\angle x$,

△PBC에서 $\angle PBQ=32°+\angle x$이므로

△AQB에서

$180°-\angle x=(32°+\angle x)+38°$

∴ $\angle x=55°$

10 ① $\angle BAC\neq\angle BDC$이므로 원에 내접하지 않는다.

② $\angle B+\angle D\neq180°$이므로 원에 내접하지 않는다.

③ $\angle A\neq\angle DCE$이므로 원에 내접하지 않는다.

④ $\angle B=180°-(60°+40°)=80°$

∴ $\angle B+\angle D=180°$

⑤ $\angle BAC+\angle BDC\neq180°$이므로 원에 내접하지 않는다.

따라서 원에 내접하는 것은 ④이다.

11 $\angle x=\angle BAT=70°$

12 $\angle BPT=\angle BAP=55°$,

$\angle DPS=\angle BPT=55°$(맞꼭지각),

$\angle CPT=\angle CDP=60°$이므로

$\angle CPD=180°-(55°+60°)=65°$

13 중앙값은 자료의 변량을 작은 값에서부터 크기순으로 나열할 때, 4번째 값인 1563 m이다.

14 편차의 합은 0이므로

$10+x+(-5)+(-1)+3=0$

$x=-7$

∴ (B 학생의 키)$=168+(-7)$
$=161$(cm)

15 점수가 가장 고르게 분포된 학급은 표

준편차가 가장 작은 B이다.

16
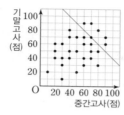

평균이 70점 이상인 학생은 산점도에서 오른쪽 아래로 향하는 직선 위와 그 직선의 위쪽에 있으므로 6명이다.

17 주어진 산점도는 음의 상관관계이다.

① 음의 상관관계

②, ⑤ 양의 상관관계

③, ④ 상관관계가 없다.

18 ⑤ 키도 크고 몸무게도 많이 나가는 학생은 B이다.

19 $\overline{AB}$가 원 O의 지름이므로

$\angle ACB=90°$

∴ $\angle x=180°-(20°+90°)=70°$

20 $\angle A$는 $\overset{\frown}{BC}$에 대한 원주각이므로

$\angle A=\dfrac{3}{5+3+4}\times180°=45°$

21 최빈값은 x의 값에 관계없이 10이다.

즉, 평균이 10이므로

$\dfrac{9+10+x+13+10+7+10}{7}=10$

∴ $x=11$

22 $\overline{PQ}$를 그으면

$\angle PQC=\angle BAP=105°$이므로

······(i)

$\angle PDC=180°-105°=75°$, ······(ii)

$\angle PO'C=2\angle PDC=150°$ ······(iii)

∴ $\angle PDC+\angle PO'C$
$=75°+150°=225°$ ······(iv)

채점 기준	배점
(i) $\angle PQC$의 크기 구하기	1점
(ii) $\angle PDC$의 크기 구하기	1점
(iii) $\angle PO'C$의 크기 구하기	2점
(iv) $\angle PDC+\angle PO'C$의 크기 구하기	2점

23 $\dfrac{3+x+y+5+8}{5}=4$이므로

$x+y=4$ ······(i)

$\dfrac{(-1)^2+(x-4)^2+(y-4)^2+1^2+4^2}{5}=6$

이므로

$x^2+y^2-8(x+y)=-20$,

$x^2+y^2-8\times4=-20$

∴ $x^2+y^2=12$ ······(ii)

채점 기준	배점
(i) $x+y$의 값 구하기	3점
(ii) x^2+y^2의 값 구하기	4점

2학기 기말고사 제2회 p. 7~8

1 ④	2 ⑤	3 ②	4 ②
5 ⑤	6 ④	7 ③	8 ⑤
9 ①	10 ①	11 ①, ③	12 ④
13 ③	14 ②, ④	15 ②	16 ④
17 ③, ④	18 ③	19 $18+6\sqrt3$	

20 34°

21 35

22 49°, 과정은 풀이 참조

23 9, 과정은 풀이 참조

1 $\angle BOC=2\angle BAC=2\times58°=116°$

이때 △OBC는 $\overline{OB}=\overline{OC}$인 이등변삼각형이므로

$\angle x=\dfrac{1}{2}\times(180°-116°)=32°$

2
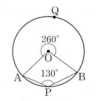

$\overset{\frown}{AQB}$에 대한 중심각의 크기는

$2\times130°=260°$

∴ $\angle AOB=360°-260°=100°$

3
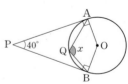

$\overline{OA}$, $\overline{OB}$를 그으면

$\angle PAO=\angle PBO=90°$이므로

□APBO에서

$\angle AOB=180°-40°=140°$

∴ $\angle x=\dfrac{1}{2}\times(360°-140°)=110°$

4 $\overline{BR}$를 그으면

$\angle ARB = \angle APB = 22°$,

$\angle BRC = \angle BQC = 40°$

$\therefore \angle x = \angle ARB + \angle BRC$

$\qquad = 22° + 40° = 62°$

5 $\angle BAD = 90°$이므로

$\angle x = 90° - 30° = 60°$

$\angle DBC = \angle x = 60°$이므로

$\triangle PBC$에서

$\angle y = 180° - (60° + 40°) = 80°$

$\therefore \angle x + \angle y = 60° + 80° = 140°$

6 $\overline{AC}$를 그으면

$\angle ACB = \frac{1}{3} \times 180° = 60°$,

$\angle CAD = \frac{1}{9} \times 180° = 20°$이므로

$\triangle ACP$에서 $\angle CPD = 60° - 20° = 40°$

7 $\angle PCA = 180° - (40° + 115°) = 25°$

$\therefore \angle x = \angle ACD = 25°$

8 $\triangle ABD$는 $\overline{AD} = \overline{BD}$인 이등변삼각형이므로

$\angle BAD = \frac{1}{2} \times (180° - 46°) = 67°$

$\square ABCD$가 원에 내접하므로

$\angle BCD = 180° - 67° = 113°$

9 $\overline{BD}$를 그으면 $\square ABDE$에서

$\angle BDE = 180° - 110° = 70°$이므로

$\angle BDC = 100° - 70° = 30°$

$\therefore \angle x = 2\angle BDC = 2 \times 30° = 60°$

10 $\square ABCD$가 원에 내접하므로

$\angle x = \angle BAD = 70°$

$\angle y = 180° - 105° = 75°$

11 ① $\angle ABD = \angle ACD$

③ $\angle B + \angle D = 180°$

12 $\angle x = \angle BAT = 68°$이므로

$\angle y = 2\angle x = 2 \times 68° = 136°$

$\therefore \angle x + \angle y = 68° + 136° = 204°$

13 $\frac{a+b+c}{3} = 8$이므로 $a+b+c = 24$

$\therefore$ (구하는 평균) $= \frac{4+a+b+c+7}{5}$

$\qquad = \frac{35}{5} = 7$

14 ② 자료가 짝수 개인 경우에 중앙값은 주어진 자료 중에 없을 수도 있다.

④ 편차의 합은 항상 0이므로 편차의 평균도 항상 0이 되어 자료의 흩어져 있는 정도를 알 수 없다.

15 평균은

$\frac{15 \times 3 + 17 \times 3 + 19 \times 4 + 21 \times 6 + 23 \times 9 + 25 \times 5}{30}$

$= \frac{630}{30} = 21(℃)$

$\{(편차)^2 \times (도수)\}$의 총합은

$(-6)^2 \times 3 + (-4)^2 \times 3 + (-2)^2 \times 4$

$\qquad + 0^2 \times 6 + 2^2 \times 9 + 4^2 \times 5$

$= 288$

$(분산) = \frac{288}{30} = \frac{48}{5}$

$\therefore a = 5$

16 ④ 수학 점수와 과학 점수가 모두 90점 이상인 학생은 3명이다.

17 주어진 산점도는 음의 상관관계이다.

① 양의 상관관계

②, ⑤ 상관관계가 없다.

③, ④ 음의 상관관계

18 ㄷ. 월급에 비해 월 저축액이 가장 적은 직원은 D이다.

19 $\angle ACB = 90°$이므로 $\triangle ABC$에서

$\overline{AC} = 12 \sin 30° = 6$,

$\overline{BC} = 12 \cos 30° = 6\sqrt{3}$

따라서 $\triangle ABC$의 둘레의 길이는

$\overline{AB} + \overline{BC} + \overline{AC} = 12 + 6\sqrt{3} + 6$

$\qquad = 18 + 6\sqrt{3}$

20 $\angle ATP = 180° - (90° + 62°) = 28°$,

$\angle BAT = \angle BTQ = 62°$이므로

$\triangle APT$에서 $\angle x = 62° - 28° = 34°$

21 $a = \frac{10+4+7+10+12+9}{6}$

$\quad = \frac{52}{6} = \frac{26}{3}$

$b = \frac{9+10}{2} = \frac{19}{2}$

10이 두 번으로 가장 많이 나타나므로

$c = 10$

$\therefore 3a + 2b - c = 35$

22 $\square ABCD$가 원에 내접하므로

$\angle CDQ = \angle x$ $\qquad \cdots$ (i)

$\triangle PBC$에서

$\angle DCQ = \angle x + 42°$ $\qquad \cdots$ (ii)

$\triangle DCQ$에서

$\angle x + (\angle x + 42°) + 40° = 180°$

$2\angle x = 98°$ $\quad \therefore \angle x = 49°$ $\qquad \cdots$ (iii)

채점 기준	배점
(i) $\angle CDQ = \angle x$임을 알기	2점
(ii) $\angle DCQ$를 $\angle x$에 대한 식으로 나타내기	2점
(iii) $\angle x$의 크기 구하기	2점

23 $(평균) = \frac{1 + (a+1) + (2a+1)}{3}$

$\qquad = a+1$ $\qquad \cdots$ (i)

$(분산) = \frac{(-a)^2 + 0^2 + a^2}{3}$

$\qquad = \frac{2}{3}a^2$ $\qquad \cdots$ (ii)

즉, $\frac{2}{3}a^2 = (3\sqrt{6})^2$이므로 $a^2 = 81$

이때 $a > 0$이므로 $a = 9$ $\qquad \cdots$ (iii)

채점 기준	배점
(i) 평균을 a에 대한 식으로 나타내기	2점
(ii) 분산을 a에 대한 식으로 나타내기	2점
(iii) 양수 a의 값 구하기	3점

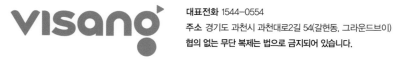

대표전화 1544-0554
주소 경기도 과천시 과천대로2길 54(갈현동, 그라운드브이)
협의 없는 무단 복제는 법으로 금지되어 있습니다.